通信网络安全与防护

郭文普　杨百龙　张海静　编著

西安电子科技大学出版社

内 容 简 介

本书顺应当前通信业务 IP 化与传输网络 IP 化的发展潮流，系统介绍了通信网络安全与防护的基本概念和基本原理。主要内容包括通信网络威胁分析与网络安全体系结构、网络信息安全、网络设备安全、网络攻击技术、网络防护技术、网络安全协议等。本书既系统介绍了网络信息安全的基本技术与常用的安全协议等基础理论，又梳理了网络攻防体系等应用层面的知识，体现了理论与实践的结合。

本书注重引入一些新的网络攻防技术及实例进行分析，深入浅出、图文并茂，有助于读者学习。为了配合教学，每章都精选了一定数量的习题。本书可作为高等院校工科通信工程、计算机科学与技术等信息类专业的教材，也可供科研和工程技术人员参考。

图书在版编目(CIP)数据

通信网络安全与防护 / 郭文普，杨百龙，张海静编著
. —西安：西安电子科技大学出版社，2020.5(2020.6 重印)
ISBN 978-7-5606-5647-2

Ⅰ. ①通… Ⅱ. ①郭… ②杨… ③张… Ⅲ. ①通信网—网络安全—安全防护—高等学校—教材
Ⅳ. ①TN915.08

中国版本图书馆 CIP 数据核字(2020)第 061309 号

策划编辑　明政珠
责任编辑　宁晓蓉
出版发行　西安电子科技大学出版社(西安市太白南路 2 号)
电　　话　(029)88242885　88201467　　邮　　编　710071
网　　址　www.xduph.com　　电子邮箱　xdupfxb001@163.com
经　　销　新华书店
印刷单位　陕西天意印务有限责任公司
版　　次　2020 年 5 月第 1 版　2020 年 6 月第 2 次印刷
开　　本　787 毫米×1092 毫米　1/16　　印 张　14.5
字　　数　341 千字
印　　数　101～3100 册
定　　价　37.00 元
ISBN 978-7-5606-5647-2 / TN
XDUP 5949001-2

前　言

随着社会信息化进程的深入发展，通信网络IP化日趋明显，高等学校通信网络安全与防护技术的教学与人才培养也日益向IP网络聚焦。为此，我们编写了本书，系统介绍IP网络安全与防护的基本概念与关键技术。

本书涵盖了通信网络安全与防护的主要技术领域，共分为6章：第1章主要介绍通信网络及网络安全的相关概念；第2章重点从密码学与信息加密、密钥分配与管理、安全认证与访问控制等方面介绍网络信息安全关键技术；第3章重点从物理安全角度，讨论路由器、交换机、操作系统、服务器等网络设备安全技术；第4章对常见网络攻击技术的原理、过程和方法进行系统分析；第5章围绕防火墙技术、入侵检测技术、安全隔离技术、蜜罐与蜜网等系统介绍网络防护技术；第6章对安全认证协议、安全通信协议和安全应用协议的原理、结构和工作流程进行了具体分析。

本书在内容上突出了基本概念和关键技术的讲解，注重实例剖析；在表达上力求简洁明了、深入浅出。

本书由郭文普负责内容规划并统稿。郭文普编写了第1章、第2章和第4章，杨百龙编写了第3章和第5章，张海静编写了第6章。闫胜尊、马松柱、曹志等同学绘制了部分插图并参与了校对，在此表示感谢。

感谢火箭军工程大学教学保障中心对本书的资助。

由于作者水平有限，书中难免存在疏漏之处，恳请读者批评指正。

编　者

2020年1月

目　　录

第 1 章　概　　述

21 世纪是一个以网络为核心的信息时代，其特征是数字化、网络化和信息化。一方面，随着网络技术的发展和社会信息化进程的加快，人们的生活、工作、学习、娱乐和交往都已离不开网络。另一方面，随之而来的网络安全问题也日益凸显，网络安全已成为国家安全和现代化建设的重要内容。因此，在网络广泛使用的今天，更应该了解网络安全，做好安全防范措施。

1.1　通信网络及网络安全

1.1.1　通信网络的基本概念

通信网络是指在一定范围内，将通信线(电)路、信道终端、复用终端、交换设备、入网接口设备、网络监控设备和各种用户(末端)设备按一定方式相互连接，用于达成通信联络的网络体系。通信网按功能与用途不同，一般可分为传送网、业务网和支撑网三种，三者之间的关系如图 1-1 所示。

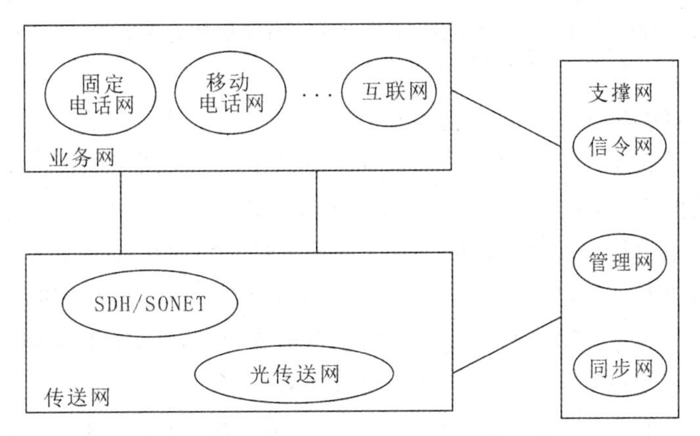

图 1-1　传送网、业务网和支撑网三者之间的关系

1. 传送网

传送网是由用户终端、交换系统、传输系统等通信设备所组成的实体结构，是通信网的物质基础。其中，用户终端是通信网的外围设备，它将用户发送的各种形式的信息转变为电磁信号送入通信网络并予以传送，或将从通信网络中接收的电磁信号、符号等转变为用户可识别的信息。用户终端按其所具有的功能进行分类，主要可分为电话终端、非

话终端及多功能多媒体通信终端。电话终端是指普通电话机、移动电话机等；非话终端是指电报终端、传真终端、计算机终端、数据终端等；多功能多媒体通信终端是指可提供至少包含两种类型信息媒体或功能的终端设备，如可视电话、会议电视系统等。交换系统是各种信息的集散中心，是实现信息交换的关键环节。传输系统是信息传递的通道，它将用户终端与交换系统以及各交换系统连接起来形成网络。传输系统按传输媒质的不同，可分为有线传输系统和无线传输系统两类。有线传输系统以电磁波沿某种有形媒质的传播来实现信号的传递，无线传输系统则以电磁波在空中传播来实现信号的传递。

2. 业务网

业务网是指通信网的服务功能，是疏通电话、电报、传真、数据、图像等各类通信业务的网络。近年来常说的“三网融合”中的“三网”是指电信网、广播电视网和互联网，即不同的业务网类型。“三网融合”是指电信网、广播电视网、互联网分别向宽带通信网、数字电视网、下一代互联网演进的过程中，三大网络通过技术改造，其技术功能趋于一致，业务范围趋于相同，网络互联互通、资源共享，能为用户提供语音、数据和广播电视等多种服务。

3. 支撑网

支撑网也被称为支撑管理网，是为保证业务网正常运行，增强网络功能，提高全网服务质量而形成的网络，其传递的是控制、监测及信令等信号。支撑网可分为信令网、同步网和管理网。

信令是运载建立呼叫、控制和终止呼叫信息的信号。打电话时除了话音信号外，还有一些辅助信号，如拨号信号、忙音、回铃音等，这些信号就是信令。信令按功能不同可分为线路信令、路由信令和管理信令；按工作区域不同可分为用户信令和局间信令；按信道不同可分为随路信令和共路信令。

线路信令具有监视功能，用于监视主、被叫的摘、挂机状态及设备忙闲。路由信令具有选择功能，用于选择通信路由。管理信令具有操作功能，用于电话网的管理与维护，如检测和传送网络拥塞信息、提供呼叫计费信息和提供远程维护等。

用户信令是用户与交换机之间的信令，主要包括用户向交换机发送的监视和选择信号以及交换机向用户发送的铃流和忙音等信号。局间信令是交换机之间的信令，在局间中继线上传送，用来控制呼叫接续和拆线。局间信令可分为具有监视功能的线路信令和具有选择、操作功能的记发器信令。

随路信令(如 NO.1 信令)是信令和话音在同一条话路中传送的信令。共路信令(如 NO.7 信令)是以时分方式在一条高速数据链路上传送的一群话路信令，其话音与信令不共用同一话路。

同步网是为通信网内所有通信设备提供同步时钟的控制信号网。

管理网的实质是通信网的一个支撑网络，即对通信网进行维护管理的网络。管理网是一个独立的网络，与通信网有若干不同接口，接收来自通信网的信息并控制通信网的运用。管理网具有性能管理、故障管理、配置管理、计费管理和安全管理的功能。

1.1.2 通信网络的发展趋势

现代通信网络发展的主要趋势表现为数字化、宽带化和 IP 化。

1. 数字化

数字技术的迅速发展和全面采用使电话、数据和图像信号都可以通过统一的编码进行传输和交换。所有业务在数字网中都将成为统一的“0”或“1”位流，从而使得话音、数据、音频和视频(无论其特性如何)都可以通过不同的网络来传输、交换、选路和处理，并将其通过数字终端存储起来或以视觉、听觉的方式呈现在人们的面前。数字技术已经在电信网和计算机网中得到全面的应用，并在广播电视网中迅速发展起来。数字技术的迅速发展和全面应用为各种信息的传输、交换、选路和处理奠定了基础。

2. 宽带化

现代通信网宽带技术的主体就是光纤通信技术。网络融合的目的之一是通过一个网络提供统一的业务。若要提供统一的业务就必须要有能够支持音视频等各种多媒体(流媒体)业务传送的网络平台。这些业务的特点是业务需求量大、数据量大、服务质量要求较高，因此在传输时一般都需要非常大的带宽。另外，从经济角度来讲，这些业务的成本也不宜太高。因此，容量巨大且可持续发展的大容量光纤通信技术就成了传输介质的最佳选择。宽带技术特别是光通信技术的发展为传送各种业务信息提供了必要的带宽，保证了传输质量并降低了成本。作为当代通信领域的支柱技术，光纤通信技术正以每 10 年增长 100 倍的速度发展，具有巨大容量的光纤传输是现代通信网络理想的传送平台和未来信息高速公路的主要物理载体。无论是电信网，还是计算机网、广播电视网，大容量光纤通信技术都已经在其中得到了广泛的应用。

3. IP 化

业务内容数字化后不能直接承载在通信网络介质之上，还需要通过 IP 技术在内容与传送介质之间搭起一座桥梁。IP 技术(特别是 IPv6 技术)的产生满足了在多种物理介质与多样的应用需求之间建立简单而统一的映射的需求，可以顺利地对多种业务数据、多种软硬件环境、多种通信协议进行集成、综合和统一，对网络资源进行综合调度和管理，使得各种以 IP 为基础的业务都能在不同的网络上实现互通，即 Everything over IP。IP 协议的普遍采用，使得数据传输可以支持各种不同的物理传输网络，即 IP over Everything。

由于业务网的融合、传送网的 IP 化、电信协议与互联网协议技术上互相取长补短，传统的电信网络和计算机网络之间概念的差异在不断缩小，而通信网络这一名词范畴包括电信网和计算机网络，因此本书围绕安全威胁与安全防护进行介绍，不再严格区分计算机网络、互联网、电信网和通信网络等名词，均称为网络，读者可以结合不同语境自行理解。

1.1.3 网络安全

网络安全是指信息产生、存储、分发、传输和处理的全过程以及整个通信网络的信息安全保障。随着信息通信技术的发展，网络安全的概念也在不断发展和演变，人们对网络

安全的要求也越来越高。

1. 网络安全的主要研究领域

网络安全主要包括信息安全、网络安全防护和人员与网络设施安全等内容。

信息安全主要是信息保密，应按照相关保密规定，采用信道加密和信息加密技术，制定并贯彻通信保密和通信密钥使用管理规章制度，加强通信保密教育和管理，使用通信保密设备和通信密钥，确保通信网络保密安全。

网络安全防护应针对网络攻击手段、入侵方式与程度，制订网络安全防护计划和监测措施，检查、评估网络安全状况，完善管理机制，加强力量建设，构建网络安全防护技术体系，防止网络遭受攻击和破坏，确保实体可信、行为可控、资源可管、事件可查、运行可靠。

网络人员与设施安全防护应当根据自然灾害、人为因素等对通信网络设施可能造成的毁损程度制订安全防护预案。

2. 网络安全需求

网络的安全需求就是要保证在一定的外部环境下，系统能够正常、安全地工作。也就是说，它是为保证系统资源的保密性、完整性、服务可用性、可控性以及对信息流的保护，为维护正当的信息活动，以及与应用发展相适应的社会公德和权利，建立和采取的组织技术措施和方法的总和。对网络安全需求的一般描述如下。针对不同单位的不同安全保密要求，设计时还应该参照一定的技术标准(如 ISO/TC97 和 ISO 7498-2)实施。

1) 保密性

广义的保密性是指保守国家机密，或指未经信息拥有者的许可，不得非法泄露该保密信息给非授权人员。狭义的保密性则是指利用密码技术对信息进行加密处理，以防止信息泄露和保护信息不为非授权用户掌握。这就要求系统能对信息的存储、传输进行加密保护，所采用的加密算法要有足够的保密强度并有有效的密钥管理措施。在密钥的产生、存储、分配、更换、保管、使用和销毁的全过程中，要使密钥难以被窃取，即使被窃取也难以使用。此外，还要能防止因电磁泄漏而造成的失密。

2) 完整性

完整性是指数据未经授权不能进行改变的特性，即信息在存储或传输过程中保持不被修改、破坏和丢失的特性。完整性标示着程序和数据的信息完整程度，使程序和数据能满足预定要求。它是防止信息系统内程序和数据被非法删改、复制和破坏，并保证其真实性和有效性的一种技术手段。完整性分为软件完整性和数据完整性两个方面。

软件完整性是指为了防止非法拷贝或动态跟踪，而使软件具有唯一的标识，或者为了防修改，软件具有的抗分析能力和完整性手段，以及软件所进行的加密处理等。

数据完整性是指所有计算机信息系统以数据服务于用户为首要要求，保证存储或传输的数据不被非法插入、删改、重发或因意外事件被破坏，保持数据的完整性和真实性，尤其是那些安全性要求极高的信息，如密钥和口令等。

3) 服务可用性

服务可用性是一种可被授权实体访问并按需求使用的特性，即当需要时，被授权实体能存取所需的信息。因此，服务可用性是指能为符合权限的实体提供优质服务，是可靠性、适用性、及时性和安全保密性的综合表现。可靠性即保证系统硬件和软件无故障或无差错，以便在规定的条件下执行预定算法。适用性即保证用户能正确使用而不拒绝执行或访问，因此要使用可靠性、故障诊断技术、识别与检验技术和访问控制技术等来保证系统的适用性。一个性能差、可靠性低、不及时和不安全的系统不可能为用户提供良好的服务。例如，网络环境下的拒绝服务会临时降低系统的性能，使系统崩溃而需人工重新启动，还会造成数据的永久性丢失。

4) 可控性

可控性是一种对信息的传播及内容具有控制能力的特性。信息接收方应能证实它所收到的信息内容和顺序都是真实、合法和有效的，应能检验收到的信息是否过时或为重播的信息。信息交换的双方应能对对方的身份进行鉴别，以保证收到的信息是由确认的对方发送过来的。有权的实体将某项操作权限给予指定代理的过程叫作授权。授权过程是可审计的，其内容不可被否认。信息传输中信息的发送方可以要求提供回执，但是不能否认从未发过任何信息或声称该信息是接收方伪造的。信息的接收方不能对收到的信息进行任何修改和伪造，也不能否认未曾收到信息。

在信息传输使用的全过程中，每一项操作都由相应实体承担该项操作的一切后果和责任，每项操作都应留有记录，并保留必要的时限以便审查，防止操作者推卸责任。

5) 信息流保护

网络上传输信息流时，应该防止有用信息的空隙之间被插入有害信息，避免出现非授权的活动和破坏。信息流填充机制能有效防止有害信息的插入。

1.2　网络安全面临的威胁

尽管网络为人们提供了巨大的便利，但是受技术和社会因素的各种影响，网络一直存在着多种安全缺陷。攻击者经常利用这些缺陷实施攻击和入侵，给网络造成极大的损害。

1.2.1　物理安全威胁

1. 物理安全问题的重要性

信息安全首先要保障信息的物理安全。物理安全是指在物理介质层次上对存储和传输的信息的安全保护。物理安全是信息安全最基本的保障，是不可缺少和忽视的组成部分。

对于运行在任何操作系统下的计算机系统，物理安全都是一个必须要考虑的重要问题，但这个问题中的大部分内容与网络安全无关。例如，服务器被盗窃后，其中的硬盘就可能被窃贼使用物理读取的方式进行分析读取。这是一个极端的例子，更普遍的情况可能是非法用户接触了系统的控制台，重新启动计算机系统并获得控制权，或者通过物理连接的方式窃听网络信息。

在物理安全方面，与网络相关的问题主要在于传输数据的安全性。IP 是一种分组交换协议，各个分组在网络上都是透明传输的，分组经过不同的网络且由那些网络上的路由器

转发，最后才能到达目的计算机。由于分组都是直接经过这些网络，所以这些网络上的计算机都有可能将其捕获，从而窃听到正在传输的数据。物理上的传输安全问题对网络安全非常重要。

由于物理网络具有传输限制，因此并不是网络上的任何位置都能捕获分组信息。以最常用的以太网(Ethernet)为例，较老的共享式以太网能在任何一个位置窃听所有流经网络的分组信息，而交换式以太网能够在交换机上隔离流向不同计算机的数据，因此安全性更高。然而，无论何种类型的网络，路由器都是一个非常关键的设备，所有流入和流出网络的数据都经过它，如果攻击者在路由器上进行窃听就会造成非常严重的安全问题。

2. 主要的物理安全威胁

物理安全威胁即直接威胁网络设备。目前主要的物理安全威胁包括以下三大类。

(1) 自然灾害(例如地震、水灾和火灾等)、物理损坏(例如硬盘损坏、设备使用寿命到期和外力破损等)和设备故障(例如停电或电源故障造成设备断电和电磁干扰等)。其特点是突发性、自然因素性和非针对性。这种安全威胁只破坏信息的完整性和可用性，无损信息的秘密性。

(2) 电磁辐射(例如监听微机操作过程)、乘虚而入(例如进入安全进程后半途离开)和痕迹泄露(例如口令、密钥等保管不善，易于被人发现)。其特点是难以察觉性、人为实施的故意性和信息的无意泄露性。这种安全威胁只破坏信息的秘密性，无损信息的完整性和可用性。

(3) 操作失误(例如删除文件、格式化硬盘和线路拆除等)和意外疏忽(例如系统掉电、操作系统死机等系统崩溃)。其特点是人为实施的无意性和非针对性。这种安全威胁只破坏信息的完整性和可用性，无损信息的秘密性。

1.2.2　操作系统的安全缺陷

操作系统是用户和硬件设备的中间层，是任何计算机在使用前都必须安装的。操作系统都自带一系列的系统应用程序，为用户使用计算机提供有效和方便的操作。实际上，这些应用程序也是一种软件。不同于用户应用程序，操作系统的应用程序在用户安装操作系统时都是缺省安装的。如果这些应用程序有安全缺陷，就会使系统处于不安全的状态。因此，了解操作系统经常出现的安全缺陷是很有必要的。

大多数信息安全工具都包含一个信息安全缺陷的数据库，例如 CERT 安全公告和 BugTraq ID 等。但是，这些数据库对信息安全缺陷的描述格式各不相同，有时很难确定在不同数据库中所描述的缺陷是否是同一个缺陷。若每一个数据库都使用自己的编号和描述格式，则会给用户带来很多不便。

CVE(Common Vulnerabilities and Exposures，公共漏洞和暴露)是信息安全确认的一个列表或词典，它为不同信息安全缺陷的数据库之间提供一种公共的索引，是信息共享的关键。有了 CVE 检索之后，一个缺陷就有了一个公共的名字，从而可以通过 CVE 的条款检索到包含该缺陷的所有数据库。

CVE 有如下几个特点：

(1) 每一种缺陷都有唯一的命名。

(2) 每一种缺陷都有唯一的标准描述。

(3) CVE 不是一个数据库而是一种检索词典。

(4) CVE 为多个不同的数据库提供一种交流的共同语言。

(5) CVE 是评价信息安全数据库的基础之一。

(6) CVE 可以通过因特网阅读和下载。

(7) CVE 的会员可以给 CVE 提供自己数据库的索引信息及其修改信息。

1.2.3　网络协议的安全缺陷

TCP/IP(Transmission Control Protocol/Internet Protocol，传输控制协议/网际协议)是目前 Internet 使用的协议。它之所以有今天如此广泛的使用，是因为它在设计原则上体现出很多的优点，例如简单性、可扩展性强和尽力而为等。这些原则给使用 TCP/IP 的用户带来非常方便的互联环境，使得 Internet 的用户迅速地增加。但是，TCP/IP 也存在着一系列的安全缺陷。有的缺陷是由于源地址的认证问题造成的，有的缺陷则来自网络控制机制和路由协议等。这些缺陷是所有使用 TCP/IP 的系统共有的，下面将讨论这些安全隐患。

1. TCP/IP 概述

1) TCP/IP 基本结构

TCP/IP 是一组 Internet 协议，不但包括 TCP 和 IP 两个关键协议，还包括其他协议，如 UDP(User Datagram Protocol，用户数据报协议)、ARP(Address Resolution Protocol，地址解析协议)、ICMP(Internet Control Message Protocol，Internet 控制报文协议)、Telnet(远程终端协议)和 FTP(File Transfer Protocol，文件传输协议)等。TCP/IP 的设计目标是使不同的网络互相连接，即实现互联网。为了达到这个目标，TCP/IP 被设计成四层结构，从上到下分别为应用层、运输层、网络层和物理链路层。TCP/IP 各层的逻辑结构如图 1-2 所示。

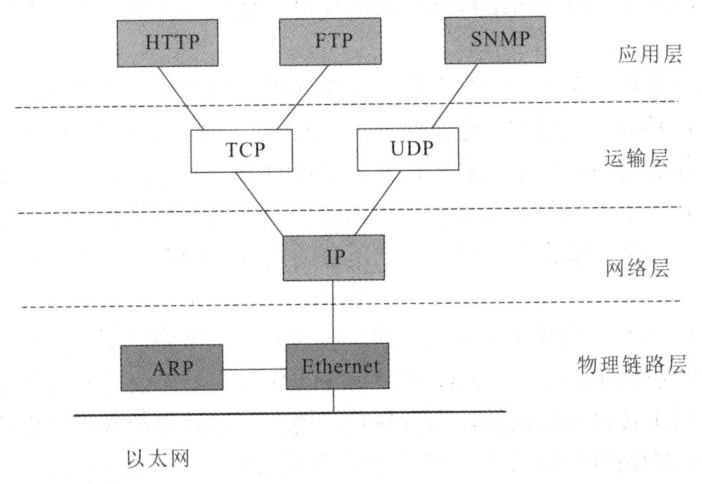

图 1-2　TCP/IP 协议簇

2) TCP/IP 网络互联模型

TCP/IP 的另一个主要功能是实现不同网络之间的互联。网络互联功能在网络层实现，

即一个 IP 模块连接到两个不同的物理链路层可以实现这两个网络之间的互联，如图 1-3 所示。

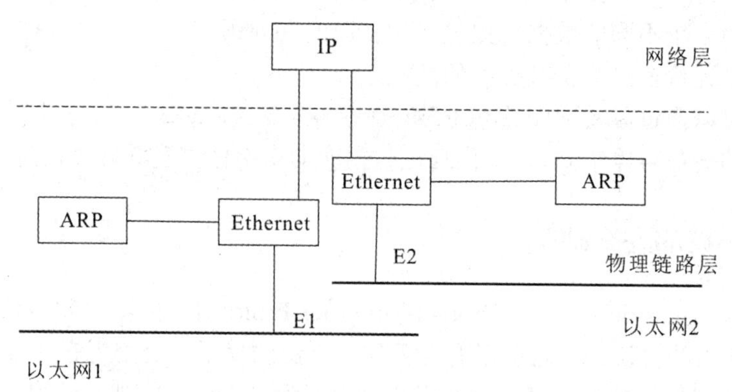

图 1-3　一个 IP 模块连接两个网络

图 1-3 是一个具有两个网卡分别连接到两个网络的网络层和物理链路层结构。这样的结构可以实现包转发功能，即可以把来自一个网络的包转发到另外一个网络中。网关和路由器都有这个功能。每个网络都有自己的网络驱动、ARP 模块以及两个 MAC 地址，分别对应着两个 IP 地址。IP 模块根据数据单元所标的目的地的地址，决定把数据送到哪个网络中。在图 1-3 所示的两个网络的情况下，以太网 1 的数据可以传到以太网 2，同样，以太网 2 的数据也可以传到以太网 1。这就实现了简单的网关功能。如果一个 IP 模块连接 3 个网络，来自一个网络的数据可以选择被送到其余的某个网络中，这就是路由器的路由选择功能。网关和路由器就实现了不同网络的互联。

2. 网络监听

TCP/IP 的设计原则是保持简单，它的唯一功能就是负责异构网络互联，它尽可能把复杂的工作传给终端去处理，所以在设计 TCP/IP 时，设计者不考虑传输数据的加密。可以看到，TCP 包和 IP 包都没有留给数据加密的项目或选项，这使得在网上传输的数据若在终端没有加以处理，则都是明文传输。

以太网是网络结构中数据链路层和物理层的主要联网方式。以太网在工作时，网络请求在网上一般以广播的方式传送，这个广播是非验证的，即同网段的每个计算机都可以收到，除了目标接收者会应答这个信息外，其他的接收者会忽略这个广播。如果有一个网络设备专门收集广播而决不应答，那么它就可以看到本网的任何计算机在网上传输的数据。如果数据没有经过加密，那么它就可以看到所有的内容。Sniffer 就是一个在以太网上进行监听的专用软件。

监听现象对网络的安全威胁是相当大的，因为它可以做到以下几点：

(1) 捕获正在传输的密码。Telnet、FTP 和 POP3 等主要协议的密码都是明文传输的，如果这些密码在网上传输的时候被攻击者捕获，他就可以获得相应计算机的控制权。

(2) 捕获别人的秘密(如信用卡号)或不想共享的资料。个人敏感信息、商业机密等信息在网上传输都不希望被第三者看到，可如果这些信息没有经过加密而在网上传输就很可能被监听到。

(3) 暴露网络信息。有时候，虽然看不到数据的内容，但是可以看到哪些主机开设了哪些服务，哪些主机与哪些主机之间进行了通信，从而可以分析出主机之间的信任关系。这些信息都可以帮助黑客(Hacker)对系统进行攻击。

3. 伪造ARP包

伪造ARP包是一种很复杂的技术，涉及TCP/IP及以太网特性的很多方面，在此归入ARP的安全问题不是很合适。伪造ARP包的主要过程是以目的主机的IP地址和以太网地址为源地址发一ARP包，这样即可造成另一种IP地址欺骗。

这种攻击主要见于交换式以太网中。在交换式以太网中，交换集线器在收到每一ARP包时更新Cache。不停发ARP欺骗包可使送往目的主机的包均送到入侵者处，这样，交换式以太网也可被监听。

当然，当ARP包从一主机发出时，目的主机会出现异常反应，这样会使目的主机警觉。但是，由于TCP有重发机制的保护，恰当地选择ARP包发出的频率可以使同一IP以太网地址的使用呈现分时特征，且均可以正常运行。

解决上述问题的方法是将交换集线器设为静态绑定。另一可行的方法是当发现主机运行不正常(网速慢，IP包丢失率较高)时，反映给网络管理员。

4. 路由协议缺陷

1) 源路由选项的使用

在IP包头中的源路由选项用于该IP包的路由选择，这样，一个IP包可以按照指定的路由到达目的主机。现在假设目的主机使用该源路由的逆向路由与源主机进行通信，这样的处理是相当合乎情理的，因为在一般情况下，一端使用源路由选项常常表示这一端有充足理由认定源路由有更好的表现(例如拥塞避免、故障路由的回避以及效率方面的考虑等)。但这样也给入侵者创造了良机，当预先知道某一主机有一个信任主机时，即可利用源路由选项伪装成受信任主机，从而攻击系统，这相当于使主机可能遭到来自所有其他主机的攻击。这种攻击很难避免，在网关上禁止使用源路由的包通过是一种简单的防治方法，但这种方法对于来自同一子网内机器的攻击毫无用处，而且这种方法完全禁止了源路由选项，未免不近情理，理论上可以让每一主机得知路由状况以便智能判断源路由选项是否合法，然而，这在实际中是不可能做到的。

2) RIP的攻击

RIP(Routing Information Protocol)是用于自治系统(Autonomous System，AS)内部的一种内部路由协议(Internal Gateway Protocol，IGP)。RIP用于在自治系统内部的路由器之间交换路由信息。RIP使用的路由算法是距离向量算法。该算法的主要思想就是每个路由器给相邻路由器宣布可以通过它达到的路由器及其距离。值得注意的是，接收方并不检查这一信息。一个入侵者有可能向目的主机以及沿途的各网关发出伪造的路由信息。这样，如果入侵者宣布经过自己的一条通向目的主机的路由，将导致所有发往目的主机的数据包发往入侵者。这样，入侵者可以冒充目的主机，也可以监听所有目的主机的数据包，甚至在数据流中插入任意包。

解决上述问题的方法是注意路由的改变信息。一个高质量的网关可以有效地摈弃任何明显错误的路由信息。另外，RIP的认证、加密也是一种较好的方法。

3) OSPF 的攻击

OSPF(Open Shortest Path First)协议是用于自治域内部的另一种路由协议。OSPF 协议使用的路由算法是链路状态(Link-State)算法。在该算法中，每个路由器给相邻路由器宣布的信息是一个完整的路由状态，包括可到达的路由器、连接类型和其他相关信息。和 RIP 相比，OSPF 协议中已经实施认证过程，但是该协议还存在着一些安全的问题。

LSA(Link State Advertisement)是 OSPF 协议中路由器之间交换的信息。一个 LSA 头格式如图 1-4 所示。

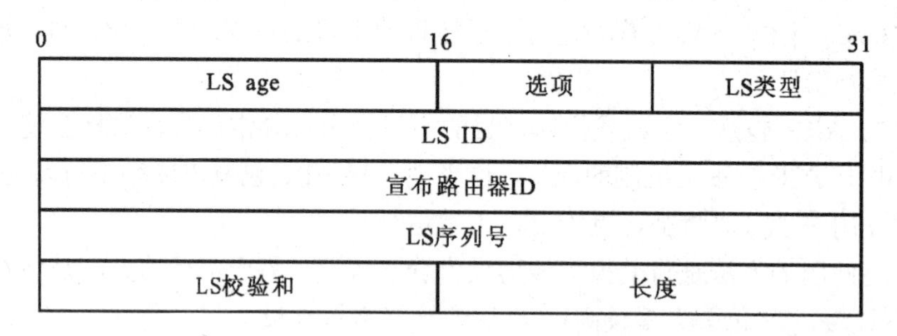

图 1-4　LSA 头格式

LS 序列号为 32 bit，用来指示该 LSA 的更新程度。LS 序列号是一个有符号整数，其大小介于 0x80000001(负值)和 0x7fffffff 之间。较大的 LSA 序列号表示该 LSA 已经被更新。值得注意的是，任何一个路由器都可以更改这个 LSA 的头信息。攻击者收到一个 LSA 之后，可以把 LS 序列号加 1(Seq++攻击)，它只要重新计算 LS 校验和保证该 LSA 有效，然后把这个 LSA 再次散发给其他路由器，其他路由器收到该 LSA 后 LS 序列号已经加 1，这意味着 LSA 已经被更新，其他路由器就更新自己的路由状态，并继续散发该 LSA，一直到该 LSA 的创建者收到这个 LSA，发现 LSA 的内容不对，创建者就重新发出一个新的 LSA 给其他路由器。如果攻击者不停地修改收到的 LSA 的序列号，那么造成的结果是整个网络运行不稳定。

除了把序列号加 1，攻击者还可以把序列号改成最大值，即 0x7ffffff(MaxSeq 攻击)。当然，每次修改 LSA，攻击者都要重新计算校验和以保证 LSA 是有效的。当该 LSA 到达自己的创建者，它就被重新设置并再次传播。如果攻击者不停地修改收到的 LSA 的序列号，造成的结果同样也是整个网络运行不稳定。

第三种攻击 OSPF 的方法是 MaxAge 攻击。当攻击者收到一个 LSA，它把该 LSA 的 age 项设置成最大值(一般是 3600)，然后传给其他路由器。其他路由器收到该 LSA 以后，就把该 LSA 在自己路由状态中的信息清除。当该 LSA 的创建者收到它以后，该 LSA 将被重新设置并再次被传播。和前两种攻击一样，这种攻击也会造成整个网络运行不稳定。

5. TCP/UDP 应用层服务

1) FTP 的信息暴露

FTP 本身并无安全问题，但几乎所有的实现都存在如下问题：

(1) FTP 一般用户的口令与登录口令相同，而且采用明文传输，这就增加了网点被攻破的危险，只要在局域网内或路由上进行监听，就可获取大量口令。这样，一个网点会很容易被攻击。

(2) 一些网点上的匿名FTP提供了另一攻击途径，尤其是可以上传的FTP服务更为危险，这常常会更便于入侵者放置和散播特洛伊木马。入侵者可以放置一个已改动过的、带有恶意代码的软件，当另一个主机上的用户下载和安装软件时，后门即可建立。匿名FTP的另一个危险是可能暴露账号和口令信息。由于匿名FTP无法记录，因而基于FTP的攻击更为隐蔽。

解决上述两种问题的方法是：对于第一种问题可尝试使用一次性口令或采用加密技术，对于第二种问题应该要求各软件生产者都在所生产的软件中设置数据签名。当然，安装软件者充分注意并了解所装软件也是必需的。

2) Telnet的安全问题

Telnet本身并没有安全问题，它的安全隐患类似FTP，只不过要更严重一些。由于Telnet也是用明文传输的，因此不仅仅是用户口令，用户的所有操作及其回答都是透明的。这样，Telnet被监听后，影响范围更大，影响程度更严重。Telnet的另一个问题是它有可能被入侵者加入任意可能的数据包。

解决上述问题的方法是：在必须开放Telnet的服务器上加入地址认证。但这只能解决一部分问题，更好的办法是采用加密技术。

1.2.4 应用软件的实现缺陷

应用软件是指运行在计算机和设备上的程序。操作系统就是一种软件，而应用软件通常是在操作系统上运行的。应用软件的实现缺陷是程序员在编程时没有考虑周全造成的。软件缺陷一般可以分为以下几种类型。

1. 输入确认错误

在输入确认错误的程序中，用户输入的字符串没有经过适当的检查，使得黑客可以通过输入一个特殊的字符串造成程序运行错误。这样的错误会造成程序运行不正确、不稳定以及异常终止等结果。最危险的是黑客利用这样的程序进行一些非法操作，有可能造成缓冲区溢出漏洞。

输入确认错误的另一个子集是边界条件溢出。边界条件溢出是指程序中的一个变量值超过它自己边界条件时的程序运行错误。这个变量可以是用户输入值，也可以是系统自己生成的值。因此，边界条件溢出的缺陷和输入确认错误的缺陷有一定的交叉。边界条件溢出的缺陷可能导致系统运行不稳定，如系统没有足够内存、硬盘或网络的带宽占满等。著名的拒绝服务攻击就是利用这样的缺陷进行的。

程序中的一个变量超过它的边界条件的原因有很多，这种情况有可能是用户输入造成的，有可能是一个公式里的分母变为零造成的，也有可能是出现一个死循环使得一个变量无限地增大造成的。

2. 访问确认错误

访问确认错误是指系统的访问控制机制出现错误。错误并不在于用户可控制的配置部分，而在于系统的控制机制本身。所以，这样的缺陷有可能使得系统运行不稳定，但是基本上不能被利用去攻击系统，因为它的运行错误不受用户的控制。

3. 特殊条件错误

特殊条件错误是指程序运行时在某些特殊条件或环境下出现问题。

4. 设计错误

设计错误是指程序在实现和配置时并不存在错误，而在程序的设计方案上存在错误。

5. 配置错误

配置错误是指由于用户对程序配置不当(故意或意外地)引起系统运行不稳定。这个缺陷并不在于程序的设计和实现，而在于程序的配置。值得注意的是，很多软件在安装时都有一个缺省配置，用户基本上按照这个配置进行修改即可。如果缺省配置出现问题，那么系统就会出现漏洞。一个直观的例子就是旧的 Sendmail 版本的缺省配置没有关闭邮件转发功能，使得黑客可以利用这个服务进行垃圾邮件的转发。

6. 竞争条件错误

竞争条件错误是程序的安全检查模块在一些非常特殊的情况下出现错误而引起的。例如，一个程序在运行时要执行多个操作，在执行每个操作之前，程序都要检查该操作是否合法，然后才执行它。模块化编程通常将安全检查工作交给安全检查模块去完成。但是，在安全检查模块检查的时刻和程序执行操作时刻之间的一瞬间，一些条件有可能会改变，如环境条件改变会使安全检查模块的结果失去意义，攻击者很可能利用这个很小的机会去攻击用户的系统。

竞争条件错误的一个常见形式是程序在一个可读写的目录下建立一个文件之前没有检查该文件是否存在。攻击者可以利用这一点，猜测程序可能会建立的文件名，并提前以这个文件名建立一个软链接。这样，攻击者就可以以程序运行的权限去覆盖系统文件。

1.2.5　用户使用中的缺陷

系统和网络实际上都是由用户(管理员)来操作的。由于用户缺乏安全知识，因此在使用系统和网络时会无意中给攻击者提供入侵的机会。用户使用中的缺陷主要体现在以下三个方面。

1. 口令易被破解

大多数系统都把口令作为第一层或唯一一层防线。用户的 ID 是很容易获得的，大多数公司都使用拨号的方法绕过防火墙。因此，如果攻击者能够确定一个账号名和口令，他就能够进入网络。缺省口令或设置易猜的口令是一个很严重的问题，但更严重的问题是有的账号根本没有口令。实际上，所有使用缺省口令、弱口令和没有口令的账号都应从系统中清除。

口令之所以被破解主要由以下几个原因造成：

1) 缺省口令

很多系统有内置的或缺省的账号，这些账号在软件的安装过程中通常是不变的，攻击者常通过查找这些账号对系统进行攻击。因此，所有内置的或缺省的账号都应从系统中移出。

2) 口令与个人信息有关

很多用户都习惯把口令设为自己的生日、亲人的名字、爱好和宠物的名字等。例如，由于个人账号比较容易得到，再根据 E-mail 地址，黑客就可以根据账号拥有者的个人信息去判断口令。

3) 口令为词典中的词语

很多用户为了方便把口令设为词典中的一个单词或词组，而 Crack 等软件专门破解这种口令。Crack 软件的原理是根据词典中的词和它们之间的组合逐个地去测试，直到找到正确的口令为止。随着计算机处理速度的提高，Crack 软件使用的词典的容量越来越大，口令被破解的可能性也越来越大。

4) 口令过短

有时候，用户使用的口令根本不是词典中的词，而是一些随机的字符。如果口令长度过短(如小于 6 个字符)，则也可以被 Crack 软件破解出来。这是因为 Crack 软件使用的词典是由黑客自己建立的，他可以把长度不超过 6 个字符的所有字符串加入词典，这样的词典可以破解之前所说的过短口令。那么长的口令能不能被破解呢？如果 Crack 软件的词典中的词建立得足够长，那么长的口令也有可能被破解，但是词典中的词越长，词典的容量就越大，破解的速度就越慢。

5) 永久口令

很多用户没有修改口令的习惯。这样，口令如果被黑客窃取(如通过监听获取)，系统就会受到很大的损害。还有人习惯在多个账号上用一个通用的口令，这样，一个账号被破解会引发所有的账号都被破解。特别是当这个人把自己的通用口令用在一个不可靠的站点上时，这种情况很可能会发生。

2. 软件使用的错误

大多数软件(包括操作系统和应用程序)都包括安装脚本或安装程序，目的是尽快安装系统，在尽量减少管理员工作的情况下，激活尽可能多的功能。为实现这个目的，脚本通常安装了大多数用户所不需要的组件。软件开发商希望最好先激活还不需要的功能，而不是让用户在需要时再去安装额外的组件。这种方法尽管对用户很方便，却产生了很多危险的安全漏洞，因为用户不会主动地给自己不使用的软件组件打补丁，而且很多用户根本不知道实际安装了什么，很多系统中留有安全漏洞就是因为用户根本不知道安装了这些程序。

那些没有打补丁的服务为攻击者接管计算机铺平了道路。对操作系统来说，缺省安装几乎包括了额外的服务和相应的开放端口，攻击者可以通过这些端口侵入计算机系统。一般来说，打开的端口越少，攻击者用来侵入计算机的途径就越少。对于应用软件来说，缺省安装包括了不必要的脚本范例，尤其对于 Web 服务器来说更是如此，攻击者利用这些脚本侵入系统，并获取他们感兴趣的信息。绝大多数情况下，被侵入的系统的管理员根本不知道他们安装了这些脚本范例。这些脚本范例的安全问题是由于它们没有经历其他软件所必需的质量控制过程产生的。事实上，这些脚本的编写水平极为低劣，经常忘记出错检查从而给缓冲区溢出类型的攻击提供了机会。

除了软件自身的缺陷，软件的使用错误还体现在以下几个方面：

1) 大量打开端口

合法的使用和攻击都通过开放端口连接系统，端口开得越多，进入系统的途径就越多。因此，为使系统正常运作，保持尽量少的端口是十分必要的。所有没用的端口都应被关闭。

2) 危险缺省脚本

大多数的 Web 服务器(包括 Microsoft IIS 和 Apache)都支持 CGI(Common Gateway Interface，公共网关接口)程序，以实现一些页面的交互功能，如数据采集和确认。事实上，大多数 Web 服务器都安装了简单的 CGI 程序，但是大多数 CGI 程序员没有认识到他们的程序为 Internet 上的任何一个人都提供了一个连向 Web 服务器操作系统的直接的链接。易被攻击的 CGI 程序很容易吸引攻击者，是因为他们很容易确定和使用 Web 服务器上软件的权限。攻击者可以利用 CGI 程序来修改 Web 页面，窃取信用卡账号，为未来的攻击设置后门。由专业水平有限或很粗心的程序员编写的 Web 服务器应用程序也很容易受到攻击。作为一个基本的规则，所有系统都应删除示范(Sample)程序。

3) 软件运行权限选择不当

软件执行的权限也是一个很重要的安全问题。很多攻击者利用一个软件的漏洞是为了得到该软件的运行权限。如果该软件的运行权限为超级用户，那么攻击者就可以获得对系统的全面控制。

值得注意的是，很多软件的运行权限都是由用户在安装和配置过程中决定的。如果软件的运行权限选择得不恰当，系统会处于不安全的状态。一个典型的例子就是如果 Apache 服务器以超级用户的权限运行，一旦一个 CGI 脚本出现漏洞，黑客就可以得到系统的超级权限。

3. 系统备份不完整

每一个组织均有可能发生事故，从事故中恢复需要及时的备份和可靠的数据存储方式。一些组织虽然每天做备份，但是并不去确认备份是否有效，其他一些组织建立了备份的策略和步骤，但却没有建立存储的策略和步骤。这些错误往往在黑客进入系统并已经破坏了数据后才被发现。

另一个问题是对备份介质的物理保护不够。备份保存了和服务器上同样敏感的信息，它们也应该受到保护。

1.2.6 恶意代码

前面介绍的内容包括物理安全威胁、操作系统的安全缺陷、网络协议的安全缺陷、应用软件的实现缺陷和用户使用中的缺陷，所谈论的问题都有共同的特点，就是安全威胁不是人为创造出来的，一般都是在设计、实现或者使用的某个环节出现了差错而无意造成的。而网络上出现的另一种安全风险，则完全是人为创造出来的。这些安全风险包括计算机病毒、特洛伊木马、后门、计算机蠕虫、逻辑炸弹等恶意代码。

1. 计算机病毒

计算机病毒是一段特殊的计算机程序，它在计算机和网络中的活动规律与生物学中的病毒极为相似，具有类似生物病毒的行为特性，如自我复制、传染性、破坏性和变异性等。它可以隐藏在看起来无害的程序中，也可以生成自身的拷贝并插入到其他程序中。

在网络环境下，一旦某一台感染了病毒的计算机连上服务器，便会通过服务器把病毒迅速传播到整个网络中。如果服务器上的病毒发作，将会造成整个网络系统的瘫痪，造成的损失将是无法估量的。

2. 特洛伊木马

特洛伊木马(Trojan Horse)常简称为木马，名字来源于古希腊神话《荷马史诗》中的故事《木马屠城记》。它是一种寄宿在计算机里的非授权的远程控制程序，自出现以来发展迅速，经常被黑客利用，渗透到计算机用户的主机系统内，盗取用户的各类账号和密码，窃取各类机密文件，甚至远程控制用户主机。完整的木马程序一般由两部分组成：一个是服务端程序，一个是控制端程序。“中了木马”就是指被安装了木马的服务端程序，若目标计算机被安装了服务端程序，则拥有控制端程序的人就可以通过网络远程控制目标计算机来为所欲为，此时目标计算机上的各种文件、程序以及使用的各类账号、密码就无安全可言了。

3. 后门

后门程序一般是指那些绕过安全性控制而获取对程序或系统访问权的程序方法。在软件的开发阶段，程序员常常会在软件内创建后门程序以便修改程序设计中的缺陷。但是，如果这些后门被其他人知道或在发布软件之前没有删除后门程序，那么它就成了安全风险，容易被黑客当成漏洞进行攻击。后门程序与特洛伊木马有类似之处，即都是隐藏在用户系统中向外发送信息，而且本身具有一定的权限，以便远程机器对本机进行控制。后门程序与特洛伊木马的区别在于木马是一个完整的软件，而后门体积较小且功能都比较单一。

4. 计算机蠕虫

计算机蠕虫与计算机病毒类似，它是一种能够自我复制的计算机程序。与计算机病毒不同的是，计算机蠕虫不需要附在别的程序内，不用用户介入操作也能自我复制或执行。计算机蠕虫未必会直接破坏被感染的系统，却几乎都对网络有害。计算机蠕虫可能会执行垃圾代码以发动分散式拒绝服务攻击，令计算机的执行效率大大降低，从而影响计算机的正常使用。计算机蠕虫也可能会损毁或修改目标计算机的档案，还可能只是浪费带宽。(恶意的)计算机蠕虫可根据其目的分成两类：一类是面对大规模计算机使用网络发动拒绝服务的计算机蠕虫(虽然它会绑架计算机，但用户可能还可以正常使用，只是会被占用一部分运算、联网能力)；另一类是针对个人用户的以执行大量垃圾代码的计算机蠕虫。计算机蠕虫大多不具有跨平台性，但是在其他平台下，可能会出现其平台特有的非跨平台性的蠕虫病毒。第一个被广泛注意的计算机蠕虫名为“莫里斯蠕虫”，它由罗伯特·莫里斯编写，于1988年11月2日散播第一个版本。这个计算机蠕虫间接和直接地造成了近1亿美元的损失，引起了各界对计算机蠕虫的广泛关注。

5. 逻辑炸弹

逻辑炸弹是一种程序或一段代码，可长期保持休眠，直到一个具体的程序逻辑被激活。

例如，计算机系统运行过程中系统时间达到某个值、服务程序收到某个特定的消息时，就触发恶意程序的执行并产生异常甚至灾难性后果(如使某个进程无法正常运行、删除重要的磁盘分区、毁坏数据库数据，使系统瘫痪等)。逻辑炸弹在条件触发之前，系统运行没有任何异常，对系统管理员和计算机用户来说，往往难以发现。与计算机病毒相比，逻辑炸弹强调破坏作用本身，而实施破坏的程序不具有传染性。

1.3　网络安全体系结构

网络安全体系结构是网络安全最高层的抽象描述。在大规模的网络工程建设和管理以及基于网络的安全系统的设计与开发过程中，需要从全局的体系结构角度考虑安全问题的整体解决方案，从而保证网络安全功能的完备性与一致性，降低安全的代价和管理的开销。这样一个安全体系结构对于网络安全的理解、设计、实现与管理都有重要的意义。

网络安全是一个覆盖范围比较广的研究领域。一般人都只是在这个领域中的一个小范围内进行自己的研究，开发出能够解决某些特殊网络安全问题的方案。例如，有的人专门研究加密和鉴别，还有的人专门研究入侵和检测等。网络安全体系结构就是从系统化的角度去理解这些安全问题的解决方案，对研究、实现和管理网络安全的工作有全局指导的作用。

1.3.1　网络安全体系结构的相关概念

OSI(Open System Interconnection，开放系统互联)安全体系结构的研究始于 1982 年，当时 OSI 基本模型刚刚确立。ISO/IEC JTC1 于 1989 年增加了关于安全体系结构的描述，后来在此基础上又制定了一系列特定安全服务的标准，其成果标志是 ISO 发布了 ISO 7498-2 标准，作为 OSI 参考模型的新补充。1990 年，ITU 决定采用 ISO 7498-2 作为它的 X.800 推荐标准。

ISO 7498-2 标准现在已成为网络安全专业人员的重要参考，它不是为解决某一特定安全问题，而是为网络安全共同体提供一组公共的概念和术语，用来描述和讨论安全问题与解决方案。因此，OSI 安全体系结构只是安全服务与相关安全机制的一般性描述，说明了安全服务怎样映射到网络的层次结构中，并简单讨论了它们在 OSI/RM(Open System Interconnection Reference Model，开放系统互联基本参考模型)中合适的位置。

OSI 安全体系结构主要包括三部分内容，即安全服务、安全机制和安全管理。

(1) 安全服务：一个系统各功能部件所提供的安全功能的总和。从协议分层的角度来说，底层协议实体为上层实体提供安全服务，而对外屏蔽安全服务的具体实现。0SI 安全体系结构模型中定义了五组安全服务：认证(Authentication)服务、保密(Confidential)服务、数据完整性(Integrity)服务、访问控制(Access Control)服务和抗抵赖(Non-repudiation)服务(或称作不可否认服务)。

(2) 安全机制：指安全服务的实现机制，一种安全服务可以由多种安全机制来实现，一种安全机制也可以为多种安全服务所用。

(3) 安全管理：包括两方面的内容。一是安全的管理(Management of Security)，是指网络和系统中各种安全服务和安全机制的管理，如认证或加密服务的激活，密钥等参数的分配、更新等。二是管理的安全(Security of Management)，是指各种管理活动自身的安全，如管理系统本身和管理信息的安全。

1.3.2 网络安全体系的三维框架结构

图 1-5 给出了网络安全体系的三维框架结构。

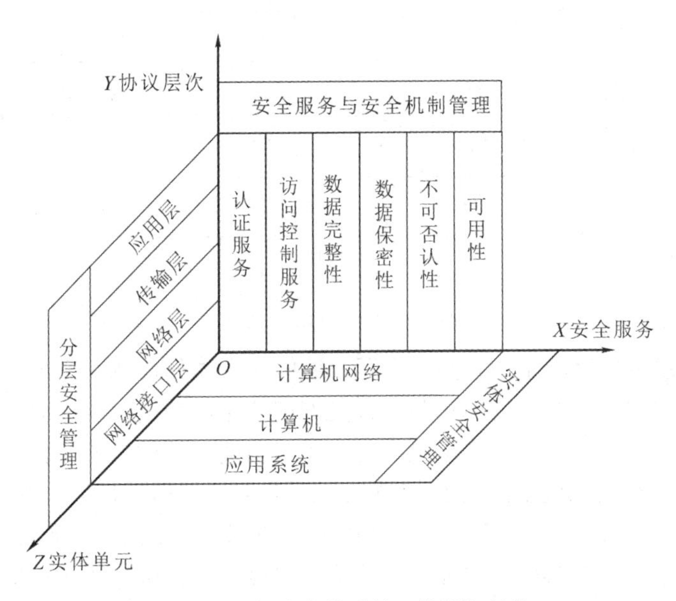

图 1-5　网络安全体系的三维框架结构

安全服务平面取自于国际标准化组织制定的安全体系结构模型，在五类基本的安全服务以外增加了可用性(Availability)服务。不同的应用环境对安全服务的需求是不同的，各种安全服务之间也不是完全独立的。后文将介绍各种安全服务之间的依赖关系。

协议层次平面参照 TCP/IP 的分层模型，旨在从网络协议结构角度考察安全体系结构。

实体单元平面给出了网络系统的基本组成单元，各种单元安全技术或安全系统也可以划分成这几个层次。

安全管理涉及所有协议层次、所有实体单元的安全服务和安全机制的管理，安全管理操作不是正常的通信业务，但为正常通信所需的安全服务提供控制与管理机制，是各种安全机制有效性的重要保证。

从(X，Y，Z)三个平面各取一点，例如取“认证服务、网络层和计算机”，表示计算机系统在网络层采取的认证服务，如端到端的、基于主机地址的认证等；再例如“认证服务、应用层和计算机”是指计算机操作系统在应用层应对用户身份进行认证，如系统登录时的用户名口令保护等；“访问控制服务、网络层和计算机网络”是指网络系统在网络层采取的访问控制服务，比如防火墙系统。

1.3.3　安全服务之间的关系

一个网络系统的安全需求包括：主体与客体的标识和认证、主体的授权与访问控制、数据存储与传输的完整性和保密性、可用性保证和抗抵赖服务。各种安全需求之间存在相互依赖关系，孤立地选取某种安全服务常常是无效的。这些安全服务之间的关系如图1-6所示。

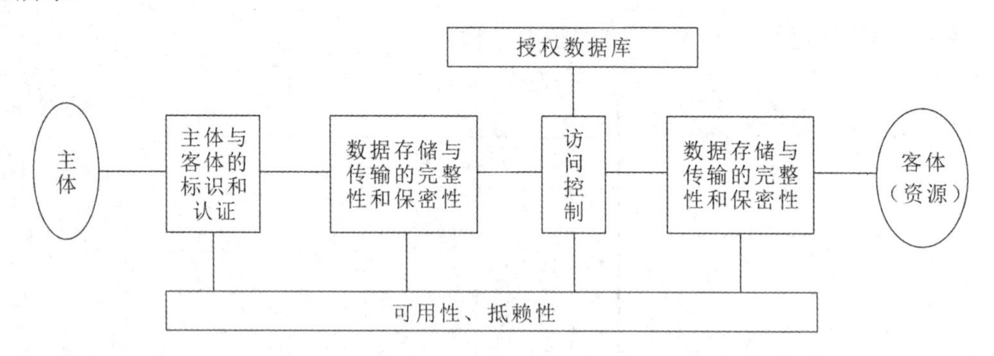

图 1-6　安全服务关系图

在计算机系统或网络通信中，参与交互或通信的实体分别被称为主体(Subject，S)和客体(Object，O)，对主体和客体的标识与认证是网络安全的前提。认证服务用来验证实体标识的合法性，不经认证的实体和通信数据都是不可信的。不过目前因特网从底层协议到高层的应用许多都没有认证机制，如 IPv4 中无法验证对方 IP 地址的真实性，SMTP 也没有对收到的 E-mail 中源地址和数据的验证能力。没有实体之间的认证，所有的访问控制措施、数据加密手段等都是不完备的。比如，目前绝大多数基于包过滤的防火墙由于没有地址认证的能力，无法防范假冒地址类型的攻击。

访问控制是许多系统安全保护机制的核心。任何访问控制措施都应该以一定的访问控制策略(Policy)为基础，并依据策略相应地访问控制模型(Access Control Model)。网络资源的访问控制和操作系统类似，例如它需要一个参考监控器(Reference Monitor)控制所有主体对客体的访问。防火墙系统可以看成外部用户(主体)访问内部资源(客体)的参考监控器，然而，集中式的网络资源参考监控器很难实现，特别是在分布式应用环境中很难实现。与操作系统访问控制的另外一点不同是，它的信道、数据包、网络连接等都是一种实体，有些实体(如代理进程)既是主体又是客体，会导致传统操作系统的访问控制模型很难用于网络环境中。

数据存储与传输的完整性是认证和访问控制有效性的重要保证。例如，认证协议的设计一定要保证认证信息在传输过程中不被篡改。同时，访问控制又常常是实现数据存储完整性的手段之一。与数据保密性相比，数据完整性的需求更为普遍。数据保密性一般也要和数据完整性结合才能保证保密机制的有效性。

保证系统高度的可用性是网络安全的重要内容之一，许多针对网络和系统的攻击都是破坏系统的可用性，而不一定损害数据的完整性与保密性。目前，保证系统可用性的研究还不够充分，许多拒绝服务类型的攻击还很难防范。抗抵赖服务在许多应用(如电子商务)中非常关键，它和数据源认证、数据完整性紧密相关。

1.4 PDRR 网络安全模型

上一节介绍了信息安全空间的概念和 OSI 安全体系结构。实际上，在对一个网络和系统实现安全管理时，人们总是先分析自己对安全的需求，再作出自己的安全政策。

PDRR 模型就是一个最常见的安全模型。PDRR 由 Protection(防护)、Detection(检测)、Response(响应)和 Recovery(恢复)这四个英文单词的首字母组成。这四个部分组成了一个动态的信息安全周期，如图 1-7 所示。

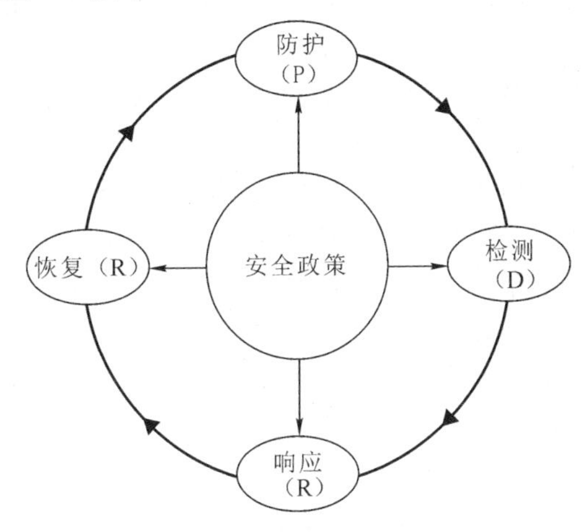

图 1-7 PDRR 网络安全模型

安全策略的每一部分包括一组安全单元来实施一定的安全功能。安全策略的第一战线是防御。根据系统已知的所有安全问题给出防御的措施，如打补丁、访问控制和数据加密等。安全策略的第二个战线是检测。攻击者如果穿过了防御系统，检测系统就会检测出来。检测的功能就是检查出入侵者的身份(包括攻击源和系统损失等)。一旦检测出入侵，响应系统便开始响应(事件处理和其他业务)。安全策略的最后一个战线是系统恢复。它的功能是在入侵事件发生后，把系统恢复到原来的状态。每次发生了入侵事件，防御系统都要更新，保证相同类型的入侵事件不能再发生。因此，整个安全策略包括防御、检测、响应和恢复四个部分，四者组成了一个信息安全周期。下面将分别介绍各个环节中的安全单元。

1.4.1 防护

网络安全策略 PDRR 模型最重要的部分就是防护(P)。防护是预先阻止攻击可以发生的条件，让攻击者无法顺利地入侵。防护可以减少大多数的入侵事件，是网络安全策略中最重要的环节。防护可以分为三大类：系统安全防护、网络安全防护和信息安全防护。系统安全防护是操作系统的安全防护，即各个操作系统的安全配置、安全使用和打补丁等，不同操作系统有不同的防护措施和相应的安全工具。网络安全防护指的是网络管理的安全以及网络传输的安全。信息安全防护指的是数据本身的保密性、完整性和可用性，数据加密

是信息安全防护的重要技术。下面介绍有关防护的安全单元。

1．风险评估——缺陷扫描

风险评估属于网络安全防护类型。风险评估就是发现并修补系统和网络存在的安全缺陷。风险评估可减少黑客攻击系统的条件，从而达到防护系统的目的。绝大多数入侵事件都是利用系统具有的安全缺陷进行攻击。系统缺陷一般来自操作系统本身以及各种应用软件。发现并修补系统的所有缺陷是防御系统的重要工作。

安全缺陷可以分为两种：允许远程攻击的缺陷和只允许本地攻击的缺陷。允许远程攻击的缺陷就是攻击者可以利用该缺陷，通过网络攻击系统，这样的缺陷存在于提供网络服务的软件中。只允许本地攻击的缺陷就是攻击者不能通过网络利用该缺陷攻击系统，这样的缺陷一般存在于不提供网络服务的软件中。

对于允许远程攻击的安全缺陷可以使用网络缺陷扫描工具去发现。网络缺陷扫描工具一般是从外边去观察系统，它扮演一个黑客的角色，只不过不会破坏系统。缺陷扫描工具首先扫描系统所开放的网络服务端口，然后通过该端口进行连接，试探提供服务的软件类型和版本号。缺陷扫描工具可通过两种方法判断该端口是否有缺陷：第一，根据版本号，在缺陷库中查出是否存在缺陷；第二，根据已知的缺陷特征模拟一次攻击，如果攻击表示可能会成功，就停止并认为该缺陷存在(要停止模拟攻击以避免对系统的损害)。显然第二种方法的准确性比第一种好，但是它扫描的速度会很慢。缺陷扫描工具一般可以同时扫描整个网段，另外还可以只扫描某些特殊的服务。对于只允许本地攻击的缺陷只能使用本地缺陷扫描工具去发现它们。

发现缺陷后就应对该缺陷进行修补(打补丁)。一般每一种缺陷都有详细说明，包括缺陷表现、影响系统、缺陷类型和解决方案等，在解决方案栏目中介绍克服缺陷的方法(一般都是系统升级或打补丁)。

2．访问控制及防火墙

访问控制技术属于网络安全防护类型。访问控制限制某些用户对某些资源的操作。访问控制通过减少用户对资源的访问来减小资源被攻击的概率，从而达到防护系统的目的。例如，只让可信的用户访问资源而不让其他用户访问资源，这样资源受到攻击的概率会很小。

防火墙是基于网络的访问控制技术，在 Internet/Intranet 中的广泛使用已经成了不争的事实。防火墙技术可以工作在网络层、传输层和应用层，完成不同力度的访问控制。防火墙可以阻止大多数的攻击，但不能阻止全部的攻击，有很多入侵事件通过防火墙所允许的规则进行攻击，例如通过端口 80 进行的攻击。

3．防病毒软件与个人防火墙

防病毒软件和个人防火墙都是系统安全工具，属于系统安全防护类型。防病毒软件根据病毒的特征，检查用户系统中是否有病毒。这个检查过程可以是定期检查，也可以是实时检查。安装并经常更新防病毒软件能对系统安全起防御作用。

个人防火墙是防火墙和防病毒的结合，它运行在用户的系统中，并控制其他机器对这台机器的访问。个人防火墙除了具有访问控制功能，还有病毒检测甚至入侵检测的功能，是网络安全防护中的一个重要发展方向。

4．数据备份和归档

数据备份和归档属于信息安全防护类型。数据备份和归档通过增加数据本身的冗余度达到对数据完整性进行保护的目的。数据备份和归档侧重于两个不同的目标，数据备份的目标就是当数据遭到破坏时，能够有效地恢复系统。所以，备份系统一般只保留最近一段时间的数据，主要侧重于备份和恢复过程。归档的目标就是将有价值的数据安全地保存一段时间，主要侧重于存储和查询过程。归档的数据主要是电子文件。

目前常用的数据备份和归档系统都是基于网络的，需要备份和归档的数据被集中拷贝到一个存储介质中(如磁盘阵列或光存储网络)。

5．数据加密

数据加密技术是信息安全防护的重要技术。加密技术用于对数据在存储和传输过程中受到的保密性安全威胁进行防护。数据经过一种特殊处理使其看起来毫无意义，同时仍保留可以将其恢复成原始数据的途径，这个特殊处理的过程称为加密。加密之前的原始数据被称为明文，加密之后的数据被称为密文，从密文恢复到明文的过程叫作解密。

加密和解密的算法通常都是公开的，唯一使得数据得到保密的因素就是密钥。密钥其实是一个数值，加密算法使用这个数值对明文进行编码，解密算法就用与之相应的密钥进行解码。

加密有两种技术：对称加密技术和公开密钥加密技术。在对称加密技术中，加密和解密过程使用同一个密钥。数据加密标准(DES)就是对称加密方法的一个实例。在公开密钥加密技术中，加密和解密过程使用一对非对称的密钥：公开密钥和私有密钥。公开密钥可以公开给所有人，私有密钥则必须要保密。从公开密钥推导出私有密钥需要超大的计算量，实际上是不可行的。RSA 算法就是一种常见的公开密钥加密算法。

对称加密算法的优点是速度快、保密性强，缺点是加密和解密过程使用同一个密钥，在通信中容易遇到密钥安全发布的问题。公开密钥加密技术可以克服密钥发布的问题，它不但具有保密功能，还具有鉴别功能，缺点是系统开销很大。

在通常的安全通信中，公开密钥加密技术运用在建立连接的过程中，这包括双方的认证过程以及密钥的交换过程。在连接建立以后，双方可以使用对称加密技术对数据进行加密，提高加密和解密的效率。

6．鉴别技术

鉴别技术也是信息安全防护的重要技术，它和数据加密技术有很紧密的关系。在安全通信中，鉴别技术用于通信双方互相鉴别对方的身份以及传输的数据。鉴别技术防护数据通信的两个方面：通信双方的身份认证和传输数据的完整性。鉴别技术主要使用公开密钥加密算法的鉴别过程，即如果个人用自己的私有密钥对数据加密为密文，那么任何人都可以用相应的公开密钥对密文解密，但不能创建这样的密文，因为他们没有相应的私有密钥。

数字签名是在电子文件上签名的技术，用于确保电子文件的完整性。数字签名首先使用消息摘要函数计算文件内容的摘要，再用签名者的私有密钥对摘要加密。在鉴别这个签名时，其先对加密的摘要用签名者的公开密钥解密，然后和原始摘要相比较。如果比较结果一致则数字签名是有效的，也就是说数据的完整性没有被破坏。

身份认证需要每个实体(用户)登记一个数字证书。这个数字证书包含该实体的信息(如

用户名和公开密钥)。另外，这个证书应该有一个权威的第三方签名，保证该证书的内容是有效的。数字证书类似于生活中的身份证。数字证书确保证书上的公开密钥属于证书上的用户 ID，为了鉴别一个人的身份，只要用其数字证书中的公开密钥去鉴别就可以了。

公开密钥基础设施(Public Key Infrastructure, PKI)就是一个管理数字证书的机构，其中包括发行、管理和回收数字证书。PKI 的核心是 CA(Certificate Authority, 认证中心)，它是证书认证链中的权威机构，对发行的数字证书签名，并对数字证书上的信息的正确性负责。

7．使用安全通信

安全通信属于网络安全防护类型。使用安全通信可以防止数据在传输过程中的泄露。安全通信的基本技术就是上述的数据加密和鉴别技术。在点对点的安全通信的建立过程中，通信双方用公开密钥加密技术互相鉴别对方的身份。如果鉴别的身份通过，双方就随机产生一个加密密钥，用来加密传输的数据。传输的数据加密使用对称加密技术。

点对点的安全通信可以应用在 Internet 模块的不同层次，得到不同的安全保护功能。首先，点对点的安全通信可以应用在应用层，即在特殊应用程序之间建立点对点的安全通信。这种方式可以真正实现终端用户到终端用户的数据安全通信，电子邮件加密协议 PGP(Pretty Good Privacy, 优良保密协议)和安全外壳(Secure Shell，SSH)协议就是典型的例子。点对点安全通信还可以应用在传输层，即 TCP 层，安全套接层(Secure Socket Layer, SSL)就使用这种方法。SSL 给应用层程序提供数据安全通信的服务，应用层程序只要支持 SSL 就可以享受 SSL 的服务，如 HTTPS 就是通过 SSL 实现安全的 HTTP。最后，点对点还可以应用在网络层，即 IP 层。在网络层实现点对点的安全通信的好处在于它与应用层的用户程序完全隔离，这使得用户根本感觉不到这个安全通信的存在。用户可以自由地使用网络而不必考虑数据在传输时的保密性安全威胁。IPSec(IP Security, IP 安全)就是在网络层实现点对点的安全通信协议，这个方法的局限就是不能做到终端用户到终端用户的安全通信，只能做到主机到主机的安全通信，甚至有的系统只能做到网络到网络的安全通信。虚拟专用网(VPN)就是使用 IPSec 技术建立的一个安全专用网。

8．系统安全评估标准

评估一个系统的安全性能属于系统安全防护的范畴。美国国家计算机安全中心(The Nation Computer Security Center，NCSC)是美国国家安全局(National Security Agency，NSA)的一个分支机构，它对计算机系统的安全程序定义了不同的安全等级，这些等级后来成为商业界的计算机安全评估标准。在这个标准中，系统安全程度被分为 A、B、C 和 D 四等，每一等又分为若干等级，它们从低到高分别是 D、C1、C2、B1、B2、B3、Al 和 A2 共 8 个等级。

D 级为最低保护等级。整个系统不可信任，很容易受到入侵。在这个安全等级中，用户没有认证，系统不需要用户登记，没有密码保护，任何一个人都可以使用计算机。

C 级为自主保护等级。它主要提供自主访问控制保护，并具有对主体责任和它们的初始动作审计的能力。这一等级又分为 Cl 和 C2 两个级别。

C1 级为无条件安全防护系统，它要求硬件有一定的安全性(如带锁)，并允许管理员设置一些程序的访问权限。在 Cl 级的系统中，用户可以直接访问操作系统的根。C1 级不能控制已进入系统的用户的访问级别。若用户修改了控制系统的配置，则可以获得更高的权限。

C2 级改进了 C1 级的不足之处，即 C2 级引进了用户权限级别，限制用户执行某些系统指令。这样，系统管理员能够给用户分组，并授予他们不同的权限。另外，C2 级开始有系统的审计记录，用来审查、跟踪一些安全事件。

B 级为强制保护级别。它要求客体必须保留敏感标记，系统用它来加强访问控制保护。因此，在这样的系统中，数据结构必须带有敏感标记。这个等级又分为 B1、B2 和 B3 三个级别。

B1 级支持多级安全，是标记安全防护系统。标记是指网上的每一个对象在安全防护计划中的敏感程度。根据这样的标记，把网络划分为多级安全保护。通常，用户为政府机构等。

B2 级为结构安全防护。与 B1 级一样，B2 级的系统也用标记来区分对象的安全敏感程度，它不仅把网络分为多级安全级别，还把整个网络的安全性结构化，使得安全保护比 B1 级更为灵活。

B3 级为安全域防护。B3 级与 B2 级的不同在于它要求终端必须经过一个可信任途径连接到网络。

A 级为验证保护等级。它不但包含了所有它下面各级的安全保护性能，而且增加了形式化安全验证方法。所谓形式化安全验证就是系统必须有足够资料证明在设计和实现等方面都满足安全要求。A 级又分为 A1 和 A2 两个级别，A1 级是验证设计保护，A2 级是验证实现保护。

1.4.2　检测

PDRR 模型的第二个环节是检测(D)。上面提到防护系统能消除入侵事件发生的条件，阻止大多数入侵事件的发生，但是它不能阻止所有的入侵，特别是那些利用新的系统缺陷、新的攻击手段的入侵。因此安全政策的第二个安全屏障就是检测，即入侵一旦发生就被检测出来，这个工具是入侵检测系统(Intrusion Detection System，IDS)。

检测和防护有根本性的区别。如果防护和黑客的关系是“防护在明，黑客在暗”，那么检测和黑客的关系就是“黑客在明，检测在暗”。防护主要修补系统和网络的缺陷，增加系统的安全性能，从而消除攻击和入侵的条件。检测并不是根据网络和系统的缺陷，而是根据入侵事件的特征去检测。但是，黑客攻击系统时往往是利用网络和系统的缺陷进行的，所以入侵事件的特征一般与系统缺陷的特征有关系，因此防护和检测技术是有相关的理论背景的。

在 PDRR 模型中，防护和检测之间有互补关系。如果防护部分做得很好，绝大多数攻击事件都被阻止，那么检测部分的任务就很少了。反过来，如果防护部分做得不好，检测部分的任务就会加重。

IDS 是一个硬件系统或软件程序，它的功能是检测出正在发生或已经发生的入侵事件，这些入侵已经成功地穿过防护战线。一个入侵检测系统有很多特征，其主要特征为检测环境和检测算法。根据不同的特征，入侵检测系统可以分为不同的类型。

根据检测环境不同，IDS 一般可以分为基于主机的 IDS(Host-Based IDS)和基于网络的 IDS(Network-Based IDS)。基于主机的 IDS 检测基于主机上的系统日志、审计数据等信息，而基于网络的 IDS 检测则一般侧重于网络流量分析。基于主机的 IDS 的优点在于它不仅能

够检测本地入侵(Local Intrusion)，还可以检测远程入侵(Remote Intrusion)，缺点是它对操作系统依赖较大，检测的范围较小。而基于网络的入侵检测系统的优点则在于检测范围是整个网段，独立于主机的操作系统。

根据检测所使用的方法，IDS 还可以分为两种：误用检测(Misuse Detection)和异常检测(Anomalous Detection)。误用检测技术需要建立一个入侵规则库，其中，它对每一种入侵都形成一个规则描述，只要发生的事件符合某个规则就被认为是入侵。这种技术的好处在于它的误警率(False Alarm Rate)比较低，缺点是查全率(Probability of Detection)完全依赖于入侵规则库的覆盖范围。另外，由于入侵规则库的建立和更新完全依靠手工，且需要很深的网络安全知识和经验，所以维持一个准确完整的入侵规则库是一件十分困难的事情。异常检测技术不对每一种入侵进行规则描述，而是对正常事件的样本建立一个正常事件模型，如果发生的事件偏离这个模型的程度超过一定的范围，就被认为是入侵。由于事件模型是通过计算机对大量样本进行分析统计而建立的，具有一定的通用性，因此，异常检测克服了一部分误用检测技术的缺点。但是相对来说异常检测技术的误警率较高。

入侵检测系统一般和紧急响应及系统恢复有密切关系，一旦入侵检测系统检测到入侵事件，它就将入侵事件的信息传给应急响应系统进行处理。

1.4.3 响应

PDRR 模型中的第三个环节是响应(R)。响应就是已知一个攻击(入侵)事件发生之后进行处理。在一个大规模的网络中，响应这个工作都是由一个特殊部门即计算机紧急响应小组(CERT)负责的。世界上第一个 CERT 设于美国卡内基·梅隆大学(Carnegie Mellon University，CMU)的软件研究所(SEI)，它于 1989 年建立，是世界上最著名的计算机响应小组之一。CMU 的 CERT 建立之后，世界各国以及各机构也纷纷建立自己的 CERT。我国第一个 CERT 于 1999 年建立，主要服务于中国教育和科研网。

入侵事件的报警可以是入侵检测系统的报警，也可以是通过其他方式的汇报。响应的主要工作也可以分为两种，第一种是紧急响应，第二种是其他事件处理。紧急响应就是当安全事件发生时采取应对措施，其他事件主要包括咨询、培训和技术支持。

1.4.4 恢复

恢复(R)是 PDRR 模型中的最后一个环节。恢复是事件发生之后，把系统恢复到原来的状态或比原来更安全的状态。恢复也可以分为两个方面：系统恢复和信息恢复。系统恢复指的是修补该事件所利用的系统缺陷，不让黑客再次利用这样的缺陷入侵，一般系统恢复包括系统升级、软件升级和打补丁等。系统恢复的另一个重要工作是除去后门。一般来说，黑客在第一次入侵时都是利用系统的缺陷，在第一次成功入侵之后，黑客就在系统打开一些后门，如安装一个特洛伊木马。所以，尽管系统缺陷已经被打补丁，黑客下一次还可以通过后门进入系统。系统恢复都是根据检测和响应环节提供的有关事件资料进行的。

信息恢复指的是恢复丢失的数据。数据丢失可能是由于黑客入侵造成的，也可能是由于系统故障、自然灾难等原因造成的。信息恢复就是通过备份和归档的数据恢复原来的数据。信息恢复过程跟数据备份过程有很大的关系，数据备份做得是否充分对信息恢复有很大的影响。信息恢复过程的一个特点是有优先级别，直接影响日常生活和工作的信息必须先恢复，这样可以提高信息恢复的效率。

1.5 网络安全基本原则

由于目前网络安全存在种种问题，因此在没有有效的保护措施下使用 Internet 是不安全的，那些使用了推荐的方法来增加安全性的站点遭受危险攻击的概率大大降低。使用防火墙的同时使用避免被监视的一次性口令，可以极大地提高站点的整体安全水平，使访问 Internet 更安全。虽然任何人都不可能设计出绝对安全和保密的网络信息系统，但是，如果在设计之初就遵从一些合理的原则，那么系统的安全和保密就更加有保障。设计时不全面考虑，消极地将安全和保密措施寄托在事后“打补丁”的思路是相当危险的。从工程技术角度出发，在设计网络信息系统时，应该遵守以下网络安全的基本原则。

1.5.1 纵深防御与防御多样化

1. 纵深防御

纵深防御是一种基本的安全原则(不仅仅针对网络系统而言)。纵深防御是指不能只依赖单一安全机制，应该建立多种机制，互相支撑以达到比较满意的目的。管理员不希望某个单一安全机制的失败会完全危害系统的安全。

不要只依靠单一的安全机制，加强某种安全机制不如建立多层机制做每层的后备。例如，可以在不同的防线层次上设置，首先是网络安全(如需要一个防火墙)，之后是主机安全(如需要一个密码数据库或一个杀毒软件平台)，最后是人员安全，这时需要细致的系统管理和缜密的用户教育。

2. 防御多样化

系统可以通过使用大量的不同系统提供纵深防御而获得额外的安全保护。如果系统都相同，那么只要知道怎样侵入一个系统也就知道怎样侵入所有的系统。

在设置中有许多机会运用防御多样化原则。例如，在内部和外部数据包过滤系统中使用不同商家的路由器，大多数站点可能会认为这种方法是不值得采用的。然而，即使使用类似或同样的硬件，仍然需要做多样化防御的工作，让不同的人做不同过滤系统的初始化设置工作，然后互相检查彼此的工作。

防御多样化的含义是使用从不同卖方那里得到的安全保护系统可以降低因一个普通小错误或配置错误而危及整个系统的概率。但是，对于系统复杂性和成本需要有个折中的方法。采用并安装不同的复合系统要更难，花费的时间更长，而且要比采用安装一个单一系统或许多相同的系统贵得多。用户将不得不购买多个系统和多个支持合同来代替它们。这样也需要花费额外的时间和精力来使工作人员学会怎样掌握这些不同的系统。

同时还要防止不同的系统被同一个人或同一组人配置，这样可能会使错误具有普遍性。例如，如果问题出自对特殊协议工作的误解，那么各种系统可能都会按这种误解错误

地配置。

尽管很多站点承认使用复合系统可以增加安全性，但也经常得出多样化防御的麻烦超过它的价值的结论，而且潜在的收益和安全保护的改善与成本不成比例。

1.5.2　阻塞点与最薄弱链接

1. 阻塞点

所谓阻塞点就是设置一个窄通道，在那里可以对攻击者进行监视和控制。在生活里也有很多阻塞点的例子，如桥上的收费亭、超级市场的收费通道和电影院的收票岗等。

在网络里，一个站点与Internet之间设有防火墙，假定这是站点与Internet的唯一连接，那么它就是一个阻塞点，任何一个从Internet上侵袭站点的侵袭者必须通过这个对侵袭起防御作用的通道，用户应仔细观察这些侵袭并在发现它们时准备响应。

2. 最薄弱链接

系统安全的强度取决它的最薄弱链接，聪明的侵袭者总想找出那个弱点并集中精力对其侵袭。应意识到防御措施中的弱点以便采取行动消除它们，要把系统中的薄弱环节一个个地列出来，尽量消除那些薄弱环节，对消除不掉的薄弱环节要严加防范，同时也可以仔细检测那些无法消除的缺陷。平等对待安全系统的所有情况，以便各个方面的危险性不会有太大的差异。

然而，经常会有最薄弱链接，解决方法在于使那段链接尽量坚固并在发生危险前保持强度的均衡性。举例来说，人们经常理所当然地认为通过网络侵袭要比实际进入站点破坏更让人担忧，由此会让实际的安全保护成为最薄弱链接。但因为危险仍然存在，完全忽视实际安全保护是没有理由的。类似地，只是非常仔细地保护Telnet链接而忽视保护FTP链接的行为也是不妥的，因为那些服务也会导致相似的危险出现。

1.5.3　失效保护状态与最小特权

1. 失效保护状态

在某种程度上，系统应做到失效保护。也就是说，如果系统运行错误，那么它们发生故障时会拒绝侵袭者访问，更不用说让侵袭者侵入了，除非纠错之后。当然这种故障可能导致合法用户也无法使用信息资源，但这是可接受的折中方法。这种策略是如果保护措施失败，应该保证系统的安全。例如，当保护失败时，应该把攻击者拒之门外，而不是让攻击者畅通无阻，当然可能会把合法用户也拒之门外，这时就要权衡利弊。

保护的失效原则在许多领域中有广泛应用。例如：电子设备被设计成关闭状态——停运，当不管以任何方式出现故障时，电梯设计为在停运时紧扣电缆；电子门锁一般在停电时自动打开以防将人们误锁在房屋中。

网上的多数应用都是以保护的失效原则设计的。例如，若包过滤路由器出现故障，那么将不允许任何包进来，如果一个代理服务器坏了，那么将不提供任何服务。另一方面，一些基于主机的数据包过滤系统是按照允许数据包分别传到运行数据包过滤应用和代理服务功能应用的机器上的方式设计的。这些系统工作的方法就是若数据包过滤功能发生故障，则数据包将被传到提供服务应用的地方，这就不是一个符合失效保护的设计，应尽量避免。

以下介绍两个可以为安全决策和安全策略采用的基本状态：

(1) 默认拒绝状态：只指明所允许的事情，而禁止其他一切事情。这种方法是当失败时只允许执行预先决定的那些应用，除此以外的所有应用都被禁止。默认拒绝从安全的角度看是可行的，大部分用户都会选择它。

(2) 默认许可状态：只指明所禁止的事情，而允许其他一切事情。这种方法是预先决定哪些应用是要禁止的，失败时除这些禁止的不能执行外，其他的全部应用都是允许的。这种方法是受用户欢迎的。

从安全保护角度的来说，正确做法就是默认拒绝状态。

2. 最小特权

最小特权原则是指一个对象(如程序、人、路由器或任何事物)应该只拥有执行其分配的任务所必要的最小特权并且绝不超越此权利。该原则导致的结果必然是系统被配置为符合要求的尽可能小的特权。

最小特权是最基本的安全原则，也是一个重要的原则，对于限制暴露给闯入者的弱点以及限制会受特定攻击的破坏行为都会有很大的益处，应尽量避免系统暴露在侵袭之下并减少因特定的侵袭所造成的损失。

很多系统中都有一个系统超级用户或系统管理员，其拥有对系统全部资源的存取和分配权，所以它的安全至关重要，如果不加以限制，有可能由于超级用户的恶意行为、口令泄密和偶然破坏等对系统造成不可估量的损失和破坏。有必要对系统超级用户或系统管理员的权限加以限制，实现权限最小化原则。可将管理权限交叉，由几个管理用户动态地管理系统，实现互相制约。对于非管理用户(即普通用户)也实现权限最小原则，不允许其进行非授权以外的操作。

1.5.4　普遍参与与简单化

1. 普遍参与

在某种程度上，设计网络信息系统依赖于有意识的普遍参与。为了使安全机制更有效，绝大部分安全保护系统要求站点人员普遍参与(或至少没有反对者)。如果某个用户可以轻易地从系统的安全保护机制中退出，那么侵袭者很有可能会以先侵袭内部豁免人员系统，然后再以从内部侵袭受害者站点的方式进行侵袭。例如，如果认为防火墙是累赘的人为了绕过防火墙而在站点和 Internet 之间建立了一个“后门”连接，那么，质量再过硬的防火墙也无法抵御入侵者的攻击。

保护一个站点的安全系统要靠全体人员的努力。大家要齐心协力，绝对不能在内部有反对派，也不能把个别人排除在外，否则攻击者会通过“个别人”来攻击站点。最好的防火墙也挡不住来自内部的攻击，因为攻击者完全可以避开防火墙，任意建立一个连接从后门来攻击站点。要建议站点内的每个人报告不应该发生的事件(这可能与站点的安全有关)，也要告诫每一个人慎重地使用口令，不能轻易将口令告诉朋友或亲戚，口令还要定期更改，要花精力去做工作，使全站的人都能自觉地维护站点的安全。

2. 简单化

简单化之所以能作为一个安全保护策略有两个原因：第一，让事情简单化使它们易于理解，如果不了解某事，就不能真正了解它是否安全；第二，复杂化会为所有类型的隐患提供隐藏的机会。

复杂程序有更多的小毛病，任何小毛病都可能成为安全问题。即使问题不是出在程序本身，当安全问题真的发生时，识别和报告安全问题也会比较麻烦。

以上介绍了网络安全的基本原则，它们都拥有各自的优点，采用上述原则进行网络系统设计时还需要综合考虑费用和复杂性等因素，对不同的网络系统而言需要结合自身需求实现安全性、费用和复杂性的统筹兼顾。

习　题

1. 什么是通信网络？通信网按功能与用途不同可以分为哪些？
2. 简述传送网、业务网和支撑网三者之间的关系。
3. 支撑网的定义和分类是什么？
4. 现代通信网络发展的主要趋势有哪些？
5. 网络安全的含义是什么？网络安全的主要研究领域有哪些？
6. 网络安全的需求包括哪些方面？
7. 网络安全面临的威胁包括哪些？
8. 试阐述网络安全体系的三维框架结构。
9. PDRR 网络安全模型包括哪些方面？
10. 信息安全防护的方法和技术有哪些？
11. 简述检测和防护的区别。
12. 恢复可以分为哪两个方面？分别有哪些操作？
13. 设计网络信息系统时，应该遵守哪些网络安全的基本原则？

第 2 章　网络信息安全

网络信息安全就是要保证网络中传输及存储的信息的机密性、完整性、可用性和可控性，可以采用的安全机制包括信息加密、信息摘要、安全认证、访问控制等。其中，密码技术是各种安全机制的核心技术，而密钥的分配和管理是各种安全机制的基础。本章主要从密码学与信息加密、密钥分配与管理、安全认证与访问控制等方面进行介绍。

2.1　密码学与信息加密

2.1.1　密码学概述

密码学是一门古老而深奥的学科，对一般人来说是非常陌生的。长期以来，密码学只在很小的范围内使用，如军事、外交、情报等部门。密码学的历史比较悠久，在四千年前，古埃及人就开始使用密码来保密传递消息。两千多年前，罗马国王 Julius Caesare(尤利乌斯·恺撒)就开始使用目前称为“恺撒密码”的密码系统。但是直到 20 世纪 40 年代以后密码技术才有了重大突破和发展。特别是 20 世纪 70 年代后期，由于计算机、电子通信的广泛使用，现代密码学得到了空前的发展。

1. 密码学基本概念

密码学是研究如何进行密写以及如何非法解密的科学，其基本思想是通过变换信息的表示形式来保护敏感信息，使非授权者不能了解被保护信息的内容。密码学有两个分支：密码编码学与密码译码学。密码编码学是研究设计密码的技术，即研究对信息进行编码，实现对信息的隐藏。密码译码学是研究非法解密的科学，即利用密文非法破译消息。密码编码学与密码译码学是相互对立、相互统一的关系，两者间的对立极大地促进了密码学的发展。

2. 密码学的发展

密码学从诞生发展到现今，可划分为三个阶段。

第一阶段是 1949 年之前，此阶段的研究特点是：

(1) 密码学还不是科学，而是艺术。

(2) 密码学出现一些密码算法和加密设备。

(3) 密码算法的基本手段出现(主要针对字符)。

(4) 简单的密码分析手段出现，数据的安全基于算法的保密。

该阶段具有代表性的事件是：1883 年 Kerchoffs 第一次明确提出了编码的原则，即加密算法应建立在算法的公开而不影响明文和密码的安全上。这个原则得到广泛认同，成为判定密码强度的衡量标准，实际上也成为古典密码与现代密码的分界线。

第二阶段是 1949 年—1975 年，密码学成为一门独立的科学，该阶段计算机的出现使基于复杂计算的密码成为可能。其主要研究特点是：数据安全基于密钥而不是基于算法的保密。

第三阶段是 1976 年以后，密码学中公钥密码学成为新的研究方向，该阶段具有代表性的事件有：1976 年，Diffie 和 Hellman 提出了不对称密钥；1977 年，Riverst、Sharmir 和 Adleman 提出了 RSA 公钥算法；1977 年，DES 算法出现；20 世纪 80 年代，出现 IDEA 和 CAST 等算法；20 世纪 90 年代，对称密码算法进一步成熟；2001 年，Rijndael 成为 DES 算法的替代者。该阶段的主要特点是：公钥密码使得发送端和接收端无密钥传输的保密通信成为可能。

3. 密码系统一般模型

在密码系统的工作环境中，除发送者和接收者外，还存在着窃听者。密码系统的一般模型如图 2-1 所示。

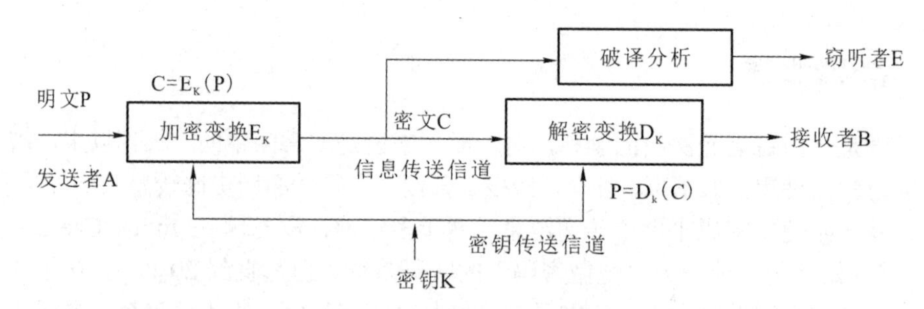

图 2-1　密码系统的一般模型

密码系统包括明文、密文、加密变换、解密变换和密钥五个要素，各要素之间的关系可由式(2.1)～式(2.4)描述。

$$S = \{P, C, K, E, D\} \tag{2.1}$$

$$C = E_K(P) \tag{2.2}$$

$$P = D_K(C) \tag{2.3}$$

$$D_K(E_K(P)) = P \tag{2.4}$$

其中，明文用 M(Message)或 P(Plaintext)表示，它可能是比特流、文本、位图、数字化的语音或视频等；密文用 C(Cipher)表示，也是二进制数据或文本等，根据算法不同，它可能与 M 一样大，也可能比 M 大。

加密被译为 Encipher 或 Encrypt，是用某种方法伪装消息以隐藏它的内容的过程。

解密被译为 Decipher 或 Decrypt，是把密文转变为明文的过程。

密钥被译为 Key，是加密变换和解密变换时用到的变换参数。

密码系统应满足以下要求：

(1) 系统即使达不到理论上无法破解，也应当是实际上不可破解的。

(2) 系统的保密性不应依赖于对加密体制或算法的保密，而应依赖于密钥, 现代密码学的基本原则是一切秘密寓于密钥之中。

(3) 加密算法和解密算法适用于所有密钥空间中的元素，更换密钥不影响加密强度。

(4) 密码系统便于实现和使用。

4. 密码分析

密码设计与密码分析是对立的双方。密码分析的目的是寻找算法的弱点，并根据这些弱点对密钥和算法进行破译。密码破译者主要有三类：情报部门、科研机构和团体组织。根据密码分析者对明、密文掌握的程序，他们的攻击可以分为以下五种：

(1) 未知算法破译：又称为唯密文攻击，破译者不知算法和密钥，仅有密文副本，试图恢复出明文。

(2) 仅知密文破译：破译者已知算法，拥有一份密文副本，试图恢复出明文或找出密钥。

(3) 已知明文破译：破译者已知算法，并掌握了一些相应的明、密文对，根据这些明、密文对实施破译。

(4) 选择明文破译：破译者已知算法，并能收集到任意明文信息和相应的密文信息，试图恢复给定密文副本所对应明文或找出密钥。

(5) 选择密文破译：与选择明文破译相反，破译者可以选择一些密文，并可取得相应的明文。

密码分析可以采用的方法有以下三种：

(1) 穷举攻击：又称作蛮力攻击，是指密码分析者用试遍所有密钥的方法来破译密码对可能的密钥或明文的穷举。

(2) 统计分析攻击：指密码分析者通过分析密文和明文的统计规律来破译密码。

(3) 数学分析攻击：指密码分析者针对加密算法的数学依据，通过数学求解的方法来破译密码。

密码史表明密码分析者的成就远比密码设计者的成就更令人赞叹。例如二战时期，美军对日军最高等级“紫密”的破解直接导致了日军海军司令山本五十六遭伏击身亡。

5. 现代密码体制的分类

随着现代密码体制的发展，密码算法越来越丰富，可从以下不同角度对密码算法进行分类。

1) 对称密码体制和非对称密码体制

对称密码体制又称为秘密密钥密码体制或单密钥密码体制，即加密密钥与解密密钥相同或一个可由另一个导出。拥有加密能力就拥有解密能力，反之亦然。其加解密过程如图 2-2 所示。

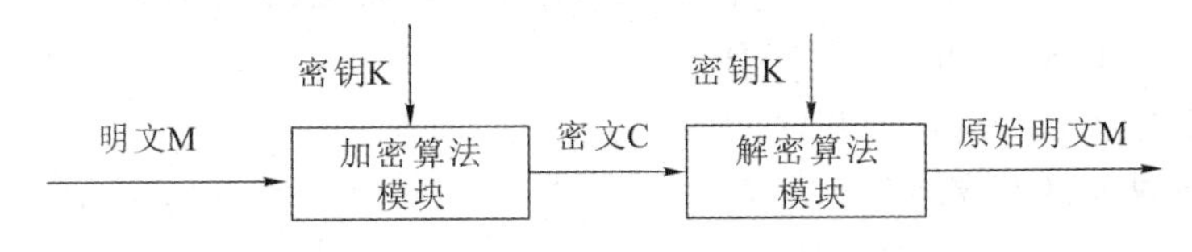

图 2-2　对称密码体制的加解密过程示意

非对称密码体制又称为公开密钥密码体制或双钥密码体制，即加密密钥公开，解密密钥不公开，从一个推导出另一个是不可行的。其加解密过程如图 2-3 所示。

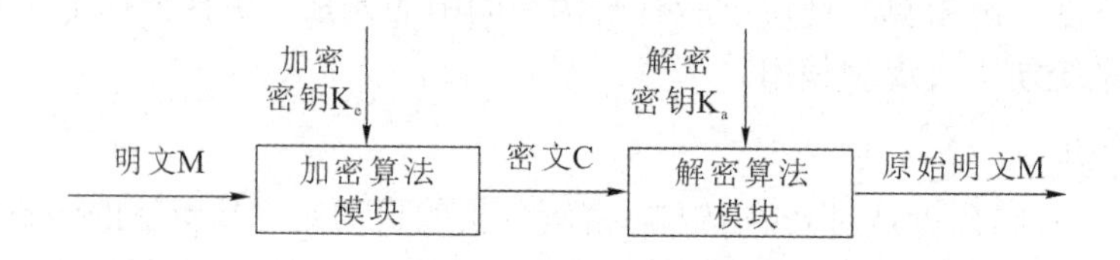

图 2-3　非对称密码体制的加解密过程示意

2) 分组密码体制和序列密码体制

根据密码算法加密的明文信息进行分类，如果密文仅与给定的密码算法和密钥有关，与被处理的明文数据段在整个明文中的所处的位置无关，则称为分组密码体制。分组密码体制是将明文分成固定长度的组(如 64 bit)，用同一密钥和算法对每一组加密，输出也是固定长度的密文。

如果密文不仅与给定的密码算法和密钥有关，也与被处理的明文数据段在整个明文中所处的位置有关，则称为序列密码体制。

3) 确定型密码体制和概率密码体制

当明文和密钥确定后，密文的形式也唯一地确定，则称为确定型密码体制。

当明文和密钥确定后，密文的形式仍不确定，最后产生出来的密文通过客观随机因素从一个密文集合中选出，则称为概率密码体制。

4) 单向函数密码体制和双向变换密码体制

单向函数密码体制只能加密，解密不可行；双向变换密码体制可进行可逆的加密和解密变换。

2.1.2　古典加密

古典加密的基本方法有两种：置换加密和替换加密。

1. 置换加密

置换加密也称为换位加密，是指明文的每个符号本身不变，但通过一定的规则或算法重新排列它们的位置使其相互顺序发生变化。常见的置换加密方法有列变位法和矩阵变位法。

1) 简单的变位加密示例

加密方首先选择一个用数字表示的密钥并将其写成一行，然后把明文逐行写在数字下。按密钥中数字指示的顺序，逐列将原文抄写下来，就是加密后的密文。

密钥：4 1 6 8 2 5 7 3 9 0

明文：来 人 已 出 现 住 在 平 安 里

按 0123456789 的顺序可得到密文。

密文：里 人 现 平 来 住 已 在 出 安

2) 列变位法

将明文字符分割成为五个一列的分组并按一组后面跟着另一组的形式排好，最后不全的组可以用不常使用的字符填满。密文是取各列来产生的。在密钥为 5 的情况下，其形式为：$C_1C_6C_{11}\ldots C_2C_7C_{12}\ldots C_3C_8C_{13}\ldots$

例如，明文是 WHAT YOU CAN LEARN FROM THIS BOOK，分组排列为

W	H	A	T	Y
O	U	C	A	N
L	E	A	R	N
F	R	O	M	T
H	I	S	B	O
O	K	X	K	K

密文读出的形式为：WOLFHOHUERIKACAOSXTARMBKYNNTOK。这里的密钥是数字 5。

3) 矩阵变位法

这种加密是把明文中的字母按给定的顺序安排在一个矩阵中，然后用另一种顺序选出矩阵的字母来产生密文。如将明文 ENGINEERING 按行排在 3×4 矩阵中，如下所示：

1	2	3	4
E	N	G	I
N	E	E	R
I	N	G	

给定一个置换：f=[2　4　1　3]，现在根据给定的置换，按第 2 列、第 4 列、第 1 列、第 3 列的次序重新排列，就得到：

1	2	3	4
N	I	E	G
E	R	N	E
N		I	G

所以，密文为 NIEGERNEN IG。

在这个加密方案中，密钥就是矩阵的行数 M 和列数 N，即 M,N=3,4，给定的置换矩阵 f，也就是 K=(M×N，f)。

其解密过程正好反过来，先将密文根据 3×4 矩阵按行及列的顺序写出矩阵，再根据给定置换 f 产生新的矩阵，最后恢复明文 ENGINEERING。

2. 替换加密

替换加密是指明文的顺序不变，通过一定的规则或算法使明文的每个字母或每组字母由另外一个或一组字母代替。常见的替换加密方法为单表替换与多表替换。

1) 单表替换

单表替换加密是对明文的所有字母都用一个固定的明文字母表到密文字母表的映射。

以高卢战争中恺撒使用过的恺撒密码来说明。在这种密码中，从 a 到 w 的每个字母均用字母表中该字母后第三个位置的字母代替，如字母 x、y、z 分别用 a、b、c 表示。密码表如表 2-1 所示。

表 2-1 恺撒密码替换表

明文	a	b	c	d	e	f	g	h	i	j	k	l	m
密文	d	e	f	g	h	i	j	k	L	m	n	o	p
明文	n	o	p	q	r	s	t	u	v	w	x	y	z
密文	q	r	s	t	u	v	w	x	y	z	a	b	c

这样，加密方对信息的加密算法仅仅是用明文字母下的那个字母代替明文字母本身，而接收者用表中上面的字母代替密文的诸字母即可破译。例如：

Caesar was a great so1dier(凯撒是位伟大的战士)

即可加密为

fdhvdu zdv d juhdw vroglhu

由于英文字母中各字母出现的频度早已有人进行统计，所以根据字母频度表可以很容易对这种替换密码进行破译。窃密者只要多搜集一些密文就能发现其中的规律。替换加密还可以用一些特殊图形符号以增加解密的难度。例如，在福尔摩斯探案集中《跳舞的小人》的故事里，不同姿态的跳舞小人就表示不同的字母。

2) 多表替换

多表替换加密是以一系列(两个以上)替换表依次对明文消息的字母进行替换的加密方法。每次加密时，相同的明文因替换表的不同得到的密文不尽相同，使得基于字母频度统计的破译方法失效，提高了加密强度。以维吉尼亚加密为例，该加密算法 1858 年由法国密码学家 Blaise de Vigenere 发明。构造凯撒方阵如图 2-4 所示。

第01行 A B C D E F G H I J K L M N O P Q R S T U V W X Y Z
第02行 B C D E F G H I J K L M N O P Q R S T U V W X Y Z A
……
第05行 E F G H I J K L M N O P Q R S T U V W X Y Z A B C D
……
第13行 M N O P Q R S T U V W X Y Z A B C D E F G H I J K L
……
第15行 O P Q R S T U V W X Y Z A B C D E F G H I J K L M N
……
第25行 Y Z A B C D E F G H I J K L M N O P Q R S T U V W X
第26行 Z A B C D E F G H I J K L M N O P Q R S T U V W X Y

图 2-4 凯撒方阵

密钥可以选用任意的单词、短语或字母组合，如选取 K=COME。对于任意明文，以 M=THE TASK HAS BEEN FINISHED 为例。加密时，将密钥重复地写在明文上方，则每个明文字母对应的密文为(密钥字母对应的行，明文字母对应的列)所对应的凯撒方阵中的字母，即

密钥：COM ECOM ECO MECO MECOMECO
明文：THE TASK HAS BEEN FINISHED
密文：VVQ XCGW LGG NIGB RMPWELSP

可以看出，相同的明文 T 因位置不同被加密成为不同的密文 V 与 X，不同的明文 T 与 H 被加密成相同的密文 V，因此多表替换完全可以抵抗基于字母频度的统计分析，其安全强度远高于单表替换。

2.1.3 对称密钥密码体制算法 AES

在大多数对称算法中，加密和解密的密钥是相同的。对称算法要求发送者和接收者在安全通信之前协商一个密钥。对称算法的安全性依赖于密钥，泄露密钥就意味着任何人都能对消息进行加解密。

1. DES 与 IDEA

DES(Data Encryption Standard)是 20 世纪 70 年代中期由美国 IBM 公司发展出来的，且被美国国家标准局公布为数据加密标准的一种分组加密(Block Cipher)算法。DES 分组大小为 64 位，加密或解密密钥也是 64 位，但其中有 8 位是奇偶校验位，不参与运算，因此其有效密钥长度是 56 bit，密钥空间为 2^{56}。

1990 年，由瑞士联邦理工学院的 Xuejia Lai 和 James Massey 提出的国际数据加密算法(International Data Encryption Algorithm，IDEA)也是一种对称分组密码算法。IDEA 密钥长度为 128 位，分组大小为 64 位，其安全强度要高于 DES 算法。

2. AES 的提出

1977 年颁布的美国数据加密标准为 DES 算法，随着芯片技术和计算技术的高速发展，其 56 位长度的密钥的安全强度越来越不适应新的需求。1997 年 4 月，美国标准技术研究机构 NIST(National Institute of Standards and Technology)提出了征求新的加密标准 AES (Advanced Encryption Standard)的建议，让其作为一种取代 DES 的 20 世纪加密标准技术。此提议得到了全世界很多密码工作者的响应，先后有很多人提交了自己设计的算法。最终进入最后一轮筛选的候选算法有 5 个：Rijndael、Serpent、Twofish、RC6 和 MARS。最终经过安全性分析、软硬件性能评估等严格的步骤，Rijndael 算法获胜，成为美国新的数据加密标准，即 AES。

Rijndael 由比利时两位非常著名的密码学家(Joan Daemen 和 Vincent Rijmen)设计，是一个分组密码算法，其分组长度包括 128 bit、160 bit、192 bit、224 bit 和 256 bit，密钥长度也包括这五种长度，但是最终 AES 只选取了分组长度为 128 bit，密钥长度为 128 bit、192 bit 和 256 bit 的三个版本。本节主要结合 AES-128 进行介绍，AES-196 和 AES-256 的思路基本一样，只是密钥扩展算法的过程稍有不同，加、解密的轮数会适当增加，但加、解密的操作都是一样的。

3. AES 算法流程

AES 加密算法涉及四种操作：字节替代(SubBytes)、行移位(ShiftRows)、列混淆(MixColumns)和轮密钥加(AddRoundKey)。图 2-5 给出了 AES 加、解密的流程，从图中可以看出：解密

算法的每一步分别对应加密算法的逆操作；加、解密所有操作的顺序正好是相反的。加、解密中每轮的密钥分别由种子密钥经过密钥扩展算法得到。算法中 16 B 的明文、密文和轮子密钥都以一个 4×4 的矩阵表示。

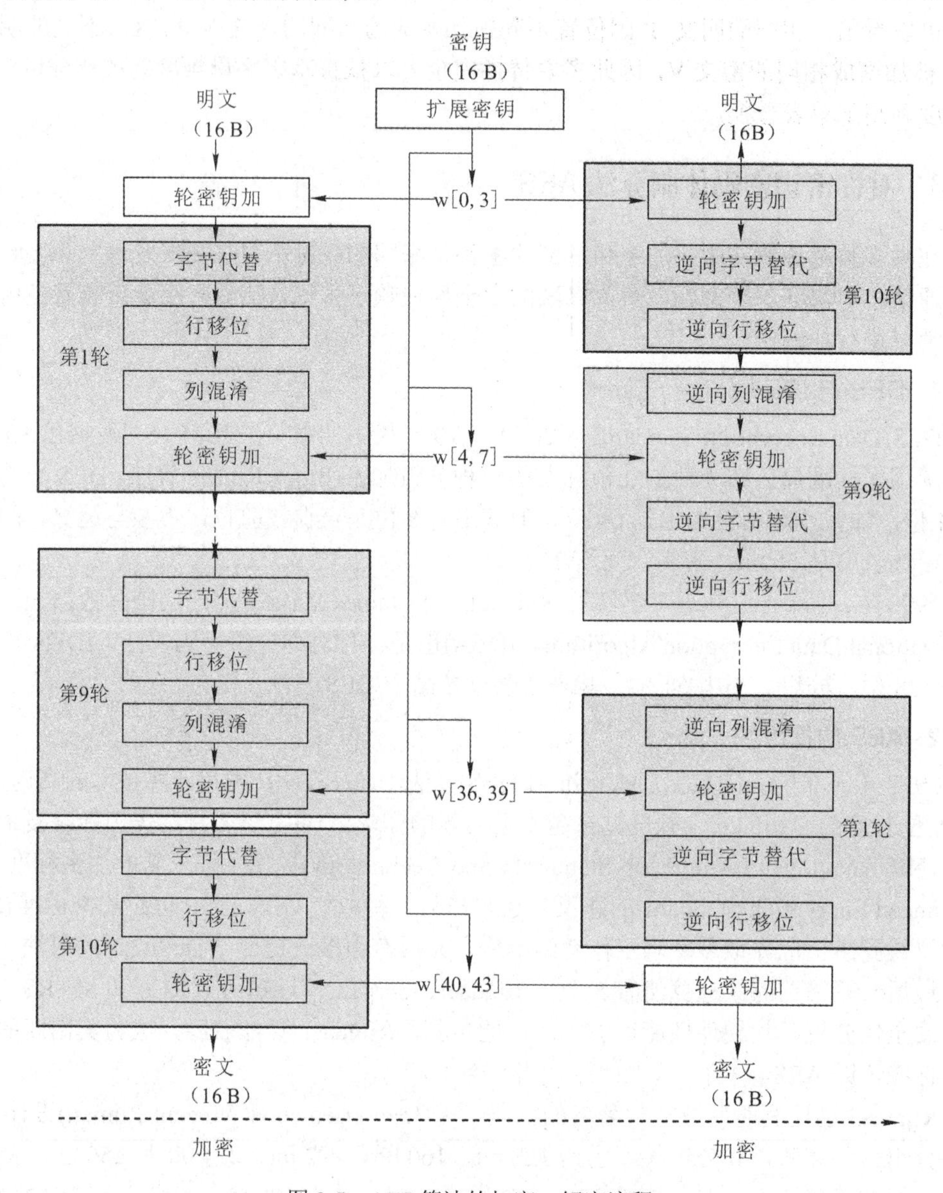

图 2-5 AES 算法的加密、解密流程

1) 字节替代

字节代替的主要功能是通过 S 盒完成一个字节到另外一个字节的映射。S 盒的详细构造读者可以自行查阅相关文献，这里直接给出构造好的结果。图 2-6(a)为 S 盒，图 2-6(b)为 S^{-1}(S 盒的逆)。S 盒用于提供密码算法的混淆性。

S 和 S^{-1} 分别为 16 × 16 的矩阵，完成一个 8 bit 输入到 8 bit 输出的映射，输入的高 4 bit 对应的值作为行标，低 4 bit 对应的值作为列标。

假设输入字节的值 $a = a_7a_6a_5a_4a_3a_2a_1a_0$，则输出值为 $S[a_7a_6a_5a_4][a_3a_2a_1a_0]$，$S^{-1}$ 的变换也同理。例如：字节 00000000_B 替换后的值为 $(S[0][0] =)63_H$，再通过 S^{-1} 即可得到替换前的值，即 $(S^{-1}[6][3] =)00_H$。

		y															
		0	1	2	3	4	5	6	7	8	9	A	B	C	D	E	F
x	0	63	7C	77	7B	F2	6B	6F	C5	30	01	67	2B	FE	D7	AB	76
	1	CA	82	C9	7D	FA	59	47	F0	AD	D4	A2	AF	9C	A4	72	C0
	2	B7	FD	93	26	36	3F	F7	CC	34	A5	E5	F1	71	D8	31	15
	3	04	C7	23	C3	18	96	05	9A	07	12	80	E2	EB	27	B2	75
	4	09	83	2C	1A	1B	6E	5A	A0	52	3B	D6	B3	29	E3	2F	84
	5	53	D1	00	ED	20	FC	B1	5B	6A	CB	BE	39	4A	4C	58	CF
	6	D0	EF	AA	FB	43	4D	33	85	45	F9	02	7F	50	3C	9F	A8
	7	51	A3	40	8F	92	9D	38	F5	BC	B6	DA	21	10	FF	F3	D2
	8	CD	0C	13	EC	5F	97	44	17	C4	A7	7E	3D	64	5D	19	73
	9	60	81	4F	DC	22	2A	90	88	46	EE	B8	14	DE	5E	0B	DB
	A	E0	32	3A	0A	49	06	24	5C	C2	D3	AC	62	91	95	E4	79
	B	E7	C8	37	6D	8D	D5	4E	A9	6C	56	F4	EA	65	7A	AE	08
	C	BA	78	25	2E	1C	A6	B4	C6	E8	DD	74	1F	4B	BD	8B	8A
	D	70	3E	B5	66	48	03	F6	0E	61	35	57	B9	86	C1	1D	9E
	E	E1	F8	98	11	69	D9	8E	94	9B	1E	87	E9	CE	55	28	DF
	F	8C	A1	89	0D	BF	E6	42	68	41	99	2D	0F	B0	54	BB	16

(a) S盒

		y															
		0	1	2	3	4	5	6	7	8	9	A	B	C	D	E	F
x	0	52	09	6A	D5	30	36	A5	38	BF	40	A3	9E	81	F3	D7	FB
	1	7C	E3	39	82	9B	2F	FF	87	34	8E	43	44	C4	DE	E9	CB
	2	54	7B	94	32	A6	C2	23	3D	EE	4C	95	0B	42	FA	C3	4E
	3	08	2E	A1	66	28	D9	24	B2	76	5B	A2	49	6D	8B	D1	25
	4	72	F8	F6	64	86	68	98	16	D4	A4	5C	CC	5D	65	B6	92
	5	6C	70	48	50	FD	ED	B9	DA	5E	15	46	57	A7	8D	9D	84
	6	90	D8	AB	00	8C	BC	D3	0A	F7	E4	58	05	B8	B3	45	06
	7	D0	2C	1E	8F	CA	3F	0F	02	C1	AF	BD	03	01	13	8A	6B
	8	3A	91	11	41	4F	67	DC	EA	97	F2	CF	CE	F0	B4	E6	73
	9	96	AC	74	22	E7	AD	35	85	E2	F9	37	E8	1C	75	DF	6E
	A	47	F1	1A	71	1D	29	C5	89	6F	B7	62	0E	AA	18	BE	1B
	B	FC	56	3E	4B	C6	D2	79	20	9A	DB	C0	FE	78	CD	5A	F4
	C	1F	DD	A8	33	88	07	C7	31	B1	12	10	59	27	80	EC	5F
	D	60	51	7F	A9	19	B5	4A	0D	2D	E5	7A	9F	93	C9	9C	EF
	E	A0	E0	3B	4D	AE	2A	F5	B0	C8	EB	BB	3C	83	53	99	61
	F	17	2B	04	7E	BA	77	D6	26	E1	69	14	63	55	21	0C	7D

(b) S盒的逆

图 2-6　S 盒与 S 盒的逆

2) 行移位

行移位是一个 4 × 4 的矩阵内部字节之间的置换，用于提供算法的扩散性。

(1) 正向行移位：正向行移位用于加密，其原理如图 2-7 所示。其中，第一行保持不变，第二行循环左移 8 bit，第三行循环左移 16 bit，第四行循环左移 24 bit。假设矩阵的名

字为 state，用公式表示为 state'[i][j] = state[i][(j+i)%4]，其中 i、j 属于[0, 3]。

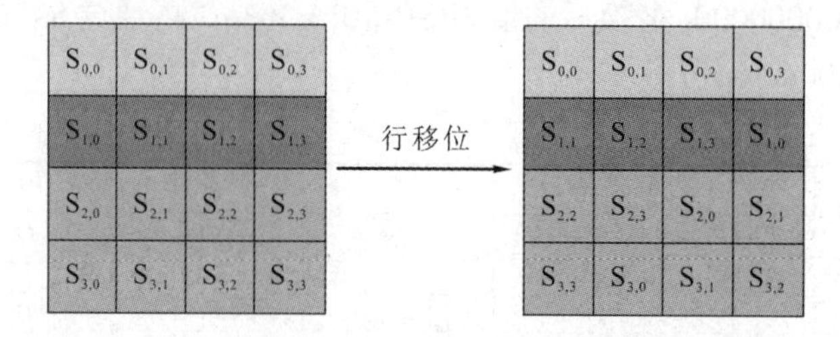

图 2-7　正向行移位示意

(2) 逆向行移位：逆向行移位是相反的操作，即第一行保持不变，第二行循环右移 8 bit，第三行循环右移 16 bit，第四行循环右移 24 bit。用公式表示为 state' [i][j] = state[i][(4+j−i)%4]；其中 i、j 属于[0, 3]。

3) 列混淆

列混淆是利用 GF(28)域上算术特性的一个代替，同样用于提供算法的扩散性。

(1) 正向列混淆：正向列混淆的原理如图 2-8 所示。

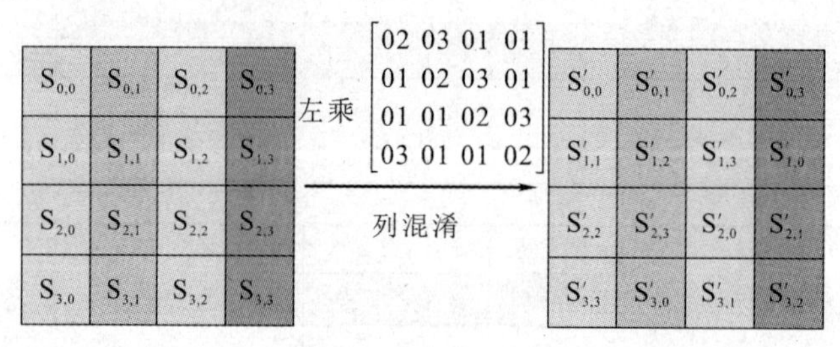

图 2-8　正向列混淆示意

根据矩阵的乘法可知，在列混淆的过程中，每个字节对应的值只与该列的 4 个值有关系。此处的乘法和加法都是定义在 GF(2^8)上的，需要注意如下几点：

① 将某个字节所对应的值乘以 2，其结果就是将该值的二进制位左移一位，如果原始值的最高位为 1，则还需要将移位后的结果异或 00011011。

② 乘法对加法满足分配率，例如：

$$07 \cdot S_{0,0} = (01 \oplus 02 \oplus 04) \cdot S_{0,0} = S_{0,0} \oplus (02 \cdot S_{0,0})(04 \cdot S_{0,0})$$

③ 此处的矩阵乘法与一般意义上矩阵的乘法有所不同，各个值在相加时使用的是模 2^8 加法(异或运算)。

(2) 逆向列混淆：逆向列混淆的原理如图 2-9 所示。

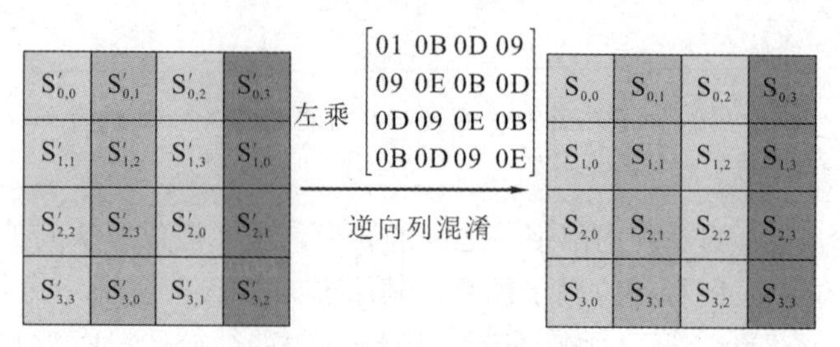

图 2-9　逆向列混淆示意

由于

$$\begin{bmatrix} 0E & 0B & 0D & 09 \\ 09 & 0E & 0B & 0D \\ 0D & 09 & 0E & 0B \\ 0B & 0D & 09 & 0E \end{bmatrix} \begin{bmatrix} 02 & 03 & 01 & 01 \\ 01 & 02 & 03 & 01 \\ 01 & 01 & 02 & 03 \\ 03 & 01 & 01 & 02 \end{bmatrix} = \begin{bmatrix} 01 & 00 & 00 & 00 \\ 00 & 01 & 00 & 00 \\ 00 & 00 & 01 & 00 \\ 00 & 00 & 00 & 01 \end{bmatrix}$$

说明两个矩阵互逆，经过一次逆向列混淆后即可恢复原文。

4) 轮密钥加

这个操作相对简单，其依据的原理是"任何数和自身的异或结果为0"。加密过程中，每轮的输入与轮子密钥异或一次。因此，解密时再异或上该轮的轮子密钥即可恢复。

5) 密钥扩展算法

密钥扩展的原理如图2-10所示。

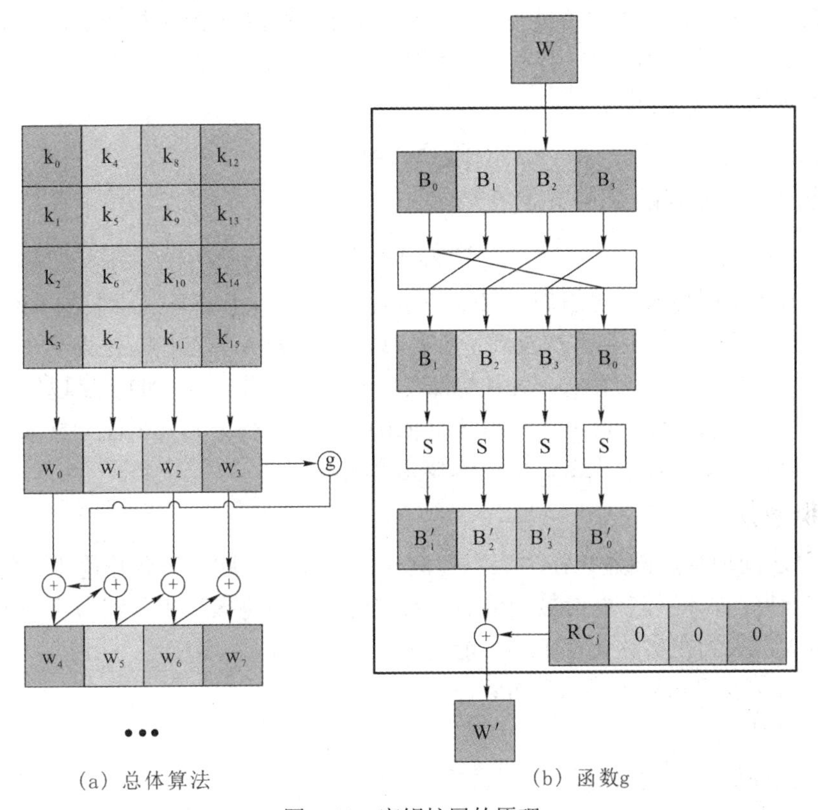

图2-10　密钥扩展的原理

密钥扩展过程说明如下：

(1) 将种子密钥按图2-10(a)的格式排列，其中k_0、k_1、…、k_{15}依次表示种子密钥的一个字节，排列后用4个32 bit的字表示，分别记为w[0]、w[1]、w[2]和w[3]。

(2) 按照如下方式，依次求解 w[j]：若 j%4=0，则 $w[j]=w[j-4]\oplus g(w[j-1])$，否则$w[j]=w[j-4]\oplus w[j-1]$。其中j是整数并且属于[4, 43]。

函数g的流程说明如下：

(1) 将w循环左移8 bit。

(2) 分别对每个字节做S盒置换。

(3) 与 32 bit 的常量(RC[j/4], 0, 0, 0)进行异或，RC 是一个一维数组，其值为

$$RC = \{0x00, 0x01, 0x02, 0x04, 0x08, 0x10, 0x20, 0x40, 0x80, 0x1B, 0x36\}$$

RC 的值只需要有 10 个，而此处用了 11 个，实际上 RC[0]在运算中没有用到，增加 RC[0]是为了便于在程序中用数组表示。由于 j 的最小取值是 4，j/4 的最小取值则是 1，因此不会产生错误。

2.1.4　公开密钥密码体制算法 RSA

1. 公开密钥密码体制

1976 年，Diffie 和 Hellman 在“New Directions in Cryptography”一文中首次提出了公开密钥密码体制的思想。它是密码学理论的划时代突破，之所以叫作公开密钥算法，是因为加密密钥能够公开，即陌生者能用加密密钥(即公开密钥或公钥)加密信息，但只有用相应的解密密钥(即私人密钥或私钥)才能解密信息。

公开密钥 k1 加密表示为

$$E_{k1}(M) = C$$

用相应的私人密钥 k2 解密可表示为

$$D_{k2}(C) = M$$

在公开密钥密码体制的思想提出仅仅一年后，1977 年，麻省理工学院的 Rivest、Shamir 和 Adleman 研制并于 1978 年首次发表了一种算法，即 RSA 算法。它是第一个既能用于数据加密也能用于数字签名的算法。这种算法易于理解和操作，算法的名字以发明者的名字命名：Ron Rivest、Adi Shamir 和 Leonard Adleman。虽然 RSA 的安全性一直未能得到理论上的证明，但它经历了各种攻击，至今未被完全攻破。

2. RSA 算法

RSA 算法的理论基础建立在“素数检测与大数分解”这一著名数论难题的有关论断之上，即在计算上，将两个大素数相乘是容易实现的，但将该乘积分解为两个大素数的计算量相当巨大，大到在实际计算中不可能实现。

RSA 算法主要包括以下三个部分：

1) 密钥的生成

RSA 算法密钥的生成过程如下：

(1) 生成大的素数 p 和 q，计算乘积 $n=p\times q$。

(2) 计算小于 n 并且与 n 互质的整数的个数，即欧拉函数 $\Phi(n)=(p-1)\times(q-1)$。

(3) 任意选取整数 e 与 $\Phi(n)$互质，e 用作加密密钥。

(4) 据$(d\times e) \bmod \Phi(n) = 1$，确定解密密钥 d。

(5) 公开(e，n)作为加密密钥，秘密保存 d 作为解密密钥。

2) 加密过程

对于明文 P，利用式 $C=P^e \bmod n$，加密得密文 C。

3) 解密过程

对于密文 C，利用式 $P=C^d \bmod n$，解密得明文 P。

例：选取 p=3，q=5，则 n = 15，(p−1)×(q−1) = 8。选取 e=11，通过(d×11) mod 8 = 1，计算出 d=3。假定明文 P 为整数 13，则密文为

$$C = P^e \bmod n = 13^{11} \bmod 15 = 1\,792\,160\,394\,037 \bmod 15=7$$

复原明文为

$$P=C^d \bmod n = 7^3 \bmod 15 = 343 \bmod 15 = 13$$

3. RSA 算法的安全性

RSA 的安全性依赖于大数分解，但是否等同于大数分解一直未能得到理论上的证明，因为没有证明破解 RSA 就一定需要作大数分解。目前，RSA 的一些变种算法已被证明等价于大数分解，不管怎样，分解 n 是最显然的攻击方法。现在，人们已能分解多个十进制位的大素数，因此，模数 n 必须选大一些，应结合具体适用情况而定。RSA 算法建议 p 和 q 用 100 位十进制数表示，这样 n 为 200 位十进制数。

目前已知的最好算法中，大数分解需要进行 e^x 次算术运算。假设用一台每秒运算一亿次的计算机来分解一个 200 位十进制的数需要 3.8×107 年，类似地，可算出要分解一个 300 位的十进制整数需要 4.86×1013 年。可见，增加素数的位数将大大地提高 RSA 的安全性。

直接分解一个大数的强力攻击的一个实例是：1994 年 4 月分解的 RSA 密钥 RSA-129，即分解了一个 129 位十进制，425 bit 的大数。分解时启用了 1600 台计算机，耗时 8 个月，处理了 4600MIPS 年的数据(注：1MIPS 年是 1MIPS 的机器一年所能处理数据量)。Pentium100 大约是 125MIPS，它分解 RSA-129 需要 37 年。100 台 Pentium100 分解 RSA-129 需要 4 个月。

RSA 算法是第一个能同时用于加密和数字签名的算法，也易于理解和操作。RSA 是被研究得最广泛的公钥算法。从提出到现在已近二十年，RSA 算法经历了各种攻击的考验，逐渐为人们接受，被普遍认为是目前最优秀的公钥方案之一。

除了 RSA 算法以外，公钥体制的密码算法还有 1985 年 Miller 和 Koblitz 分别提出的椭圆曲线密码、新西兰学者 Peter·Smith 于 1994 年利用数论中著名的序列理论 Lucas 建立的 LUC 密码等。

2.1.5 消息摘要算法

1. 概念

消息摘要算法是密码学算法中非常重要的一个分支，它通过对所有数据提取指纹信息以实现数据签名、数据完整性校验等功能，由于其不可逆性，有时候会被用作敏感信息的加密。消息摘要算法也被称为哈希(Hash)算法、散列算法、数据摘要算法或报文摘要算法。

消息摘要算法的主要特征是加密过程不需要密钥，并且经过加密的数据无法被解密，只有输入相同的明文数据经过相同的消息摘要算法才能得到相同的密文。消息摘要算法不存在密钥的管理与分发问题，适合于在分布式网络上使用。由于其加密计算的工作量相当

可观，所以以前这种算法通常只用于数据量有限的情况下的加密，例如计算机的口令就是用不可逆加密算法加密的。近年来，随着计算机性能的飞速改善，加密速度不再成为限制这种加密技术发展的桎梏，因而消息摘要算法应用的领域不断扩大。

消息摘要算法主要应用在“消息认证”与“数字签名”领域，作为对明文的摘要算法。著名的摘要算法有 MD5 算法和 SHA-1 算法及其大量的变体。

2. 消息摘要算法的特点

消息摘要是把任意长度的输入糅合而产生长度固定的伪随机输出的算法。消息摘要的主要特点有：

(1) 无论输入的消息有多长，计算出来的消息摘要的长度总是固定的。例如应用 MD5 算法摘要的消息有 128 个 bit 位，用 SHA-1 算法摘要的消息最终有 160 bit 位的输出，SHA-1 的变体可以产生 192 bit 位和 256 bit 位的消息摘要。一般认为，摘要的最终输出越长，该摘要算法就越安全。

(2) 消息摘要看起来是“随机的”。这些 bit 看上去是胡乱地杂凑在一起的，可以用大量的输入来检验其输出是否相同。一般地，不同的输入会有不同的输出，而且输出的摘要消息可以通过随机性检验。但是，一个摘要并不是真正随机的，因为用相同的算法对相同的消息求两次摘要，其结果必然相同，而若是真正随机的，则无论如何都是无法重现的。因此消息摘要是“伪随机的”。

(3) 一般地，只要输入的消息不同，对其进行摘要后产生的摘要消息也必不相同，但相同的输入必会产生相同的输出。这正是好的消息摘要算法所具有的性质：输入改变了，输出也就改变了，两条相似的消息的摘要却不相近，甚至会大相径庭。

(4) 消息摘要函数是无陷门的单向函数，即只能进行正向的信息摘要，而无法从摘要中恢复出任何的消息，甚至根本就找不到任何与原信息相关的信息。当然，可以采用强力攻击的方法，即尝试每一个可能的信息，计算其摘要，看看是否与已有的摘要相同，如果这样做，最终肯定会恢复出摘要的消息。但实际上，要得到的信息可能是无穷个消息之一，所以这种强力攻击几乎是无效的。

(5) 没有人能从好的摘要算法中找到“碰撞”，虽然“碰撞”是肯定存在的，即对于给定的一个摘要，不可能找到一条信息使其摘要正好是给定的，或者说，无法找到两条消息使它们的摘要相同。

一般地，把对一个信息的摘要称为该消息的指纹或数字指纹。数字指纹是保证信息的完整性和不可否认性的方法。数据的完整性是指信宿接收到的消息一定是信源发送的信息，而中间绝无任何更改，信息的不可否认性是指信源不能否认曾经发送过的信息。

3. MD5 算法

MD5 的全称为 Message-Digest Algorithm 5，即信息-摘要算法，从名字来看就知道它是从 MD3、MD4 发展而来的一种加密算法，目前已广泛应用到互联网安全领域的很多方面。

MD5 是输入不定长度信息，输出固定长度 128 bit 的算法。经过程序流程，其生成四个 32 位数据，最后联合起来成为一个 128 bit 散列。

我们假设有一个 b 位长度的输入信号，希望产生它的消息摘要，此处 b 是一个非负整数，b 也可能是 0，不一定必须是 8 的整数倍，它可以是任意大的长度。我们设想信号的 bit 流为 m_0，m_1，…，$m_{(b-1)}$。

MD5 通过下面的步骤计算信息的摘要：

1) 填充编码

在 MD5 算法中，首先需要对信息进行填充，使其位长对 512 求余的结果等于 448。因此，信息的位长(Bits Length)将被扩展至 N×512+448，N 为一个非负整数，N 可以是零。填充的方法为：在信息的后面填充一个 1 和无数个 0，直到满足上面的条件时才停止用 0 对信息的填充。然后，在这个结果后面附加一个以 64 位二进制表示的填充前信息长度。经过这两步的处理，现在的信息的位长=N×512+448+64=(N+1)×512，即长度恰好是 512 的整数倍。这样做的原因是为满足后面处理中对信息长度的要求。

2) 算法实现

如图 2-11 所示，一个 MD5 运算由类似的 64 次循环构成，分成 4 组，共 16 次。F 是一个非线性函数，一个函数运算一次。M_i 表示一个 32 bit 的输入数据，K_i 表示一个 32 bit 常数，用来完成每次不同的计算。

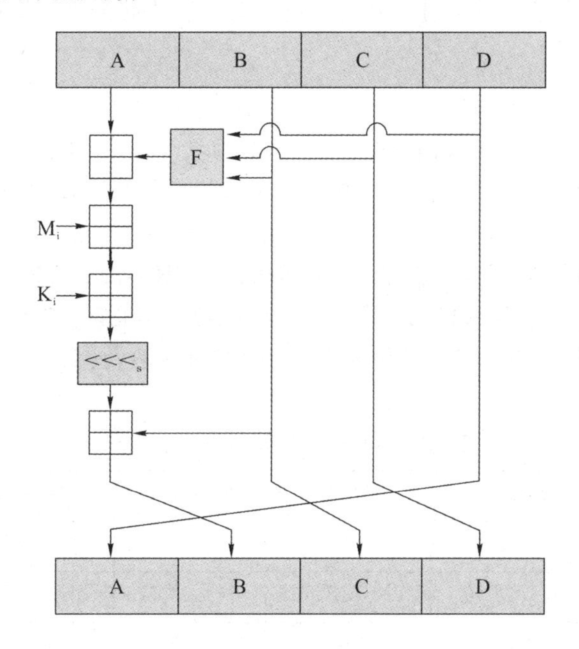

图 2-11　MD5 的算法流程

主循环有四轮(MD4 只有三轮)，每轮循环都很类似。第一轮进行 16 次操作。每次操作对 a、b、c 和 d 中的其中三个作一次非线性函数运算，然后将所得结果加上第四个变量、文本的一个子分组和一个常数。再将所得结果向左环移一个不定的数，并加上 a、b、c 或 d 中的一个。最后用该结果取代 a、b、c 或 d 中的一个。

以下是每次操作中用到的四个非线性函数(每轮一个)：

$$F(X, Y, Z) = (X\&Y) \mid ((\ X)\&Z)$$

$$G(X, Y, Z) = (X\&Z) \mid (Y\&(\sim Z))$$

$$H(X, Y, Z) = X \wedge Y \wedge Z$$

$$I(X, Y, Z) = Y \wedge (X \mid (\sim Z))$$

注意：&是与，|是或，~是非，^是异或。

MD5算法也存在不足。现在看来，MD5已经相对陈旧，散列长度通常为128位，随着计算机运算能力提高，找到“碰撞”是可能的。因此，在安全要求高的场合不使用MD5。

2004年，王小云教授证明MD5数字签名算法可以产生碰撞。2007年，Marc Stevens、Arjen K.Lenstra和Benne de Weger进一步指出通过伪造软件签名可重复性攻击MD5算法。研究者使用前缀碰撞法(Chosen-Prefix Collision)使程序前端包含恶意程序，利用后面的空间添上垃圾代码凑出同样的MD5 Hash值。2007年，荷兰埃因霍芬技术大学的科学家成功把2个可执行文件进行了MD5碰撞，使得这两个运行结果不同的程序计算出同一个MD5。2008年12月，科研人员通过MD5碰撞成功生成了伪造的SSL证书，这使得在HTTPS协议中服务器可以伪造一些根CA的签名。

MD5被攻破后，在Crypto 2008上，Rivest提出了MD6算法，该算法的Block Size为512 bits(MD5的Block Size是512 bits), Chaining Value长度为1024 bits,算法增加了并行机制，适合于多核CPU。在安全性上，Rivest宣称该算法能够抵抗截至目前已知的所有的攻击(包括差分攻击)。

4. SHA算法

SHA算法(Secure Hash Algorithm)即安全散列算法(Secure Hash Algorithm)，是一种与MD5同源的数据加密算法。该算法经过加密专家多年来的发展和改进已日益完善，现在已成为公认的最安全的散列算法之一，并被广泛使用。

SHA实际上是一系列算法的统称，包括SHA-1、SHA-224、SHA-256、SHA-384以及SHA-512。后面四种统称为SHA-2，事实上，SHA-224是SHA-256的缩减版，SHA-384是SHA-512的缩减版。如表2-2所示是各种SHA算法的数据比较，其中的长度单位均为位。

表2-2 SHA系列算法的比较

类别	SHA-1	SHA-224	SHA-256	SHA-384	SHA-512
消息摘要长度	160	224	256	384	512
消息长度	小于2^{64}位	小于2^{64}位	小于2^{64}位	小于2^{128}位	小于2^{128}位
分组长度	512	512	512	1024	1024
计算字长度	32	32	32	64	64
计算步骤数	80	64	64	80	80

SHA-1在许多安全协定中被广为使用，这些安全协定包括TLS(Transport Layer Security，传输层安全)、SSL、PGP、SSH、S/MIME(Secure/Multipurpose Internet Mail Extensions，安全/多功能互联网邮件扩展)和IPSec，它曾被视为MD5的后继者。SHA1主要适用于数字签名标准(Digital Signature Standard，DSS)里面定义的数字签名算法(Digital

Signature Algorithm，DSA)。

SHA-1 算法输入报文的最大长度不超过 2^{64} 位，产生的输出是一个 160 位的报文摘要。输入是按 512 位的分组进行处理的。SHA-1 是不可逆、防冲突的，并具有良好的雪崩效应。

一般来说 SHA-1 算法包括如下的处理过程：

1) 对输入信息进行处理

SHA-1 算法首先对输入的信息按 512 位进行分组并进行填充，使填充后报文按 512 进行分组后正好余 448 位。填充的内容与 MD5 相同，都是先在报文后面加一个 1，再加很多个 0，直到长度满足对 512 取模结果为 448 即可。

2) 填充长度信息

SHA-1 算法补充信息报文使其按 512 位分组后余 448 位，剩下的 64 位用来填写报文的长度信息。因此也就可以理解 SHA-1 算法要求报文长度不能超过 2^{64} 位的原因。注意，填充长度值时必须是低位字节优先。

3) 信息分组处理

经过添加位数处理的明文，其长度正好为 512 位的整数倍，然后按 512 位的长度进行分组，可以得到一定数量的明文分组，用 Y_0，Y_1，…，Y_{N-1} 表示这些明文分组。对于每一个明文分组，都要反复地处理，这些与 MD5 都是相同的。

对于每个 512 位的明文分组，SHA1 将其再分成 16 份更小的明文分组，称其为子明文分组，每个子明文分组为 32 位，使用 M[t](t=0, 1, …, 15)来表示这 16 个子明文分组。然后需要将这 16 个子明文分组扩充到 80 个子明文分组，将其记为 W[t](t=0, 1, …, 79)，扩充的具体方法是：当 $0 \leqslant t \leqslant 15$ 时，$W_t = M_t$；当 $16 \leqslant t \leqslant 79$ 时，$W_t = (W_{t-3} \oplus W_{t-8} \oplus W_{t-14} \oplus W_{t-16}) << 1$，从而得到 80 个子明文分组。

4) 初始化缓存

所谓初始化缓存就是为链接变量赋初值。前面实现 MD5 算法时，介绍过由于摘要是 128 位，以 32 位为计算单位，所以需要 4 个链接变量。同样，SHA-1 采用 160 位的信息摘要也以 32 位为计算长度，就需要 5 个链接变量，分别记为 A、B、C、D 和 E，其初始赋值分别为：A = 0x67452301、B = 0xEFCDAB89、C = 0x98BADCFE、D = 0x10325476、E = 0xC3D2E1F0。

如果对比前面介绍过的 MD5 算法就会发现，前 4 个链接变量的初始值是一样的，因为它们本身就是同源的。

5) 计算信息摘要

经过之前的准备，接下来就是计算信息摘要了。SHA1 有四轮运算，每一轮包括 20 个步骤，一共 80 步，最终产生 160 位的信息摘要，这 160 位的摘要存放在 5 个 32 位的链接变量中。

在 SHA1 的 4 轮运算中，虽然进行的具体操作函数不同，但逻辑过程却是一致的。首先，定义 5 个变量，分别假设为 H0、H1、H2、H3、H4，对其分别进行如下操作：

(1) 将 A 左移 5 位后与 f_t(B，C，D)函数的结果求和，再将其与对应的子明文分组、E 以及计算常数求和后的结果赋予 H0。

(2) 将 A 的值赋予 H1。

(3) 将 B 左移 30 位并赋予 H2。

(4) 将 C 的值赋予 H3。

(5) 将 D 的值赋予 H4。

(6) 最后将 H0、H1、H2、H3、H4 的值分别赋予 A、B、C、D。

这一过程表示如下：

$$A, B, C, D, E \leftarrow [(A<<<5) + f_t(B, C, D) + E + W_t + K_t], A, (B<<<30), C, D$$

在四轮共 80 步的计算中使用到的函数和固定常数如表 2-3 所示。

表 2-3　在四轮共 80 步的计算中使用到的函数和固定常数对应表

计算轮次	计算的步数	计算函数	计算常数
第一轮	0≤t≤19 步	$f_t(B, C, D) = (B\&C) \mid (\sim B\&D)$	K_t = 0x5A827999
第二轮	20≤t≤39 步	$f_t(B, C, D) = B \oplus C \oplus D$	K_t = 0x6ED9EBA1
第三轮	40≤t≤59 步	$f_t(B, C, D) = (B\&C) \mid (B\&D) \mid (C\&D)$	K_t = 0x8F188CDC
第四轮	60≤t≤79 步	$f_t(B, C, D) = B \oplus C \oplus D$	K_t = 0xCA62C1D6

经过四轮 80 步计算后得到的结果再与各链接变量的初始值求和，就得到了最终的信息摘要。而对于有多个明文分组的情况，则将前面所得到的结果作为初始值进行下一明文分组的计算，最终计算全部的明文分组就得到了最终的结果。

2.2　密钥分配与管理

网络加密为网络环境下的信息安全提供了重要手段，现代密码系统都依赖于密钥，密钥的管理和保护是一项复杂而重要的技术。

2.2.1　密钥管理概述

密码系统的安全性是由密钥生成算法的强度、密钥的长度以及密钥的保密和安全管理手段共同决定的。现代密码算法通常是固定和公开的，密码的长度一般也是受限的，而密钥是密码系统和加密算法中的可变部分，因此密码系统的安全性在很大程度上取决于对密钥的管理和保护。

密钥管理负责密码系统中处理密钥自产生到最终销毁整个过程中的有关问题，包括密钥的设置、生成、分配、验证、启用/停用、替换、更新、保护、存储、备份/恢复、丢失和销毁等。密钥管理方法实质上因所使用的密码体制(对称密码体制和公钥密码体制)而异，所有的这些工作都围绕一个宗旨，即确保使用中的密码是安全的。

加密算法通常都有一定的抗攻击能力，密码体制和算法原理的公开，甚至密码设备的丢失都不会造成最直接的安全问题，然而一旦密钥丢失或出错，不但合法用户不能获取信息，而且可能使非法用户窃取信息。利用加密手段对大量数据的保护归结为对密钥的保护，而不是对算法或硬件的保护，因此，网络系统中密钥的保密和安全管理问题就成为首要的核心问题。

1. 密钥的生成与分配

密码系统通常采用一定的生成算法来保证密钥的安全性，密钥的生成和分配是密钥管理的首要环节。也就是说，如何生成安全的随机密钥是密码系统的重要内容，对已生成密钥的分配与传输是保证安全性的另一个重要内容。

加密算法的安全性依赖于密钥，密钥的产生首先必须考虑具体密码系统的公认规则，如果使用一个弱的密钥生成方法，那么整个体制的安全性就是弱的。攻击者如果能破译密钥生成算法，就不需要去破译加密算法了。密钥的选择空间应足够大，如果空间较小，易受到穷举攻击。因此，好的密钥应该是随机密钥，但为了便于记忆，密钥不能选得过长，也不能选完全随机的数串，要选自己易记而别人难以猜中的密钥。需要注意不要采用姓名等弱密钥，这种密码易受到穷举的字典攻击。密钥的生成是困难的，对公钥密码体制来说，因为密钥必须满足某些数学特征(是二次剩余的，必须是素数等)，所以生成密钥更加困难。

密钥的分配主要研究密码系统中密钥的发送、验证等传送中的问题，详见后续介绍。

2. 密钥的保护与存储

1) 密钥的保护

密钥从产生到终结的整个生存期中都需要加强安全保护。密钥决不能以明文的形式出现，所有密钥的完整性也需要保护，因为一个攻击者可能修改或替代密钥，从而危及机密性服务。另外，除了公钥密码系统中的公钥外，所有的密钥都需要保密。在实际中，存储密钥最安全的方法是将其放在物理上安全的地方。当一个密钥无法用物理的办法进行安全保护时，密钥必须用其他的方法来保护，可通过机密性(如用另一个密钥加密)或完整性服务来保护。在网络安全中，用完整性服务的方法可形成密钥的层次分级保护。

2) 密钥的存储

密钥存储时必须保证密钥的机密性、可认证性和完整性，防止泄露和修改。最简单的密钥存储问题是单用户的密钥存储，用户用其加密文件以备后用。因为该密钥只涉及用户个人，所以只有他一人对密钥负责。一些系统采用简单方法是：密钥由用户记忆，而决不能放在系统中，用户只需记住密钥，并在需要对文件加密或解密时输入。在某些系统中用户可直接输入 64 位密钥或输入一个更长的字符串，系统自动通过密钥碾碎技术从这个字符串中生成 64 位密钥。

另外，可以将密钥存放在简单且便于携带的装置中，例如，将密钥存储在磁卡、ROM 密钥卡、智能卡或 USB 密钥设备中，用户先将物理标记插入加密箱或连在计算机终端上的特殊读入装置中，然后把密钥输入到系统中。当用户使用这个密钥时，他并不知道具体的密钥值，从而无法泄露它，这使密钥的存储和保护更加简便。更严格的方法是把密钥平分成两个部分，一半存入终端，一半存入 ROM 密钥，这使得这项密钥存储技术更加安全。这样，只有两者同时被攻击者获取才会损害整个密钥。由于密钥分别存放，ROM 密钥或终端密钥丢失不会使加密密钥遭受完全的损害，更换密钥并重新分发 ROM 密钥和终端密钥就可以使系统恢复到正常安全状态。

此外，还可采用类似于密钥加密密钥的方法对难以记忆的密钥进行加密保存。例如，一个 RSA 私钥可用 DES(数据加密标准)密钥加密后存在磁盘上，要恢复密钥时，用户只需

把 DES 密钥输入到解密程序中即可。如果密钥是确定性产生的(使用密码上安全的伪随机序列发生器产生的)，则每次需要时从一个容易记住的口令产生出密钥会更加简单。

3) 密钥的备份/恢复

密钥在某些特殊情况下可能会丢失，造成已加密的重要信息永远无法正常解密。密钥的备份是为了避免这种事情发生而采取的有效措施，它可以在发生意外等情况下取得备用密钥，这是非常有意义的。

密钥的备份目前主要采用密钥托管方案和秘密共享协议两种方法实现。密钥托管方案是最简便可行的方法，安全官负责所有雇员的密钥托管，由安全官将密钥文件保存在物理安全的保险柜里(或用主密钥对它们进行加密)。当发生意外情况时，相关人员可通过流程向安全官索取密钥。使用这种方法必须保证安全官不会滥用雇员的密码，否则安全官掌握了所有人的密码将成为重大的安全隐患。

更好的密钥备份方法是采用一种秘密共享协议，将密钥分成若干片，让每个有关的人员分别保管一部分，任何人保管的一部分都不是完整密钥，只有将所有的密钥片合并在一起才能重新把密钥恢复出来。

3. 密钥的有效性与使用控制

1) 密钥的泄露与撤销

密码系统中的密钥在保存和使用等环节可能产生密钥泄露情况。密钥的安全是所有密码协议、技术和算法安全的基础，如果密钥丢失、被盗、公开或以其他方式泄露，则所有的保密性都失去了。密钥泄露后唯一补救的办法是及时更换新密钥并及时撤销公开的密钥。

对称密码体制中一旦泄露了密钥，必须尽快更换密钥以保证实际损失最小。如果泄露的是公开密钥系统中的私钥，问题就非常严重了。由于公钥通常在一定范围的网络服务器上可以公开获得，因此其他人如果得到了泄露的私钥，他就可以在网络上使用该私钥非法读取加密邮件，对信件签名、签合同等。

如果用户知道他的密钥已经泄密，应该立即报告负责管理密钥的密钥分配中心(KDC)，通知他们密钥已经泄露。如果没有 KDC，就要通知自己的密钥管理员或所有可能接收到用户消息的人。私钥泄露的消息通过网络迅速蔓延是非常严重的。负责管理密钥的公钥数据库必须立即声明一个特定私钥已被泄露，以免有人用已泄露的密钥加密消息。

如果用户不知道他的密钥已经泄露，或者密钥泄露后较长时间才得知，问题就非常复杂了。偷密钥者可能冒名代替用户签订了合同，而用户得知后则会要求销毁被冒名代签的合同，这将引起争执而需要法律和公证机构裁决。

2) 密钥的有效期

对于任何密码应用，没有哪个加密密钥可以无限期使用，必须对密钥设定一个合理的有效期。其原因如下：

(1) 密钥使用时间越长，它被泄露的机会就越大。密钥会因为各种偶然事件而泄露，比如人们可能不小心丢失了自己写下的密钥，或者在使用密码时被他人偷窥记下。

(2) 如果密钥已被泄露，那么密钥使用越久，损失就越大。如果密钥仅用于加密一个文件服务器上的单个文件，则它的丢失或泄露仅意味着该文件的丢失或泄露。如果密钥用来加密文件服务器上的所有信息，那损失就大得多。

(3) 密钥使用越久，攻击者花费精力破译它的可能性就越大，它甚至值得花费大量时间采用穷举法攻击。攻击者如果破译了两个军事单位使用一天的共享密钥，他就能阅读当天两个单位之间的通信信息。攻击者破译的如果是所有军事机构使用一年的共享密钥，他就可以获取和伪造通行所有军事机构一年的信息。

(4) 对用同一密钥加密的多个密文进行密码分析一般比较容易。

对于任何密码应用，必须有一个策略能够检测密钥的有效期。不同的密钥应有不同的有效期，这主要依赖于数据的价值和给定时间里加密数据的数量。

用来加密保存数据文件的加密密钥不能经常地更换。在人们重新使用文件前，文件可以加密存储在磁盘上数月或数年，每天将它们解密，再用新的密钥进行加密，这并不能加强其安全性，只是给破译者带来了更多的方便。一种解决方法是每个文件用唯一的密钥加密，然后再用密钥加密密钥把所有密钥加密，密钥加密密钥要么被记忆下来，要么被保存在一个安全地点或某个地方的保险柜中。当然，丢失该密钥意味着丢失了所有的文件加密密钥。

3) 控制密钥使用

控制密钥使用是为了保证密钥按预定的方式使用。在一些应用中控制怎样使用密钥是有意义的，有的用户需要控制密钥或许仅仅是为了加密，有的或许是为了解密。可以赋予密钥的控制信息有：密钥的主权人、密钥的合法使用期限、密钥识别符、密钥预定的用途、密钥限定的算法、密钥预定使用的系统、密钥授权用户、密钥有关的实体名字(用于生成、注册和证书中)等。

密钥控制信息的一个实施方案是在密钥后面附加一个控制向量(Control Vector，CV)，用它来标定密钥的使用限制。对 CV 取单向 Hash 运算，然后与主密钥异或，把得到的结果作为密钥对密钥进行加密，再把合成的加密了的密钥和 CV 存在一起。恢复密钥时，对 CV 取 Hash 运算再与主密钥异或，最后用结果进行解密。

4) 密钥的销毁

如果密钥必须定期替换，旧密钥就必须被销毁。旧密钥是有价值的，即使不再使用，有了它们，攻击者就能读到由它加密的一些旧消息。

密钥必须被安全销毁。如果密钥是写在纸上的，那么必须被切碎或烧掉；如果密钥存储在 EEPROM 硬件中，密钥应被进行多次重写；如果密钥存储在 EPROM 或 PROM 硬件中，芯片应被打碎成小碎片；如果密钥保存在计算机磁盘里，就应多次重写覆盖磁盘存储的实际位置或将磁盘切碎。

一个潜在的问题是，在计算机中的密钥易于被多次复制并存储在计算机硬盘的多个地方。采用专用器件能自动彻底销毁存储在其中的密钥。

2.2.2　密钥的分类

现代加密技术多种多样，对不同密码系统中的密钥进行分类可以更有效地规划密钥管理方法和策略，提高密钥的安全性。在实际应用中，密钥主要可以根据应用的密码系统的类型、密钥的应用对象和密钥的使用时效进行划分，其中最主要的分类方法是根据密码系

统的类型划分。

1. 根据密码系统的类型划分

密码系统的密钥可以从类型上进行分类。密钥根据其所对应的密码系统可以分为对称密钥和公开密钥，即单密钥系统和双密钥系统。其中：

(1) 对称密钥在加密和解密时使用同一个密钥，这个对称密钥在信息的加解密过程中均被采用。通信双方必须要保证采用的是相同的密钥，要保证彼此密钥的交换是安全可靠的，同时还要设定防止密钥泄密和更改密钥的程序。对称密钥的管理和分发工作是一件潜在危险和繁琐的过程。

(2) 公开密钥的密钥总是成对出现，一个由密钥所有者保存，称为私钥，另一个可以公开发布，称为公钥。公开密钥的管理简单且更加安全，同时还解决了对称密钥存在的可靠性问题和鉴别问题。

2. 根据密钥的应用对象划分

根据密钥的应用对象，密钥可以分为数据会话密钥、密钥加密密钥、公钥系统的私钥和公钥系统的公钥等几类。

(1) 数据会话密钥：数据会话密钥中的数据用于数据通信过程中的信息加密。数据会话密钥要求的加密效率和可靠性高。理论上看，一方面，会话密钥更换得越频繁，系统的安全性就越高。因为攻击者即使获得一个会话密钥，也只能解密很少的密文。但另一方面，会话密钥更换得太频繁，将使通信交互时延增大，同时还会造成网络负担。所以在决定会话密钥的有效期时，应综合考虑这两个方面。为避免频繁进行新密钥的分发，一种解决办法是从旧的密钥中产生新的密钥，称为密钥更新，更新密钥可以采用单向函数实现。

(2) 密钥加密密钥：密钥加密密钥是为了安全传输数据会话密钥而采用另一个双方约定的密钥对数据会话密钥进行加密的密钥。密钥加密密钥只是偶尔地用作密钥交换，给密钥破译者提供很少的密文分析数据，而且相应的明文也没有特殊的形式，因此无需频繁更换。然而，如果密钥加密密钥被泄露，那么其潜在损失将是巨大的，因为所有的通信密钥都经其加密。在某些应用中，密钥加密密钥一月或一年更换一次。同时，分发新密钥也存在泄露的危险，因此需要在保存密钥的潜在危险和分发新密钥的潜在危险之间权衡。

(3) 公钥系统中的私钥：公钥密码应用中的私钥是由证书拥有者保存的密钥，用来作证书拥有者的身份数字签名和解密其他人传送来的消息。它的有效期是根据应用的不同而变化的，如用作数字签名和身份识别的私钥可以持续数年乃至终身，而用作抛掷硬币协议的私钥在协议完成之后就应该立即销毁。即使期望密钥的安全性持续终身，每两年更换一次密钥也是值得考虑的。但旧密钥仍需保密，以便用户验证从前的签名。新密钥用来对新文件签名，以减少密码分析者所能攻击的签名文件数目。

(4) 公钥系统中的公钥：公钥就是公开密钥体系中公开使用的密钥，用来完成数据加密和数字认证。公钥可以通过 CA 中心证书发布系统、电子邮件等发布，也可以通过网站下载。用公钥加密的内容只能用私钥解密。公钥密码应用中公钥的有效期是根据应用的不同而变化的。

3. 根据密钥的使用时效划分

不同密钥有不同的使用时效，可以划分为一次性密钥和重复型密钥。

(1) 一次性密钥：从理论上看，一次性密钥具有的安全性最高，因为攻击者无法提前获取历史加密信息，所以减少了攻击的可能性，但密钥需要在通信双方多次传递，容易遭到中间人攻击。目前的一次一密系统在电话通信中得到了很好的应用。

(2) 重复型密钥：重复型密钥也称为多次密钥，密钥在一定时期内重复使用，达到一定数据加密量或一定有效期后终止使用。重复型密钥存在受到统计型攻击的可能，所以即使保存很安全也不可以永久使用，以避免因密钥破解造成的泄密。

2.2.3　密钥分配技术

密钥的分配就是指产生并使用户获得密钥的过程，密钥分配技术主要研究密钥的分发和传送中的问题。

1. 密钥分配实现的基本方法

安全的密钥分配是通过建立安全信道来实现的，当前主流的安全信道算法有三种，其具体内容如下：

1) 基于对称加密算法的安全信道

要使通信的双方实现保密通信，他们就需要使用同一密钥。这种密钥可当面分发或通过可靠信使传递，传统的方法是通过邮政或通信员传送密钥。这种方法的安全性取决于信使的忠诚和素质。这种方法的成本高，适用于高安全级密钥。为了既安全又减少费用，可采用分层方式传送密钥，通信员仅传送密钥加密密钥，而不去传送大量的数据加密密钥，这既减少了通信员的工作量，又克服了用同一个密钥加密过多数据的问题。

密钥分配问题的另一个方法是将密钥分成许多不同的部分，然后用不同的并行信道发送出去(通过电话、邮寄等)。即使截获者能收集到部分密钥，但因缺少某一部分，他仍然不知道密钥是什么，所以除了安全要求非常高的环境外，该方法在很多场合得到了广泛使用。

对称加密体制中，对密钥进行分配还可以采用多级层次结构来实现，可将密钥分成两类，分别为会话密钥和密钥加密密钥。会话密钥用于保护数据，密钥加密密钥用于保护会话密钥。密钥加密密钥有时也被称为主密钥。用主密钥对会话密钥加密以后，可通过公用网传送或用双密钥体制分配来实现，如果采用的加密系统足够安全，则可将其看成是一种安全通道，如 ANSI X9.17 标准就使用了该种密钥分配方法。

2) 基于双钥体制的安全信道

Newman 等在 1986 年提出的 SEEK(Secure Electronic Exchange of Keys)密钥分配体制系统是采用 Diffie-Hellman 和 Hellman-Pohlig 密码体制实现的。美国 Cylink 公司的密码产品中就采用了这一方法。

在小型网络中，每对用户可以很好地使用密钥加密密钥。如果网络变大，那么每对用户必须交换密钥，n 个人的网络总的交换次数为 $n(n-1)/2$。1000 人的网络则需近 500 000 次的交换次数，在这种情况下，建造一个密钥管理中心进行密钥分配会使操作更加有效。

3) 基于量子密码的安全信道

基于量子密码的安全信道的原理和传输依赖于物理学内容而不是数学内容，其安全性由“海森堡测不准原理”及“单量子不可复制定理”保证，具有很高的安全性。量子密码

学的理论基础是量子力学，用来传输的信道以量子为信息载体，目前是利用单个光子和它们固有的量子属性完成的。

若使用量子密码安全信道传递数据，则此数据将不会被任意截取或被插入另一段具有恶意的数据，数据流将可以安全地被编码和译码。当前，量子密码研究的核心内容就是如何利用量子技术在量子信道上安全可靠地分配密钥。

认证技术和协议技术是分配密钥的基本工具。认证技术是安全分配密钥的保障，协议技术是实现认证必须遵守的流程。

2. 密钥分配系统实现的基本模式

密钥分配系统实现的基本模式有两种，一种是对小型网络，由于用户人数较少，每对用户之间可用共享一个密钥的方法来分配密钥(如图 2-12 所示)，其中 K 表示用户 A 和用户 B 之间共享的密钥。

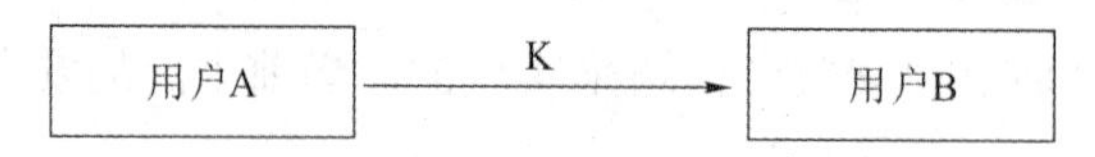

图 2-12　共享密钥分配方法

另一种是在一个大型网络中，如由 n 个用户组成的系统希望相互之间保密通信，如果用户之间互相传递密钥，则需要生成 n(n−1)/2 个密钥进行分配和存储，这会造成较大的工作量。这种环境下的密钥分配问题比较复杂，为了解决这一问题，常采用密钥中心管理方式。在这种结构中，每个用户和密钥中心共享一个密钥，保密通信的双方之间无共享密钥。

密钥中心机构有两种形式：密钥分配中心(Key Distribution Center，KDC)和密钥传送中心(Key Translation Center，KTC)。在 KDC 中，当 A 向 KDC 请求发放与 B 通信用的密钥时，KDC 生成一个密钥传给 A，并通过 A 传给 B(如图 2-13(a)所示)，或者利用 A 和 B 与 KDC 共享密钥，由 KDC 直接传送给 B(如图 2-13(b)所示)。

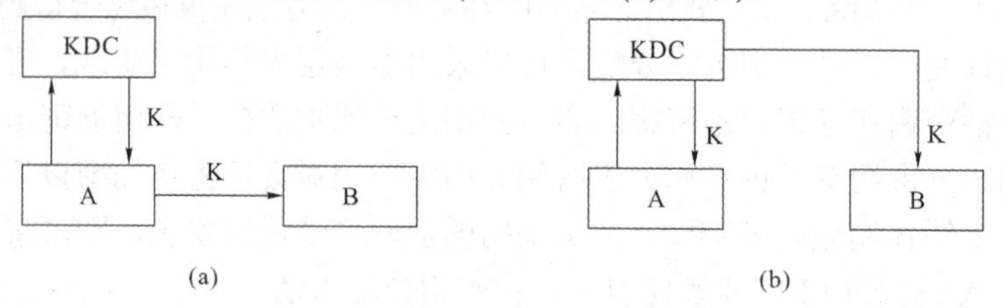

图 2-13 密钥分配中心管理方式

KTC 和 KDC 的形式十分类似，主要差别在于密钥传送中心形式下由通信双方的一方产生需求的密钥，而不是由中心来产生，利用 A 与 B 和 KTC 的共享密钥来实现保密通信。当 A 希望和 B 通信时，A 产生密钥 K 并将密钥发送给 KTC，A 再通过 KTC 转送给 B(如图 2-14(a)所示)或直接送给 B(如图 2-14(b)所示)。

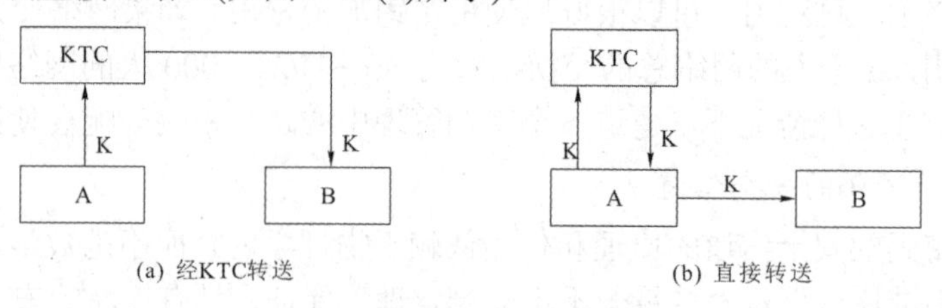

图 2-14　密钥传送中心管理方式

由于 KDC 和 KTC 的参与，各用户只需保存一个和 KDC 或 KTC 共享的较长期的密钥即可。这样，密钥分配系统的安全性依赖于对中心的信任，中心节一旦出问题将威胁整个系统的安全性。

3. 密钥的验证

在密钥分配过程中需要对密钥进行验证，以确保正确无误地将密钥送给指定的用户，防止伪装信使用假密钥套取信息，并防止密钥分配中出现错误。当用户收到密钥时，如何知道这是对方传送的信息，而不是其他人假冒传送的信息呢？针对密钥的具体分发过程，密钥安全性存在以下几种情况：

(1) 如果是对方亲自人工传递，那自然简单，可以直接信任得到的密钥。

(2) 如果通过可靠的信使传送密钥，其安全性就依赖于信使的可靠程度，让信使传送加密密钥更为安全。这种情况需要对得到的密钥进行验证，例如采用指纹法进行密钥提供者身份的验证。

(3) 如果密钥由密钥加密，必须确信只有对方才拥有加密密钥。

(4) 如果运用数字签名协议为密钥签名，那么当验证签名时就必须相信公开密钥数据库。如果某个 KDC 在对方的公钥上签名，那么必须相信 KDC 的公开密钥副本不曾被篡改过。这两种密钥传递方法都需要对公开密钥进行认证。

密钥签名的验证比较复杂，公开密钥如果被篡改，那么任何一个人都可以伪装成对方传送一个加密和签名的消息，这样，当访问公钥数据库以验证对方的签名时，传送的信息总被认为是正确的。利用该缺陷的一些人声称公钥密码体制是无用的，对提高安全性一点用处也没有，但实际情况却复杂得多。采用数字签名和可信赖 KDC 的公钥体制使得一个密钥代替另一个密钥变得非常困难。可以通过电话核实密钥，那样对方可以听到声音。声音辨别是一个真正好的鉴别方案。如果是一个秘密密钥，对方就用一个单向 Hash 函数来核实密钥。有时，核实一个公开密钥到底属于谁并不重要，核实它是否属于去年的同一个人或许是有必要的。例如，如果某人传送给银行一个签名提款的信息，银行并不关心到底谁来提款，它仅关心是否与第一次来存款的人是同一个人。

2.3 安 全 认 证

在通信网络中，信息在由信源到信宿的传递过程中，不仅要保证双方通信的可靠性，还要保证其安全性，即保证通信双方的身份真实性，保证物理信道和资源不被非法用户使用，防止信息泄露给非法用户或程序，防止通信的相关信息被第三方篡改。为了解决上述安全问题，系统需提供安全认证机制。

安全认证包括消息认证、数字签名和身份认证。消息认证包括验证所收到的消息是由其所声称的实体发送(即消息的真实性)，证实该消息未被篡改、插入和删除，以及验证消息未遭重放或延迟(顺序性和时间性)，以防止主动攻击；数字签名能够为通信实体提供不可否认的服务，防止通信双方中的一方在事后否认所传送的消息，其本身也是一种认证技术；实体认证即验证信息发送者是可靠的，而不是冒充的，它包括信源和信宿等的认证和识别。

2.3.1　消息认证

消息认证一般通过消息认证码(Message Authentication Code，MAC)实现，它利用密钥生成一个固定长度的短数据块，并将该数据块附加在消息之后。在这种方法中，假定通信双方(如 A 和 B)共享密钥 K。若 A 向 B 发送消息，则 A 计算 MAC，它是消息和密钥的函数，即 $MAC = C_K(M)$。其中，M 即输入的消息，C 是 MAC 函数，K 是共享密钥，MAC 表示消息认证码。消息和 MAC 一起被发送给接收方。接收方对收到的消息用相同的密钥 *K* 进行相同的计算，并得出新的 MAC，然后将接收到的 MAC 与其计算出的 MAC 进行比较，如图 2-15 所示。

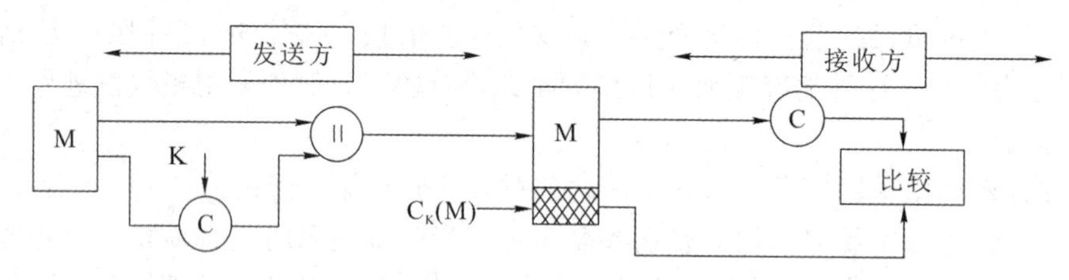

图 2-15　消息认证

假定只有收发双方知道该密钥，那么若接收到的 MAC 与计算出的 MAC 相等，则有：

(1) 接收方可以相信消息未被修改。即使攻击者改变了消息，但他无法改变相应的 MAC，所以接收方计算出的 MAC 将不等于接收到的 MAC。因已假定攻击者不知道密钥，所以他不知道应该如何改变 MAC 才能使其与修改后的消息一致。

(2) 接收方可以相信消息来自真正的发送方。因为其他设备均不知道密钥，因此不能产生具有正确 MAC 的消息。

(3) 如果消息中含有序列号(如 HDLC、X.25 和 TCP 中使用的序列号)，那么接收方可以相信信息顺序是正确的，因为攻击者无法成功地修改序列号。

用于生成消息认证码的 MAC 函数与加密算法类似，但是 MAC 函数不要求是可逆函数，因此与加密函数相比更不易被攻破。

在上述的消息认证方式中，消息以明文的形式发送，因此只能保证消息的真实性，而无法保证消息的机密性。为了同时确保消息的真实性和保密性，可以在 MAC 函数对消息作用前或后进行一次加密操作。假设 A 和 B 共享消息认证密钥和消息加密密钥，则可以使用两种方式生成加密和消息验证码，如图 2-16 所示。

需要注意的是，尽管使用单钥加密的方式可以为消息提供认证，但是 MAC 函数可以使消息认证在某些情况下变得更加方便。这类情况有：

(1) 在消息交换过程中，消息接收方可以选取部分消息加以验证。

(2) 在消息广播时，可以让一个接收者负责对消息的 MAC 码加以验证，而不必验证所有的接收者，这种方式可靠而且方便。

(3) 在保密性要求不高的应用中，MAC 码可以只提供认证以分离消息的认证与保密。

(4) 用户在收到数据之后，一方面要求对数据进行处理，另一方面还要求数据仍受到保护。在这种情况下，如果单纯采用加密函数，在解密之后就无法保护其机密性和完整性。

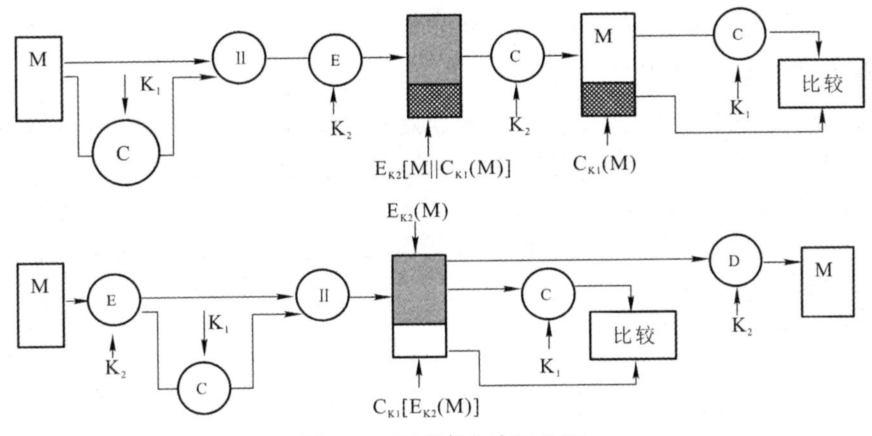

图 2-16　消息的加密及认证

2.3.2　数字签名

基于双方共享秘密信息所产生的 MAC 码可以帮助通信双方验证消息的真实性，但是这种共享的信息不具有排他性。因此，对于一个带有正确 MAC 码的消息，每一方都无法证明这个消息由自己所发或证明和自己无关。有时，通信的双方中有一方在通信结束后否认已发送过该消息，这种抵赖行为在金融和商务活动中时有发生，但是单纯的消息认证并不能帮助双方解决这个问题，这就需要在通信系统中提供一种类似于现实手写签名一样的机制以确保对方无法对其行为进行抵赖。数字签名就是这样一种技术，它假定通信中的每一方有不同的秘密信息，使用密码算法对待发送的消息使用 Hash 函数生成相应的摘要信息，然后对摘要信息使用签名算法生成签名信息，并附在原文上一起发送。

数字签名具有如下性质：

(1) 能够验证签名者的身份，同时产生签名的日期和时间。

(2) 能够证实被签名消息的内容。

(3) 数字签名可由第三方验证，解决通信双方将来可能出现的争议。

同时，为了保证数字签名的有效性和可实现性，要求具体的签名算法满足如下特性：

(1) 签名者的私密信息具有不可伪造性和不可否认性。

(2) 生成签名相对容易。

(3) 对签名的识别和验证较为容易。

(4) 对已知的签名信息构造一个新的消息或对已知消息构造一个信息的签名在计算上是不可行的。

数字签名技术主要有两种：一种是具有数据摘要的签名，另一种就是私钥直接加密的数字签名。前者适合于大文件，后者适用于较小的文件，下面对这两种算法分别描述。

1. 具有数据摘要的数字签名

先采用单向函数 Hash 算法，对原文信息进行加密压缩形成数字摘要，然后对数据摘要用公开密钥算法进行加密和解密，原文的任何变化都会使数据摘要发生变化。所以，它是一种对压缩消息的签名。这种数据签名适合对大文件的信息进行签名。对一个数据签名进行验证就是最后对数据摘要进行比较。一个完整的数字签名由两大部分组成，即对 x 的

签名 Sig(x) = y，然后对 y 验证 Ver(y) = {真，伪}。

2. 直接用私钥加密的数字签名

这种签名方法采用非对称算法的私有密钥对原文进行加密，而不用 Hash 单向散列函数做数据摘要，它是一种对整体消息的签名，适用于小文件信息。

具体做法是：首先用发送方私钥加密原文得到数字签名，然后将原文和数字签名一起发给接收方。接收方用发送方的公钥解密数字签名，最后与原文比较，通过验证(即 x′ 与 x 的比较)可以确定如下几点：

(1) 消息 x 确实由发送方发送。

(2) 签名 y 确实由发送方产生。

(3) 接收方收到的消息是完整的。

所以，在信息安全中，数字签名在身份认证、数据完整性、数据保密性及不可否认性等方面起重要的作用。

可以看出，数字签名算法主要由两种算法组成：签名算法和验证算法。签名者使用签名算法和其私钥(秘密信息)签名一个消息。验证者使用公开的验证算法和对方公钥对签名进行验证，以判断签名的真伪。目前，数字签名所使用的签名算法主要有 RAS 数字签名算法、ElGamal 数字签名算法、Fiat-Shamir 数字签名算法、美国数字签名标准/算法(DSS/DSA)、椭圆曲线数字签名算法和有限自动机数字签名算法等。

DSA 是 Schnorr 和 ElGamal 签名算法的变种，被 NIST 作为数字签名标准。该标准由 NIST 和美国国家安全局(NSA)共同开发，由美国政府颁布并实施，主要用于与美国政府有商业关系的公司，其他公司较少使用。

图 2-17 给出了基于 RSA 的数字签名算法和 DSA 算法的操作流程。

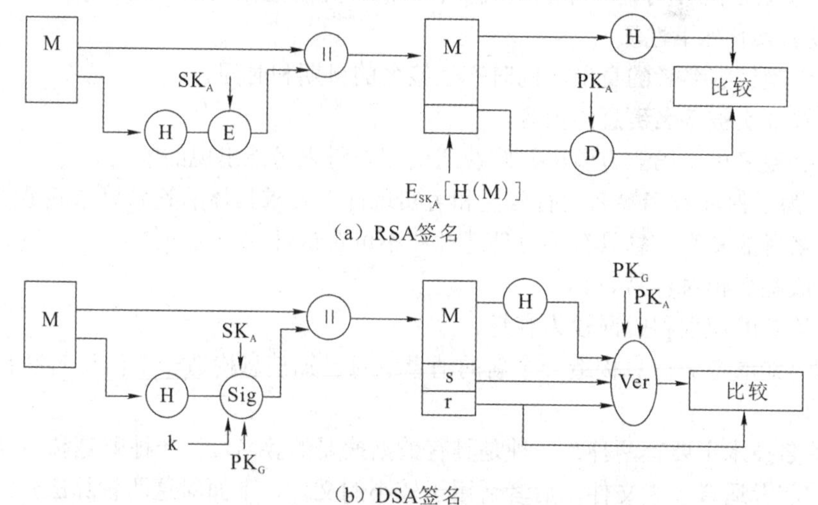

图 2-17　RSA 签名和 DSA 签名的工作流程

在 RSA 算法中，签名者对待发报文产生一个定长的安全散列码，使用发送方的私钥对该散列码进行加密，形成签名。然后，将签名附在报文之后发送出去，接收者根据所收到的报文生成一个散列码，同时使用发送方所公开的密钥对签名解密，如果计算得到的散列码与签名匹配，则证明签名是有效的。RSA 算法的安全性主要表现为如下几点：

(1) 报文的签名不会引起私有密钥的泄露。

(2) 如果没有密钥，其他任何人无法对消息进行签名。

(3) 任何人无法产生匹配给定签名的消息。

(4) 任何对消息的修改都将使原有签名失效。

2.3.3　身份认证

身份认证是通信网络安全架构中最基本的组成部分，它是系统实施访问控制和用户责任追查的基础，能够防止系统资源被非法用户或合法用户非授权使用，是系统防范攻击或入侵的主要防线。

身份认证通常也被称作实体认证，是验证系统对实体所声称的或第三方为其声称的身份真实性的确认过程。认证的基本原理是认证系统假定被认证方(即系统的访问者)拥有一些特定的信息，这些信息除了自身外，任何第三方不能获取和伪造，能够使认证方相信其拥有这些信息。

因此，身份认证就是通过使用特定的信息鉴别用户身份真实性的过程。在具体的实现中，根据特定信息的属性，身份认证可以分为以下四种类型：

(1) 根据个人所知道的一些特定信息证明其身份。通常假定这些信息只有某个人能知道(如口令和暗号)，通过询问这些信息即可判定此人是否是具有该身份的人。

(2) 根据个人所持有的物品证明其身份。通常假定该物品只有某个人才能持有(如令牌和印章等)，通过出示这些特定的物品则可以确定此人的身份。

(3) 根据个人一些独一无二的生理特征(如指纹、虹膜及 DNA 等信息)，通过特定技术检验和比对个人的这些信息可以判断此人的身份。

(4) 根据个体一些行为特征(如语音和笔迹等信息)证明其身份。

从身份认证实现的所需条件来看，身份认证技术可以分为单因子认证和双因子认证。单因子认证即只使用一种条件验证用户身份，如对用户口令信息的认证技术。双因子认证通过两种组合条件进行验证，如基于 USB Key 的认证技术。如果依据认证的基本原理划分，身份认证可划分为静态身份认证和动态身份认证两种。

1. 静态身份认证

静态身份认证是指在外部用户登录系统进行身份认证过程中，用户所发送到系统的验证数据固定不变，通常将符合这种特征的身份认证技术称为静态身份认证。同样，按照身份认证所需的条件，静态身份认证有单因素静态口令身份认证和双因素静态口令身份认证两种形式。

1) 单因素静态口令身份认证

鉴别用户身份最常见和最简单的方法就是口令核对，系统会为每一个用户建立一个用户名和口令对。当用户需要访问系统资源时，系统提示用户输入其用户名和口令。系统采用加密或明文方式将用户名和口令信息发送到认证中心，系统通过核对用户所输入的用户名和口令，并和认证中心保存的用户信息(用户名和口令信息对通常是加密存储的)进行比对，如果与系统中的某一项合法用户的用户名与口令对匹配，用户的身份将得到系统的认证，并允许该用户进行随后的访问操作，否则拒绝用户的进一步的访问操作。

早期的计算机系统一般采用了单因素静态口令身份认证的方式。现在的许多计算机系统仍沿用了原有的认证方法，同时对于一些安全性有要求的系统采用单因素静态口令身份认证的方式，如电话银行查询系统的账户口令、Web 邮件系统和许多管理信息系统的登录等。单因素静态口令身份认证能够为系统提供一定的安全保护，但也存在着如下诸多的不安全因素：

(1) 用户口令和密码通常由用户本人设定。为了便于记忆，多数用户在设定时采用常用词或一些规律性的数字组合，如生日、身份证号码、门牌号和电话号码等，这种口令容易被人猜测到。

(2) 一个口令多次被使用，甚至有的用户为了省事，一个口令一用到底，这容易造成泄露，也容易让口令被他人猜测到。

(3) 对多个业务服务和应用使用相同的口令，或同事之间由于工作关系往往共享口令。

(4) 通过窃听技术，网络中传输的口令数据可能被截获和分析。

(5) 有各种猜测口令的黑客程序可以进行猜测口令攻击。

(6) 某些保留在计算机内部的黑客程序可以记录用户输入的口令。

(7) 在很多情况下，口令泄露后，口令的持有者并不能及时发觉。

因此，很多系统出于安全考虑，会对用户的口令长度和内容加以限制，同时要求用户定期更新口令，禁止多人共享同一用户名和口令，在固定终端设备上或固定时间段内登录系统，限制用户失败登录次数。这些方法虽然可以在一定程度上提高系统的安全性，但是并不能从根本上解决上述问题。同时，复杂的口令和登录条件也造成用户使用不便。因此，对于一些安全性需求较高的系统通常不采用单因素静态口令身份认证方法，而是采用经过改进的双因素静态口令身份认证或采用动态身份认证。

2) 双因素静态口令身份认证

所谓双因素静态口令认证方式即在单一的口令认证基础上结合第二物理认证因素，使认证的确定性按指数递增。在此所讲的物理认证因素包括磁卡、条码卡、智能 IC 卡和指纹等。当然，对于双因素静态口令身份认证也同样符合静态身份认证方法的特征，即用户登录系统和验证身份的过程中，送入系统的验证数据固定不变。

双因素静态口令身份认证的一般流程如下：

(1) 用户在登录业务终端上输入 ID 和口令。

(2) 业务终端通过专用设备(如磁条读写器、条码阅读器、IC 卡读写器和指纹仪等设备)将第二个物理认证因素上的数据读入。

(3) 业务终端将所有的数据加密后，送到中心主机进行验证。

(4) 中心主机系统将登录数据包解密后，进行安全认证。

(5) 业务终端接收中心主机返回的认证结果，并根据结果进行下一步操作。

双因素静态口令身份认证是对单因素静态口令身份认证的一个改进，因为有了第二物理认证因素，使得认证的确定性按指数递增。该认证技术是目前安全性要求较高的系统中用得最多的一种身份认证方法。例如，目前许多银行的计算机业务处理系统(如用户储蓄和 ATM 自助银行服务等)都使用了双因素静态口令身份认证技术。

不管是单因素还是双因素，静态身份认证都存在着不安全的因素。从基本原理上看，一个最简单而有效的攻击方法就是截取合法用户的登录数据，或通过仿制第二物理认证因素，或将合法数据直接输入业务终端，就可以实现非法登录。为了防止这种情况发生，研究者提出了动态身份认证的方法。

2. 动态身份认证

相对于静态身份认证，用户登录系统和验证身份过程中，送入系统的验证数据是动态变化的，符合这个特征的身份认证方法称为动态身份认证。

现有的动态身份认证技术主要有两种：一种是基于时间同步机制的身份认证，另一种是基于挑战应答机制的身份认证。这两种身份认证方法都是基于智能令牌实现的，不同的是时间同步机制身份认证基于时间同步令牌实现，而挑战应答机制的身份认证是基于挑战应答令牌实现的。

1) 基于时间同步机制的身份认证

系统的每个用户都持有相应的时间同步令牌。令牌内置时钟、种子密钥和加密算法。时间同步令牌可以每分钟动态生成一个一次性有效的口令。在用户访问系统时，需要将由令牌生成的动态口令和静态口令结合在一起作为口令发送到系统的认证服务器。认证中心不仅要核对用户的静态口令，同时中心认证系统需要根据当前时间和该用户的种子密钥计算出该用户当前的动态口令并进行核对。

由于中心系统和令牌的时钟保持同步，在同一时刻，系统可以计算出相同的动态口令。由于每个用户的种子密钥不同，不同用户在同一时刻的动态口令也不同。同时，该口令只能在当时有效，不必担心被其他人截取。该方法可以保证很高的安全性。

但是，该认证技术也存在缺陷。由于从技术上很难保证用户的时间同步令牌在时间上和中心认证系统严格同步，而且数据在网络上传输和处理都有一定的延迟，当时间误差超过允许值时，对正常用户的登录往往造成登录认证失败的情况。同时，时间同步机制无法防范由假冒中心认证系统带来的安全隐患。

2) 基于挑战应答机制的身份认证

挑战应答机制身份认证的基本原理是系统的每个用户都持有相应的挑战应答令牌。令牌内置种子密钥和加密算法。当用户需要访问系统时，认证系统首先提示输入用户名和静态口令，在认证通过后，系统会向用户返回一个由中心系统随机生成的挑战数(通常为一个数字串)，用户将该挑战数输入到挑战应答令牌中。挑战应答令牌利用内置的种子密钥和加密算法计算出相应的应答数，其通常也是一个数字串。用户将该数字串作为应答响应发送给认证中心。认证中心根据该用户在认证中心保存的种子密钥和同样的加密算法计算出同样的应答数，并和用户上传的应答数进行比较，如果两者相同则允许该用户访问系统，否则拒绝用户的登录请求。

由于每个用户的种子密钥不同，不同用户即使对同样的挑战数可以计算出不同的应答数，也只有用户持有指定的挑战应答令牌才能计算出正确的应答数，从而可以保证用户是持有指定挑战应答令牌的合法用户。同时，该应答数只能在这次挑战应答过程中有效，下次登录时系统会生成不同的挑战数，相应的应答数也会发生变化，因此不用担心应答数被其他人截取和重放。

挑战应答机制的身份认证方法可以保证很高的安全性。这种方式是目前最可靠也最有

效的认证方法。

3) 挑战应答机制与时间同步机制的比较

挑战应答机制为常用机制。先由用户输入用户 PIN 码，由挑战应答令牌生成一串特定序列的请求数，再由终端设备将请求数发送到安全服务器，安全服务器随即发出一个随机数(挑战数)。

用户把该数输入至挑战应答令牌卡。挑战应答令牌卡用约定的加密算法和内部的密钥加密该随机数后得到一个响应数，用户把响应数输入至个人计算机并发送至安全服务器，同时服务器本身也采用相同的密钥和约定的算法对这个挑战数加密。只有用户的挑战响应与计算的结果相一致时，用户才能访问网络。

在时间同步机制身份认证过程中，时间同步令牌显示一个用密钥加密的数，每 60 s 变动一次。用户登录时，提示用户输入该数。因为时间同步令牌时钟与服务器时钟保持同步，所以服务器只需加密令牌号比较结果就可以认证用户。如果在代码更改过程中输入数字，那么通常要重新输入新代码。

时间同步机制具有操作简单、携带方便和使用容易等特点，但在安全性能方面还是弱于挑战应答机制，主要表现在以下几个方面：

(1) 由于时间同步机制以时间值作为参数每次动态地算出一串数字并上传至中心服务器，所以它要求令牌和中心服务器在时间上保持一致。虽然可以设定一定范围的误差以提高系统登录的通过率，但是实际情况是非常难于在一定的时间点上保证一致性，这样就带来安全隐患和不可靠性。挑战应答方式以一定的算法为基础，所以不受时间的限制。

(2) 时间同步机制只能实现单方面的认证而无法像令牌那样实现双方的相互认证。挑战应答机制不仅可以对真假用户进行识别，还可以识别真假中心，而时间同步机制只能识别真假用户，无法对中心的真伪进行鉴别。对于挑战应答机制来说，如果认证中心是伪造的，则它没有固定的算法与相应的密钥，也就无法解密用户用密钥加密的数据，这样可有效防犯伪中心从用户处截取有用的信息而产生恶劣的后果。时间同步机制只要用户所输入的数和中心服务器的数对应即可，存在非常大的隐患。

(3) 挑战应答机制还可以实现对数据的加密传送，即中心可以将一些机密文件随同挑战应答的方式下传，而只有具有同它对应的密钥的用户才可以解密，从而获得此信息。用户也可以用加密的方式将文件上传，也只有真中心可以解密并读取相应的数据。时间同步机制却没有这种功能。

通过上述比较，可以看出基于挑战应答机制的身份认证才是真正安全可靠的。目前，银行系统除了广泛使用磁条卡等双因素静态口令身份认证技术之外，还普遍在网上银行业务中使用了动态身份认证技术，既有基于时间同步的动态口令，也有基于挑战应答机制的 USB Key。

USB Key 是一种将 USB 读卡器与智能卡两者相结合以实现身份认证的硬件设备，主要由 USB 接口(数据传输模块)和智能卡芯片(智能卡模块)构成。数据传输模块负责个人计算机与智能卡模块之间的通信，数据传输模块与个人计算机之间按照 USB 协议进行数据传输，而数据传输模块与智能卡模块之间的通信遵循 ISO 7816 规范。USB Key 的整个体系结构自下而上可以划分为硬件层、核心驱动层、标准中间件层和应用层。应用层为使用

USB Key 的各类应用程序，如用户登录程序或文件加密软件等；标准中间件层是遵照 PKCS#11 或微软的 MSCAPI 等规范为应用开发商提供符合公钥基础设施标准的编程接口，使得应用层可以通过 Win32 标准函数集访问 USB Key；核心驱动层为主机端的 USB 驱动程序；硬件层则包括了硬件电路、智能卡芯片以及芯片的操作系统(Chip Operating System，COS)和设备这侧的 USB 固件。COS 负责执行由 USB 协议封装的 APDU 指令，执行相应的操作之后，将计算结果交给数据传输模块。

在证书申请阶段，用户向 CA 申请证书时，申请信息由上层申请程序传到微软加密应用编程接口(Microsoft Cryptographic Application Programming Interface，MSCAPI)，然后由 MSCAPI 将正确的数据发送到 USB Key 中的加密服务提供者(Cryptographic Service Provider，CSP)，由其指导内部硬件产生一对公私钥。私钥存储在 USB Key 内部，并对私钥的访问严格控制，所有与私钥相关的运算完全在 USB Key 内部完成。CA 根据其策略验证证书请求后，使用其私钥在证书中创建数字签名，然后将签名后的证书颁发给申请者。使用 USB Key 进行身份认证时，首先由用户输入 PIN 码，验证通过后，由客户端向服务器发送一个验证请求，服务器端接收到此请求之后，产生一个随机数并通过网络发送给客户端。客户端的 USB Key 收到此挑战数之后，使用该随机数与存储在内部的密钥进行相关密码运算(如 HMAC 的 MD5 运算)，然后得到一个 Hash 码作为挑战响应发送给服务器。同时，服务器端也使用这个随机数与存储在服务器数据库中的用户密钥进行同样的密码运算，将所得的结果与接收到客户端的响应进行比较，如果一致，则该 USB Key 用户是合法用户。其验证过程如图 2-18 所示。

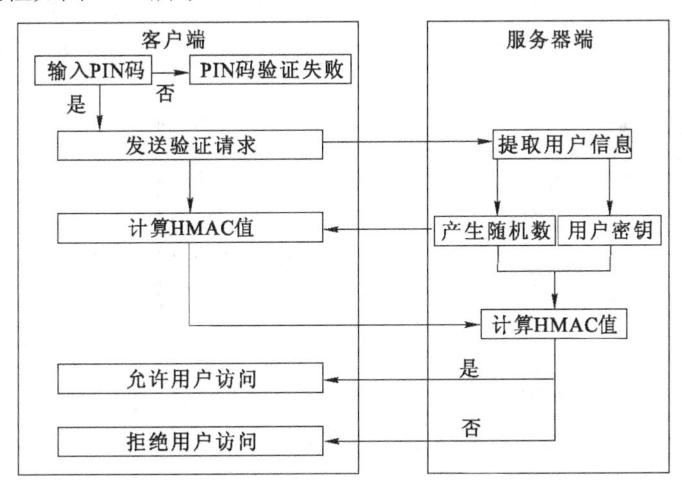

图 2-18　USB Key 的挑战应答过程

USB Key 采用了 PIN 保护机制，用户只有输入正确的 PIN 才能使用 USB Key。如果用户 PIN 码被泄露，则只要保存好 USB Key 的硬件就可以保护证书不被盗用。如果用户的 USB Key 丢失，获得者由于不知道该硬件的 PIN 码，也无法盗用用户存在 USB Key 中的证书。因此，USB Key 硬件和 PIN 码构成了 USB Key 的安全双因子，为 USB Key 的安全提供了双重保障。

2.3.4 公钥基础设施与数字证书

为了在 Internet 上广泛使用密码技术，必须保证密钥能够通过公共网络安全地传输到通信的各方，公钥密码体制是传递密钥的最佳方式，其前提是确信拥有了对方的公钥。然而，通信双方很难确信获得了对方的公钥。现考虑如下场景：

(1) B 和 A 生成一对公/私钥，各自保存私钥，通过网络把公钥发送给对方。

(2) B 用 A 的公钥加密一个文件并发送给 A。

(3) A 用私钥解密文件，获得原始文件。

如果入侵者监视 B 和 A 之间的网络通信，把 A、B 的公钥保存下来，并伪造 B 和 A 的公/私钥，将伪造的公钥分别发送给 A 和 B，则 B 和 A 都以为获得了对方的公钥。然而，真实的情况是 A 与 B 拥有的是入侵者伪造的公钥，A 与 B 之间的通信内容被入侵者窃取了。

为了解决该问题，可以使用基于可信第三方的 PK1 方案。PKI 通过数字证书和 CA 确保用户身份和其持有公钥的一致性，从而解决了网络空间中的信任问题。

1. PKI 的定义和组成

PKI 是一种利用公钥密码理论和技术建立起来的，提供信息安全服务的基础设施。PKI 的目的是从技术上解决网上身份认证、电子信息的完整性和不可抵赖性等安全问题，为网络应用(如浏览器、电子邮件和电子交易)提供可靠的安全服务。PKI 的核心是解决网络空间中的信任问题，确定网络空间中各行为主体身份的唯一性和真实性。

PKI 系统主要包括以下 6 个部分：证书机构(Certificate Authority，CA)、注册机构(Registration Authority，RA)、数字证书库、密钥备份及恢复系统、证书撤销系统和应用接口(API)。现分别介绍如下。

1) 证书机构(CA)

证书机构也称为数字证书认证中心(或认证中心)，是 PKI 应用中权威的、可信任的、公正的第三方机构，必须具备权威性的特征。它是 PKI 系统的核心，也是 PKI 的信任基础。它管理公钥的整个生命周期，CA 负责发放和管理数字证书，其作用类似于现实生活中的证件颁发部门(如护照办理机构)。

2) 注册机构(RA)

注册机构(也称注册中心)是 CA 的延伸，是客户和 CA 交互的纽带，负责对证书申请进行资格审查。如果审核通过，那么 RA 向 CA 提交证书签发申请，由 CA 颁发证书。

3) 数字证书库

证书发布库(简称证书库)集中存放 CA 颁发的证书和证书撤销列表(Certificate Revocation List，CRL)。证书库是网上可供公众查询的公共信息库。公众查询的目的通常有两个：得到与之通信的实体的公钥和验证通信对方的证书是否在黑名单中。

为了提高证书库的使用效率，通常将证书和证书撤销信息发布到一个数据库中，并用轻量级目录访问协议(Lightweight Directory Access Protocol，LDAP)进行访问。

4) 密钥备份及恢复系统

数字证书可以仅用于签名，也可仅用于加密。如果用户申请的证书是用于加密的，则可请求 CA 备份其私钥。当用户丢失密钥后，通过可信任的密钥恢复中心或 CA 完成密钥的恢复。

5) 证书撤销系统

证书由于某些原因需要作废时(如用户身份姓名的改变、私钥被窃或泄露、用户与所属单位关系变更等)，PKI 需要使用某种方法警告其他用户不要再使用该用户的公钥证书，这种警告机制被称为证书撤销。证书撤销的主要实现方法有两种：一是利用周期性发布机制，如证书撤销列表。二是在线查询机制，如在线证书状态协议(Online Certificate Status Protocol，OCSP)。

6) 应用接口（API）

为了使各种各样的应用能够以安全、一致、可信的方式与 PKI 交互，PKI 提供了一个友好的应用程序接口系统。通过 API，用户不需要知道公钥、私钥、证书或 CA 机构的细节，也能够方便地使用 PKI 提供的加密和数字签名等安全服务，从而确保安全网络环境的完整性和易用性，同时降低管理维护成本。

2. 数字证书及其应用

数字证书是一个经证书授权中心数字签名的包含公开密钥拥有者信息以及公开密钥的文件。最简单的数字证书包含一个公开密钥、名称以及证书授权中心的数字签名。一般情况下，数字证书中还包含密钥的有效时间、发证机关(证书授权中心)的名称和证书的序列号等信息，证书的格式遵循 ITU X.509 国际标准。基于 X.509 证书的认证技术适用于开放式网络环境下的身份认证，该技术已被广泛接受，许多网络安全程序都可以使用 X.509 证书(如 IPSec、SSL、SET、S/MIME 等)。

一个标准的 X.509 数字证书包含以下一些内容：

(1) 证书的版本信息。

(2) 证书的序列号，每个证书都有一个唯一的证书序列号。

(3) 证书所使用的签名算法。

(4) 证书的发行机构名称，命名规则一般采用 X.509 格式。

(5) 证书的有效期。现在通用的证书一般采用 UTC 时间格式，它的计时范围为 1950～2049。

(6) 证书所有人的名称。其命名规则一般采用 X.509 格式。

(7) 证书所有人的公开密钥。

(8) 证书发行者对证书的签名。

当用户向某一服务器提出访问请求时，服务器要求用户提交数字证书。收到用户的证书后，服务器利用 CA 的公开密钥对 CA 的签名进行解密，获得信息的散列码。然后，服务器用与 CA 相同的散列算法对证书的信息部分进行处理，得到一个散列码，将此散列码与对签名解密所得到的散列码进行比较，若相等，则表明此证书确实是 CA 签发的，而且是完整的未被篡改的证书。这样，用户便通过了身份认证。服务器从证书的信息部分提取出用户的公钥，以后向用户传进数据时，便以此公钥加密，而该信息只有用户可以进行解密。

对于大规模的应用，数字证书的签发和验证一般采用层次化的 CA，如图 2-19 所示。

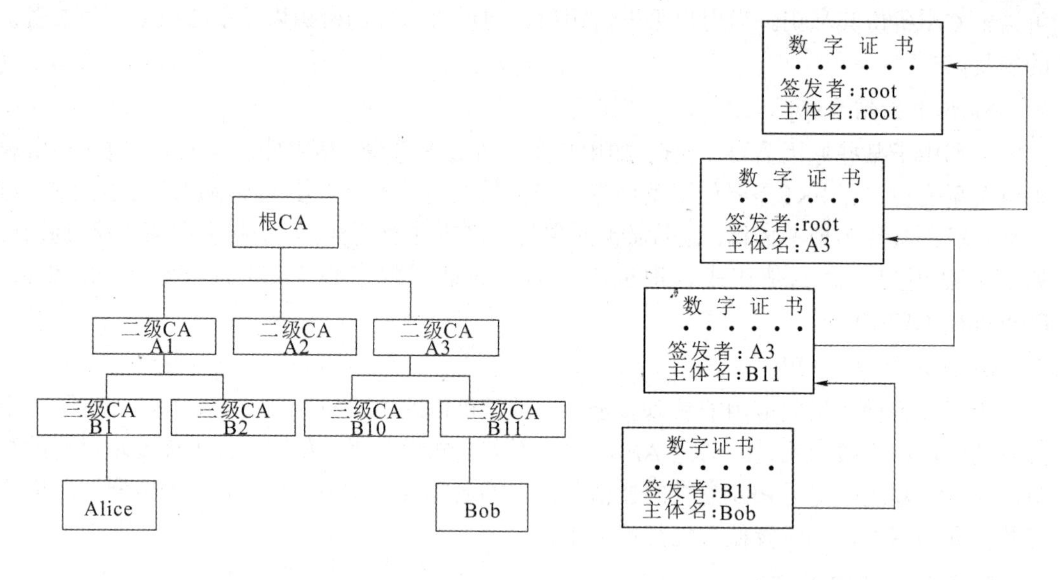

（a）分层的CA　　（b）证书的逆向验证

图 2-19　层次化的 CA 及证书的验证

用户 Alice 和 Bob 的数字证书从第三级 CA 获得，如图 2-19(a)所示。若 Alice 要向 Bob 发送加密的信息，则首先从证书库(或 Bob)中获得 Bob 的证书，然后按步骤验证证书的真伪，如图 2-19(b)所示。比如，Bob 的证书是 B11 签发的，为了验证 Bob 的证书，需要获得 B11 的公钥证书以验证 Bob 证书的签名是有效的，这又涉及 B11 的公钥证书的验证，依次类推，验证过程在根 CA 中结束。根 CA 的证书是自签名的证书，该证书内置在操作系统中，或通过可信的途径导入(例如，开通建设银行的网银时，从柜台获得一个 U 盘，通过该 U 盘的软件导入网银证书)，自签名的证书不必验证。

通过证书的逆向验证可以验证双方数字证书的真伪，从而可以确信自己获得了对方的公钥，这就建立了可靠的信任关系，以后的通信就以双方的公钥为基础，从而建立起安全的通信环境。

2.4 访 问 控 制

访问控制的实质是对资源使用的限制，是保障授权用户能够获得所需的资源，同时又能阻止非授权用户使用的安全机制。本节主要从其原理、作用和分类等方面介绍访问控制技术，重点介绍自主访问控制(Discretion Access Control，DAC)、强制访问控制(Mandatory Access Control，MAC)和基于角色的访问控制(Role-Based Access Control，RBAC)。

2.4.1 访问控制策略和机制

访问控制是网络安全防范和保护的核心元素，主要目标是防止网络资源非授权使用和非法访问，防止合法用户以非授权方式访问资源，使合法用户以授权方式使用网络资源。

它是维护系统安全和保护网络资源的重要手段。在用户完成身份认证和授权之后，访问控制机制会根据预先设定的规则对用户访问的资源进行控制，只有合乎规则的访问行为被许可，而违反访问规则的访问行为则被拒绝。用户通常所访问的资源可以包括信息资源、系统资源、计算能力或网络带宽等，一般的访问行为包括信息的获取、信息的修改或某种功能的操作，一般情况下可以把这些访问行为理解为对资源的读取、写入或执行。

访问控制通常和其他的安全策略联合使用。图 2-20 显示了访问控制所涉及的各个实体及功能。

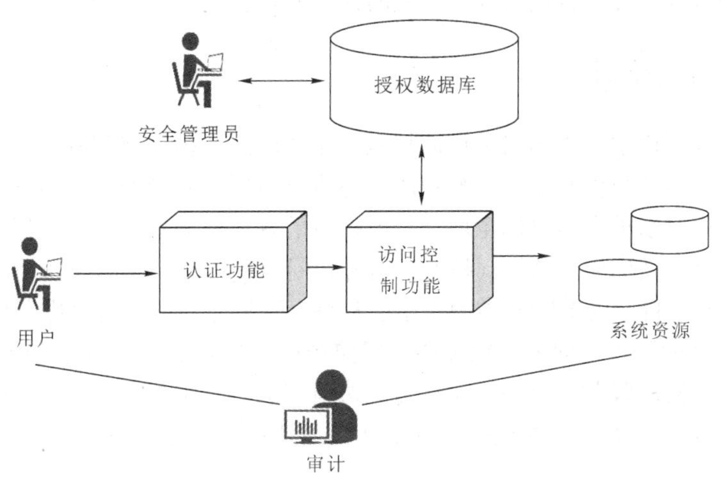

图 2-20　访问控制系统的构成及功能

访问控制的三个基本要素为：主体、客体和控制策略。访问控制限制访问主体(通常也称为发起者或主动实体，如用户、进程和服务等)对访问客体(即需要保护的资源)的访问权限，从而使网络系统资源在合法范围内使用，而访问控制机制则决定用户和代表用户的程序能够在系统内发挥的作用及程度。访问控制策略是用来指定不同类型的访问在何种情况下被谁所允许。访问控制的一般模型可以用图 2-21 表述。

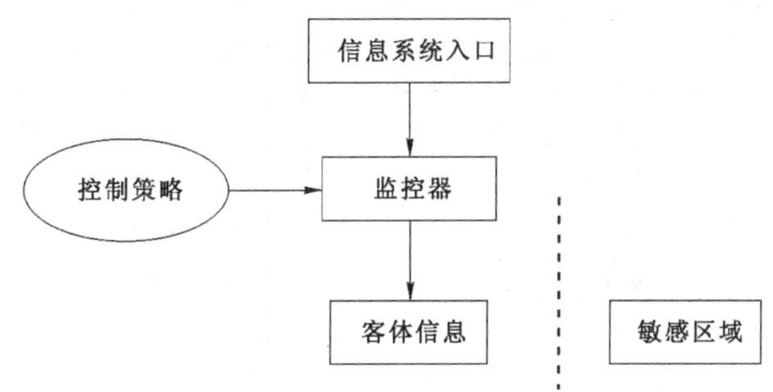

图 2-21　访问控制模型

访问控制的作用就是对需要访问系统和数据的用户进行识别，并检验其身份，防止未经授权的用户非法使用系统资源。访问控制的实质就是控制对计算机系统或网络进行访问，即阻止非法用户进入系统、允许合法用户进入系统、允许合法用户按其权限进行各种活动。

访问控制的基本任务是：对用户进行识别和认证；确定该用户对某一系统资源的访问权限。

访问控制的策略一般分为以下三种：

(1) 自主访问控制：资源的所有者能够按照自身的意愿授予另一个实体访问某些资源的权限，因此称为自主访问控制。它根据请求者的身份和访问规则控制访问，规定用户的访问行为。

(2) 强制访问控制：访问某种资源的实体不能按其自身意愿授予其他实体访问该资源的权限，因此称为强制访问控制。它根据用户安全许可的安全标记控制访问。

(3) 基于角色的访问控制：基于系统中用户的角色和属于该类角色的访问权限控制访问。

下面分别对这几种常见的访问控制策略加以介绍。

2.4.2 自主访问控制

自主访问控制模型是根据自主访问控制策略实现的一种访问控制模型，它允许合法用户以用户或用户组的身份对策略所规定的客体进行访问，阻止非授权用户对客体的访问，同时某些用户还可以根据自身的意愿将其所拥有的客体资源的访问权限授予其他用户。因此，自主访问控制又称为任意访问控制。这种访问控制策略最早出现在 20 世纪 70 年代初期的分时系统中，目前的 UNIX 类操作系统和许多数据库系统普遍采用了这种访问控制机制。DAC 模型一般采用访问控制矩阵和访问控制列表存放不同主体的访问控制信息，从而达到对主体访问权限限制的目的。对于用户访问请求，系统首先对用户身份进行鉴别，然后根据访问控制列表(Access Control List，ACL)所赋予用户的权限对用户的访问行为加以许可或限制。

访问控制列表实际上是访问矩阵(Access Matrix)的一种分解，访问矩阵通常由访问用户主体和资源客体两个维度构成。主体可以是用户或用户组，也可以是终端、网络设备、主机或应用等。客体指待访问的文件、记录或整个数据库。访问矩阵的每项为特定用户对特定客体的访问权限。表 2-4 为一个访问控制的简单例子，规定了用户 A、用户 B、用户 C 对各文件的访问权限，用户 A 是文件 1 和文件 3 的所有者，具有对文件的读写权限，同时对文件 4 具有读权限。其他用户依此类推。

表 2-4　访问矩阵示例

	文件 1	文件 2	文件 3	文件 4
用户 A	Own Read write		Own Read write	Read
用户 B	Read	Own Read write	write	
用户 C	Read write	Read		Own Read write

访问矩阵有两种分解方式：按列分解产生 ACL 和按行分解产生能力权证(Capability Ticket)，如图 2-22 所示。对每个客体，ACL 列出了用户及其被允许的访问权限。ACL 可以包含一个默认项，可以使没有列出的用户具有一定的默认访问权限，这种默认访问权限

应该具有最小特权或只读权限，列表的元素可以是单个用户也可以是用户组。能力权证则用来指定一个用户的授权客体(即操作权限)，每个用户拥有多个权证，用户可以经过系统授权将其借给或转让给其他用户。使用 ACL 可很方便地统计出哪些主体对某个特定客体具有哪些访问权限，但是要确定某个用户具有哪些访问权限并不方便。使用能力权证则与 ACL 相反，它很容易确定每个用户的访问权限集合，但是要确定指定资源客体的具有某项访问权限的主体用户相对要困难得多。

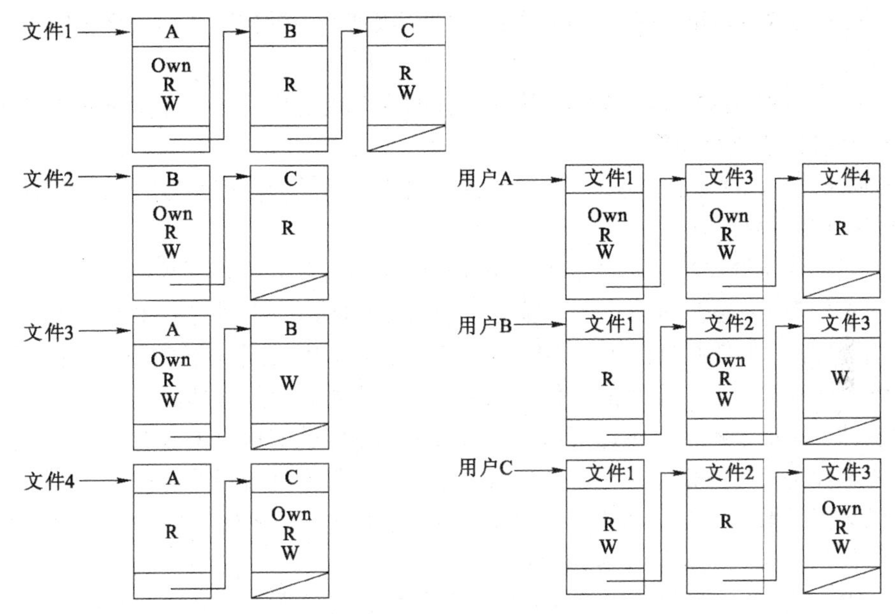

图 2-22　表 2-4 相对应的访问控制列表及能力权证

2.4.3　强制访问控制

为了实现比 DAC 模型更为严格的访问控制策略，美国政府、军方及研究机构开发了多种控制模型，在这些模型基础上形成了强制访问控制模型。MAC 最早出现在 1965 年由 AT&T 和 MIT 联合开发的安全操作系统 Multics 中，在 1983 年美国国防部的可信计算机系统评估标准中被用作 B 级安全系统的主要评价标准之一。在 MAC 模型中，所有的用户和客体都预先被赋予一定的安全级别，用户不能改变自身和客体的安全级别，只有管理员才能够确定用户和组的访问权限。

与 DAC 模型不同的是，MAC 是一种多级访问控制策略，主要特点是系统对访问主体和受控对象实施强制访问控制。在强制访问策略中，系统会预先给访问主体和受控对象分配不同的安全级别和属性(如绝密级、机密级、秘密级和无密级)，不同级别标记了不同重要程度和能力的实体。不同级别的主体对不同级别的客体的访问在强制的安全策略下实现。当用户发出资源访问请求之后，系统先对访问主体和受控客体的安全级别属性进行比较，然后决定主体能否访问该受控客体。

MAC 对访问主体和受控客体标识两个安全标记：一个是有偏序关系的安全等级标记，另一个是非等级分类的标记。常用的安全级别分为五类：绝密(Top Secret，TS)、机密

(Confidential，C)、秘密(Secret，S)、限制(Restricted Secret，RS)和无级别(Unclassified，U)。主体 S 与客体 O 分属不同的安全级别时，都属于一个固定的安全类别(SC)，SC 就构成一个偏序关系。例如，主体 S 的安全级别为 TS，客体的安全级别为 S 时，该偏序可以表述为 SC(S)>SC(O)。依据偏序关系，可将主体对客体的访问行为分为以下 4 类：

(1) 向下读(Read Down，RD)：访问主体的安全级别高于受控客体的安全级别时，允许主体的读操作。

(2) 向上读(Read Up，RU)：访问主体的安全级别低于受控客体的安全级别时，允许主体的读操作。

(3) 向下写(Write Down，WD)：访问主体的安全级别高于受控客体的安全级别时，允许主体的写操作或执行动作。

(4) 向上写(Write Up，WU)：访问主体的安全级别低于受控客体的安全级别时，允许主体的写操作或执行动作。

根据对客体资源保护的不同重点，访问控制策略可以分为以下两种：

(1) 保障信息完整性策略。为了保障信息的完整性，低级别的主体可以读高级别客体的信息(不保密)，但低级别的主体不能写入高级别的客体(保障信息完整)，因此采用上读/下写策略。属于某一个安全级的主体可以读本级和本级以上的客体，可以写入本级和本级以下的客体。比如，机密级主体可以读绝密级和机密级的客体，可以向机密级、秘密级和无密级的客体进行写操作。这样，低密级的用户可以看到高密级的客体信息，因此，信息内容可以无限扩散，从而使客体信息的保密性无法保障。低密级的用户永远无法修改高密级的客体信息，从而可以保障客体信息的完整性。

(2) 保障信息机密性策略。与保障完整性策略相反，为了保障信息的保密性，低级别的主体不可以读取高级别的客体信息(保密)，但低级别的主体可以向高级别客体进行写操作(完整性可能破坏)，因此采用的是下读/上写策略。属于某一个安全级的主体可以向本级和本级以上的客体进行写操作，可以读本级和本级以下的客体信息。比如，机密级主体可以写绝密级和机密级的客体，可以读机密级、秘密级和无密级的客体。这样，低密级的用户可以修改高密级的信息，因此，信息完整性得不到保障。低密级的用户永远无法看到高密级的信息，从而保障客体信息的保密性。

MAC 两种不同的访问控制策略如图 2-23 所示。

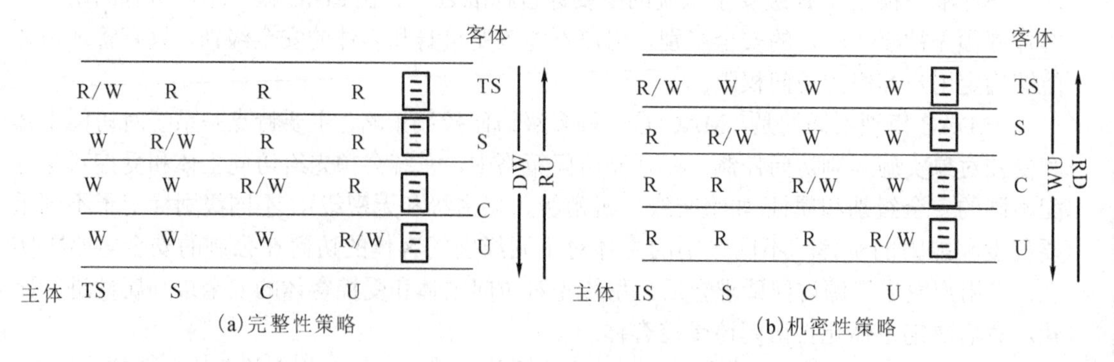

图 2-23　MAC 的完整性和机密性策略

MAC 模型实现了信息的单向流通，一直为美国军方所采用，常见的 MAC 模型有

Bell-La-Padula(BLP)模型和 Biba 模型。BLP 模型是一种只允许向下读和向上写的访问控制策略，属于一种机密性策略。BLP 可以有效地防止低级用户或应用进程访问安全级别比其高的客体资源，可以有效地保证信息的机密性，但是该规则忽略了信息完整性的重要性，从而使非法越权篡改成为可能。Biba 模型是一种允许向上写和向下读的访问控制策略，属于一种完整性策略。Biba 模型针对 BLP 模型只解决了信息的保密问题，无法克服信息完整性的缺陷，Biba 模型在信息流的定义方面不允许从低级别的进程到级别高的进程，用户只能向比其安全级别低的客体写入信息，可以有效防止低级别用户创建高级别的客体信息，从而避免越权的篡改行为。同样，Biba 模型强调了信息的完整性，却忽略信息的机密性。

2.4.4　基于角色的访问控制

DAC 模型和 MAC 模型属于传统的访问控制模型，MAC 和 DAC 通常为每个用户赋予对客体的访问权限规则集，将主体与特定的实体捆绑对应。同时，考虑到管理的方便性，在管理时将具有相同功能的用户分为组，为每个组分配许可权。用户可以自主地把其所拥有的客体访问权限授予其他用户，其优点显而易见。但是，由于企业组织结构的调整或系统安全要求的改变，用户的权限可能发生变更，须在系统管理员的授权下才能进行。因此，这种访问控制方式有很多弱点，主要表现为以下几点：

(1) 同一用户在不同的场合需要不同的权限访问系统。按传统的做法，变更权限必须经系统管理员授权修改，因此很不方便。

(2) 当用户大量增加时，按每个用户一个注册账号的方式将使系统管理变得复杂，工作量也急剧增加，容易出错。

(3) 传统的访问控制模式不容易实现层次化管理，即按每个用户一个注册账号的方式很难实现系统的层次化分权管理，尤其是当同一用户在不同场合处在不同的权限层次时，系统管理更难实现。

基于角色的访问控制模式就是为了克服以上问题而提出来的，基本思想是将访问许可权分配给一定的角色，用户通过其扮演不同的角色取得该角色所拥有的访问许可权，但是这些用户往往并不是可以访问客体信息资源的所有者。在基于角色的访问控制模式中，用户并不是自始至终以同样的注册身份和权限访问系统，而是以一定的角色访问，依据不同的角色获取不同的访问权限。因此，系统的访问控制机制所管理的只是角色，而非用户。用户在访问系统前，需经过角色认证充当相应的角色。用户获得特定角色后，系统仍然可以按照自主访问控制或强制访问控制机制控制角色的访问能力。下面给出“角色”及 RBAC 的概念。

1. “角色”的概念

在基于角色的访问控制模型中，角色被定义为与一个特定活动相关联的一组动作和责任。主体在系统中担当不同的角色，完成角色规定的责任，具有角色拥有的权限。一个主体可以同时担任多个角色，它的权限就是多个角色权限的总和。基于角色的访问控制就是通过各种角色的不同组合授权尽可能实现主体的最小权限，这里的最小权限是指该主体要完成所有必需的访问工作而应该具有的最小权限。基于角色的访问控制可以看成是基于组

的自主访问控制的一种变体，一个角色对应一个组。

2. RBAC 的概念

RBAC 就是通过定义角色的权限，为系统中的主体分配角色以实现访问控制。用户经认证后获得一定的角色，该角色被分派了一定的权限，用户以特定的角色访问系统资源，访问控制机制检查角色的权限并决定是否允许访问。

RBAC 模型的主要特点如下：

1) 提供了三种授权管理的控制途径

(1) 改变客体的访问权限，即经修改的客体可以由哪些角色访问及其可由何种具体的访问方式访问。

(2) 改变角色的访问权限。

(3) 改变主体所担任的角色。

2) 系统中所有角色的关系结构可以是层次化的，以便于管理

“角色”的定义从现实出发，所以可以用面向对象的方法实现，运用“类”和“继承”等概念表示角色之间的层次关系非常自然和实用。

3) 具有较好的提供最小权利的能力，从而提高了安全性

由于对主体的授权是通过角色定义的，调整角色的权限粒度可以更有针对性，这样不容易出现多余权限。

4) 具有责任分离的能力

定义角色的人不一定是担任角色的人。这样，不同角色的访问权限可以相互制约，因而具有更高的安全性。

相比较而言，RBAC 模型是实施面向企业安全策略的一种有效的访问控制方式，具有灵活性、方便性和安全性等优点。这种访问控制机制在现有的大型数据库系统的访问权限管理中得到了广泛的应用。系统管理员定义和分配角色，同时角色的增减和维护也都由系统管理员负责。同时，在 RBAC 模型中，用户不直接与客体发生关联，用户只有通过角色才能获得相应的权限，近而访问指定的客体。因此，用户无权将获得的访问权限授予别的客体，这是 RBAC 与 DAC 的最大区别。相对于 MAC 模型而言，RBAC 模型并不是多级访问模型。

习　题

1. 什么是密码学？密码学的两个分支是什么？
2. 阐述密码学的三个发展历程。
3. 密码系统包括哪些要素？
4. 密码系统应满足什么要求？
5. 密码分析可以采用的方法有哪几种？
6. 密码分析的目的是什么？有哪些攻击手段？
7. 从不同角度对密码算法如何分类？

8. 密码系统的安全性由哪些方面决定?
9. 单密钥系统和双密钥系统有哪些不同?
10. 密钥分配实现的基本方法和基本工具有哪些?
11. 什么是安全认证?
12. 什么是数字签名?
13. 具有数据摘要的数字签名和直接用私钥加密的数字签名有什么区别?
14. 数字签名应当具备哪些性质?
15. 简述访问控制的三个基本要素。

第3章　网络设备安全

网络设备是组成网络和网络互联中的物理实体，是构成整个网络安全的基础，因此网络的安全运行在一定程度上取决于网络设备的安全运行。网络设备的种类繁多且与日俱增，基本的网络设备除了计算机(个人电脑、工作站或服务器)外，主要包括交换机、网桥、路由器、网关、网络接口卡(NIC)、调制解调器及无线接入点(WAP)等，其中，路由器、交换机、无线接入设备是目前组成计算机网络的核心设备，这些设备的安全直接影响着整个网络的安全。

广义来说，网络设备的安全问题除了一般意义的技术安全之外，还应该包括网络设备的物理安全，诸如人为损坏以及网络设备防断电、防雷击、防静电、防灰尘、防电磁干扰、防潮散热等环境安全问题。本章介绍网络设备安全的有关技术，主要有保证网络设备运行环境的物理安全及网络设备配置安全的技术，后者包括路由器的安全配置技术、交换机的安全配置技术、Web 服务器的安全配置和管理技术及操作系统的安全配置技术。通过深入的分析和一些实用的技术手段来提供网络设备的抗攻击性和安全性。

3.1　物 理 安 全

物理安全是整个通信网络系统安全的前提，是保护通信网络设备、设施及其他媒介免遭地震、水灾、火灾等环境事故、人为操作失误或人为损坏的过程。

物理安全主要考虑的问题是环境、场地和设备硬件的安全及物理访问控制和应急处置计划等。物理安全措施主要包括：安全制度、数据备份、辐射防护、屏幕口令保护、隐藏销毁、状态检测、报警确认、应急恢复、机房管理、运行管理、安全组织和人事管理等手段。

3.1.1　机房安全技术

通信机房安全技术涵盖的范围非常广泛，通信机房从里到外，从设备设施到管理制度都属于机房安全技术研究的范围。它包括通信机房的安全保卫技术，通信机房的温度、湿度等环境条件保持技术，通信机房的用电安全技术和通信机房安全管理技术等。

机房的安全等级分为 A 类、B 类和 C 类三个基本类别。A 类对通信机房的安全有严格的要求，有完善的通信机房安全措施；B 类对通信机房的安全有较严格的要求，有较完善的通信机房安全措施；C 类对通信机房的安全有基本的要求，有基本的通信机房安全措施。

1. 机房的安全要求

减少无关人员进入机房的机会是机房设计时首先要考虑的问题。机房在选址时应避免靠近公共区域，避免窗户邻街。机房最好不要安排在底层或顶层，在较大的楼层内，机房应靠近楼层的一边安排布局，保证所有进出机房的人都必须在管理人员的监控之下。

2. 机房的防盗要求

对机房内重要的设备和存储媒体应采取严格的防盗措施。机房防盗措施主要包括：光纤电缆防盗系统、特殊标签防盗系统和视频监视防盗系统。

3. 机房的“三度”要求

温度、湿度和洁净度被并称为“三度”。为使机房内的“三度”达到规定的要求，空调系统、去湿机和除尘器是必不可少的设备。重要的计算机系统安放处还应配备专用的空调系统，以满足其在加湿、除尘等方面的更高要求。下面介绍“三度”对机房安全的影响。

1) 温度的影响

温度对信息设备和通信网络所使用的电子元器件、绝缘材料、金属构件以及记录介质等都会产生一定的影响。通信网络中的设备中大量使用了各种半导体、电阻和电容等元器件。在设备加电工作时，环境温度的升高会影响其正常工作，温度过高时，可能会使某些元器件工作异常甚至失效，进而导致设备故障。在通信设备中，所有的机械转动部分(如各类开关等)一般由金属构成，它们在高温下工作，由于其膨胀系数不同，可能发生所谓的“卡死”现象，影响设备的正常工作，而且还会缩短其使用寿命。同时，低温和剧烈的温度变化对绝缘材料和金属构件也会产生不良影响，造成电气性能的变化和机械损伤。通信系统中使用的记录介质主要包括磁带、磁盘、闪存、活动硬盘、打印机和光盘等。对磁介质来说，温度升高，磁导率升高。但当温度升高到一定值时，磁介质将会失去磁性，磁导率急剧下降，导致磁介质的损坏。这些介质的存放和使用对环境温度都有一定要求，若温度过高或过低，可能会出现数据丢失或无法存取的现象。由此可见，温度对通信系统产生的影响很大，必须保证通信系统，尤其是通信设备尽可能工作在规定的温度范围之内。

2) 湿度的影响

为了确保通信设备、系统安全可靠地运行，除了严格控制温度之外，还应把湿度控制在规定范围内。空气的湿度和温度有关。在绝对湿度不变的情况下，相对湿度随温度上升而降低，随温度下降而升高。在相对湿度保持不变的情况下，温度越高，水蒸气压力越大，水蒸气对信息设备、系统的影响越大，随着压力增大，水蒸气在元器件或在介质材料表面形成的水膜越来越厚，造成“导电短路”和出现飞弧现象，容易引起设备故障。

高湿度对信息设备、系统的危害是明显的，而低湿度的危害有时更加严重。在相同的条件下，相对湿度越低，也就是说越干燥，静电电压越高，影响设备的正常工作。实验表明，对于计算机设备，当机房的相对湿度为 30%时，静电电压为 5000 V；当相对湿度为 20%时，静电电压就到了 10 000 V；而相对湿度降到 5%时，则静电电压高到 20 000 V。

3) 洁净度的影响

灰尘对信息设备、系统，特别是对精密机械设备和接插元件的影响较大。大量含导电性尘埃的灰尘落入设备内部，会使有关材料或设备的绝缘性能降低甚至造成短路。大量的

绝缘性尘埃落入设备时，可能引起接插件触点间接触不良。此外，尘埃落进接插件、磁盘机及其他外部设备的接触部分或传动部分将会使摩擦阻力增加，使设备的磨损加快，甚至发生卡死现象。

4. 防静电措施

不同物体间的相互摩擦、接触就会产生静电。静电放电现象在一定条件下可能会成为引火源，引起火灾的发生。静电对计算机、通信设备中的半导体器件会造成不良影响，特别在半导体器件的容量增大和体积减小时，静电过大会损坏半导体器件，特别是会损坏CMOS 电路为主组成的存储器件。

防静电措施主要有：机房的内装修材料采用乙烯材料；机房内安装防静电地板，并将地板和设备接地；机房内的重要操作台应有接地平板；工作人员的服装和鞋最好用低阻值的材料制作；机房内应保持一定湿度。

5. 接地与防雷

接地与防雷是保护通信网络系统和工作场所安全的重要安全措施。

接地是指整个通信网络系统中各处电位均以大地电位为零参考电位。接地可以为计算机系统的数字电路提供一个稳定的 0 V 参考电位，从而可以保证设备和人身的安全，同时也是防止电磁信息泄露的有效手段。接地的种类有保护地、直流地、屏蔽地、静电地和雷击地。

机房的接地系统是指通信系统本身和场地的各种地线系统的设计和具体实施。接地系统可分为：各自独立的接地系统，交、直流分开的接地系统，共地接地系统，直流地、保护地共用地线系统和建筑物内共地系统。

接地体的埋设是接地系统好坏的关键。通常使用的接地体有地桩、水平栅网、金属板、建筑物基础钢筋等。

防雷是指通过组成拦截、疏导最后泄放入地的一体化系统方式以防止由直击雷或雷电的电磁脉冲对建筑物本身或其内部设备造成损害的防护技术。机房的防雷措施有：机房外部防雷应使用接闪器、引下线和接地装置吸引雷电流，并为其泄放提供一条低阻值通道；机房内部防雷主要采取屏蔽、等电位连接、合理布线或防闪器、过电压保护等技术措施以及拦截、屏蔽、均压、分流、接地等方法，达到防雷的目的；机房的设备本身也应有避雷装置和设施。

6. 机房的防火、防水措施

机房内应有防火、防水措施。如机房内应有火灾、水灾自动报警系统；如果机房上层有用水设施则须加防水层；机房内应放置适用于机房的灭火器，并建立应急计划和防火制度等。

与机房安全相关的国家标准主要有：GB/T 2887—2011《计算机场地通用规范》、GB 50174—2008《电子信息系统机房设计规范》和 GB/T 9361—2011《计算站场地安全要求》。

机房建设应遵循国标 GB/T 2887—2011《计算机场地通用规范》和 GB/T 9361—2011《计算站场地安全要求》，满足防火、防磁、防水、防盗、防电击、防虫害等要求，并配备相应的设备。

3.1.2　通信线路安全

通信线路是信息传输的通道，会受到搭线窃听、中断或干扰的攻击。为保证通信线路的安全，可以采用以下技术。

1. 电缆加压技术

用一种简单的(但很昂贵)高技术加压电缆可以获得通信的物理安全。这种技术是若干年前专为美国国家电话系统研发的。通信电缆密封在塑料中，埋藏于地下，并在线的两端加压，线上连接了带有报警器的监视器用来测量压力。如果压力下降，则意味着电缆可能破损，维修人员将被派出寻找并修复出问题的电缆。电缆加压技术同时也提供了安全的通信线路。通信线路不是将电缆埋藏于地下，而是架设于整座楼中，每寸电缆都将暴露在外。如果有人企图割电缆，监视器会启动报警器，通知安全保卫人员电缆将被破坏。如果有人成功地在电缆上接上了自己的通信线，安全人员定期检查电缆的总长度就可以发现电缆拼接处。加压电缆是屏蔽在波纹铝钢包皮中的，因此几乎没有电磁辐射，如果要用电磁感应窃听，势必需用大量可见的设备。

2. 光纤通信技术

光纤是超长距离和高容量传输系统最有效的途径。从传输特性等分析，无论何种光纤都有传输频带宽、速率高、传输损耗低、传输距离远、抗雷电和电磁干扰、保密性强、不易被窃听或被截获数据、传输的误码率很低且可靠性高以及体积小、重量轻等特点。与双绞线或同轴电缆不同的是光纤不辐射能量，能够有效地阻止窃听。

光纤没有电磁辐射，所以不能用电磁感应窃听。光纤通信线曾被认为是不可搭线窃听的，其断破处易造成通信中断从而被立即检测到。然而，受光纤传输损耗的影响，光纤的最大长度有限，超出最大长度的光纤通信系统必须加中断器，这就需要将光信号转换成电脉冲，然后再恢复成光脉冲，继续通过线路传送。完成这一操作的设备(中继器)是光纤通信系统的安全薄弱环节，因为信号可能在该环节被搭线窃听。另一方面，现在针对光纤线路窃听的微弯技术可以在不影响光纤通信的同时截获到传输的光信号。

3. 电缆屏蔽技术

通信电缆采用电磁屏蔽技术可以大大降低电磁感应，提高抗干扰能力。例如，屏蔽式双绞线的抗干扰能力更强，对于干扰严重的区域应使用屏蔽式双绞线，并将其放在金属管内以增强抗干扰能力。

3.1.3　硬件设备安全

1. 硬件设备的管理和维护

网络系统的硬件设备一般价格昂贵，一旦被损坏而又不能及时修复可能会产生严重的后果。因此，必须加强对网络系统硬件设备的使用管理，坚持做好硬件设备的日常维护和保养工作。

1) 硬件设备的使用管理

(1) 严格按硬件设备的操作使用规程进行操作。

(2) 建立设备使用情况日志，并登记使用过程。

(3) 建立硬件设备故障情况登记表。

(4) 坚持对设备进行例行维护和保养，并指定专人负责。

2) 常用硬件设备的维护和保养

(1) 定期检查线缆连接的紧固性。

(2) 定期清除表面及内部的灰尘。

(3) 定期检查供电系统的各种保护装置及地线是否正常。

2. 电磁兼容和电磁辐射的防护

1) 电磁兼容和电磁辐射

电磁兼容性就是电子设备或系统在一定的电磁环境下互相兼顾、相容的能力。网络系统的各种电子设备在工作时都不可避免地会向外辐射电磁波，同时也会受到其他电子设备的电磁波干扰，当电磁干扰达到一定的程度就会影响设备的正常工作。

电磁干扰可通过电磁辐射和传导两条途径影响电子设备的工作。电子设备辐射的电磁波通过电路耦合到另一台电子设备中引起干扰，通过连接的导线、电源线、信号线等耦合而引起相互之间的干扰。

2) 电磁辐射防护的措施

对传导发射的防护主要采取对电源线和信号线加装性能良好的滤波器，减小传输阻抗和导线间的交叉耦合。对辐射的防护措施可分为两种：第一种是采用各种电磁屏蔽的防护措施，第二种是采用干扰的防护措施。

3. 信息存储媒体的安全管理

网络系统的信息要存储在某种媒体上，常用的存储媒体有硬盘、磁盘、磁带、打印纸和光盘等，要做好对它们的安全管理。

3.1.4 电源系统安全

网络主要设备对交流电源的质量要求十分严格，对交流电的电压和频率，对电源波形的正弦性，对三相电源的对称性，对供电的连续性、可靠性、稳定性和抗干扰性等各项指标都要求保持在允许偏差范围内。机房的供配电系统设计既要满足设备自身运转的要求，又要满足网络应用的要求，必须做到保证网络系统运行的可靠性，保证设备的设计寿命，保证信息安全，保证机房人员的工作环境安全。

1. 国内外关于电源的相关标准

电源系统电压的波动、浪涌电流和突然断电等意外情况的发生还可能引起计算机系统存储信息的丢失、存储设备的损坏等情况的发生，电源系统的安全是计算机网络系统物理安全的一个重要组成部分。国内外关于电源的主要相关标准如下：

(1) 直流电源的相关标准：IEC 478.1—1974《直流输出稳定电源术语》、IEC 478.2—1986《直流输出稳定电源额定值和性能》、IEC 478.3—1989《直流输出稳定电源传导电磁干扰的基准电平和测量》、IEC 478.4—1976《直流输出稳定电源除射频干扰外的试验方法》和 IEC 478.5—1993《直流输出稳定电源电抗性近场磁场分量的测量》。

(2) 交流电源的相关标准：国际电工委员会(IEC)于 1980 年颁布了 IEC 686—1980《交流输出稳定电源》。1994 年，原电子工业部颁布了电子行业标准 SJ/T 10541—1994《抗干扰型交流稳压电源通用技术条件》和 SJ/T 10542—1994《抗干扰型交流稳压电源测试方法》。

GB/T 2887—2011 和 GB/T 9361—2011 中也对机房安全供电做了明确的要求。国标 GB/T 2887—2011 将供电方式分为了三类：一类供电需建立不间断供电系统；二类供电需建立带备用的供电系统；三类供电按一般用户供电考虑。GB/T 9361—2011 中也对机房安全供电提出了要求。

2. 通信电源系统的安全

1) 通信电源的可靠供应

通信电源系统是对通信网络中各种通信设备及建筑负荷等提供电力的设备和系统。它主要由主备用发电系统、高压供电系统、变压器系统、不间断电源系统、直流系统、监控系统等多个子系统组成。保证通信电源的可靠供应对通信网络的安全十分重要。一是要采用多种供电手段保证供电不间断，二是要强化稳压并作为过压过流保护，三是要做好电源系统防雷接地等自身防护。

2) 电源系统对用电设备安全的潜在威胁

电源对用电设备安全的潜在威胁包括噪声、电磁辐射与干扰等。电源噪声，特别是瞬态噪声干扰，其上升速度快、持续时间短、电压振幅度高、随机性强，对微机和数字电路易产生严重干扰。而高电压电源会存在电磁辐射和干扰，对用电设备及操作人员的身体也有严重伤害。因此，要充分认识用电设备安全，做好相应防范。

3.2　路由器的安全技术

路由器是骨干网络数据通信的核心设备，是内部网络与外部网络通信的接口，因此，也自然成为防止外部网络攻击、保护内部网络安全最前沿、最关键的设备。如果路由器自身的安全都没有保障，整个网络也就毫无安全可言。因此必须对路由器进行合理规划、配置，采取必要的安全保护措施，避免因路由器自身的安全问题而给整个网络系统带来漏洞和风险。

3.2.1　路由器存在的安全问题及对策

目前路由器存在的安全问题主要包括身份问题、漏洞问题、访问控制问题、路由协议问题和配置管理问题等。保障路由器安全的对策如下。

1. 路由器口令的设置

路由器的口令分为端口登录口令、特权用户口令等。

使用端口登录口令可以登录到路由器，一般只能查看部分信息，而使用特权用户口令登录可以使用全部的查看、配置和管理命令。

特权用户口令只能用于在使用端口登录口令登录路由器后进入特权模式，不能用于端口登录。

提高路由器口令安全性的具体方法如下：

(1) 口令加密。在路由器默认设置中，口令是以纯文本形式存放的，这不利于保护路由器的安全。在路由器(如 Cisco 路由器)上可以对口令加密，这样其他人访问路由器时就

不能看到这些口令了。

(2) 设置端口登录口令。一般可以通过 Console 口(控制台端口)、Aux 口(辅助端口)和 Ethernet 口登录到路由器，这为网络管理员对路由器进行管理提供了很多方便，同时也给攻击者提供了可乘之机。因此，首先应该给相应的端口加上口令。要注意适当增加口令的长度以及混合使用数字、字母、符号等，以防止攻击者利用口令或默认口令进行攻击，不同的端口可以建立不同的认证方法。

(3) 加密特权用户口令。特权用户口令的设置可以使用 enable password 命令和 enable secret 命令。一般不用前者，该命令设置的口令可以通过软件破解，存在安全漏洞。enable secret 命令采用 MD5 算法对口令进行加密，执行了该命令后查看路由配置，将看到无论是否开启了口令加密服务，特权用户口令都自动被加密了。

(4) 防止口令修复。路由器断电重启后可以通过口令修复的方法清除口令。要注意路由器的物理安全，不要让管理员以外的人员随便接近路由器，否则攻击者从物理上接触路由器后就可以通过口令修复的方法清除口令，进而登录路由器并完全控制路由器，甚至控制整个网络。

实际应用中，在使用口令的基础上，还可以采取以下措施来加强路由器访问控制的安全性：将不使用的端口禁用、采用权限分级策略、控制连接的并发数目、采用访问列表控制访问的地址、采用 AAA 设置用户等。

2. 网络服务的安全设置

为了方便用户的应用和管理，路由器上提供了一些网络服务，但是由于一些路由器软件、网络协议的漏洞及人为配置错误等原因，有些服务可能会影响路由器和网络的安全，要遵循最小化服务原则，从网络安全角度应该禁止以下不必要的网络服务。

(1) HTTP 服务。使用 Web 界面来控制管理路由器为初学者提供了方便，但存在漏洞问题和用户口令明文传输等安全隐患，可以使用 no ip http server 命令禁止路由器的 HTTP 服务。如果必须使用 HTTP 服务来管理路由器，最好配合访问列表和 AAA 认证来做，严格过滤允许的 IP 地址。一般没有特殊需要就关闭 HTTP 服务。

(2) 一些默认状态下开启的服务。很多小服务(诊断服务端口)如 echo、chargen 等经常被利用来进行拒绝服务攻击；Finger 协议能够透露正在运行的系统进程、登录的用户名、用户空闲时间、终端的位置等敏感信息；使用 service tcp(udp)-small-servers 服务可以查看路由器诊断信息等。因此应该禁止一些默认状态下开启的不用的服务，如 service tcp-small-servers、service udp-small-servers、ip finger、service finger、ip bootp server、ip prox-arp 及 ip domain-lookup 等。

思科发现协议(Cisco Discovery Protocol，CDP)是用来获取相邻设备的协议地址以及发现这些设备的平台，就是说当思科的设备连接到一起时，不需要额外的配置，用 show cdp neighbor 就可以查看到邻居的状态(如 Cisco 设备、型号和软件版本等)，利用这个协议可以把不知道的整个网络拓扑完善出来，这给攻击者了解网络结构进行有针对性的攻击提供了方便。尤其是部分版本的 IOS 存在漏洞，其 CDP 协议会导致系统拒绝服务。

IP source-route 是一个全局配置命令，允许路由器处理带源路由选项标记的数据流。启用源路由选项后，源路由信息指定的路由使数据流能够越过默认的路由，这种包就可能绕过防火墙。因此应使用 no ip source-route 命令阻止路由器接收带源路由标记的包，将带有源路由选项的数据流丢弃，保证网络安全。

(3) 其他一些需要关闭的易受攻击的端口服务。Sumrf DoS 攻击以具有广播转发配置的路由器作为反射板，占用网络资源，甚至造成网络的瘫痪，应在每个端口应用 no ip directed-broadcast 命令，关闭路由器广播包的转发。此外，还应关闭 ICMP 网络不可达、IP 重定向、路由器掩码回应服务等，避免引发 ARP 欺骗、地址欺骗和 DDoS 攻击。

下面是一些常被攻击者利用的端口服务，需要进入相关端口后予以关闭。

① ip redirects：攻击者通过破坏路由表，利用此功能发起 DoS 攻击。

② ip unreachables：它是 Smurf DoS 攻击的形式。利用 ICMP 不可达可更改源地址为攻击设备地址。

③ ip mask-reply：它是 Smurf DoS 攻击的改进版，发起定向广播 DoS 攻击。它使用 ICMP 掩码答复消息，了解到设备的身份信息，利用漏洞攻击。

3. 保护内部网络 IP 地址

IP 数据包中包含源地址和目的地址，根据 IP 地址可以了解内部网络的主机信息和网络结构，并对其进行攻击。因此有必要在路由器上使用网络地址转换(Network Address Translation，NAT)技术将内部网络的 IP 地址隐藏，同时还可以缓解 IP 地址的匮乏问题。具体保护内部网络中地址的方法如下：

(1) 利用路由器的网络地址转换隐藏内部地址。网络地址转换属接入广域网技术，是一种将私有地址转化为合法 IP 地址的转换技术，它被广泛应用于各种类型 Internet 接入方式和各种类型的网络中。在路由器上设置 NAT 不但解决了 IP 地址不足的问题，而且由于可以动态改变通过路由器的报文源 IP 地址及目的 IP 地址，使离开及进入的 IP 地址与原来不同，即能够有效地隐藏内部网络的 IP 地址，避免来自网络外部的攻击。

(2) 利用地址解析协议防止盗用内部 IP 地址。通过地址解析协议可以固定地将 IP 地址绑定在某一 MAC(Media Access Control，介质访问控制)地址之上。MAC 地址是网卡出厂时写上的 48 位唯一的序列码，可以唯一标示网络上的物理设备。通过 IP 地址与 MAC 地址一对一绑定，可以有效防止 IP 地址被冒用。在路由器上进行 IP 地址与 MAC 地址绑定时，最好与访问控制列表一起使用。

4. 利用访问控制列表有效防范网络攻击

非法接入、报文窃取、IP 地址欺骗、拒绝服务攻击等来自网络层和应用层的攻击常常会使网络设备崩溃、网络资源耗尽，访问控制列表(ACL)在保障网络边际安全方面有着举足轻重的地位。

ACL 使用包过滤技术，在路由器上读取第三层及第四层数据包头中的信息，如源地址、目的地址、源端口、目的端口等，根据预先定义好的规则对包进行过滤，从而达到访问控制的目的。ACL 分为标准 ACL 和扩展 ACL(Extended ACL)两种。标准 ACL 只对数据包的源地址进行检查，扩展 ACL 对数据包中的源地址、目的地址、协议以及端口号进行检查。作为一种应用在路由器接口的指令列表，ACL 已经在一些核心路由交换机和边缘交换机上得到应用，从原来的网络层技术扩展为端口限速、端口过滤、端口绑定等二层技术，实现对网络各层面的有效控制。利用 ACL 可进行如下操作有效防范网络攻击：

(1) 利用 ACL 禁止 Ping 相关接口。对于网络设备，DDoS 攻击是最容易实施的攻击手段，如 Smurf DDoS 攻击就是用最简单的 Ping 命令来实现的。利用 IP 地址欺骗，再结合 Ping 就可实现 DDoS 攻击。例如，利用扩展 ACL 的“deny icmp any host 192.168.3.1 echo”命令，并设置 ACL 策略为进入(in)，就可有效禁止利用 Ping 经过 192.168.3.1 端口的 DDoS 攻击。

(2) 利用 ACL 防止 IP 地址欺骗。一些攻击者经常冒充园区网内网 IP 地址，它实际却是来自外部的包，待获得一定的服务权限后进行网络攻击。除了内网私有地址外，假冒地址还有环回地址(127.0.0.0/8)、DHCP 自定义地址(169.254.0.0/16)、不用的组播地址(224.0.0.0/4)和全网络地址(0.0.0.0/8)等。一方面，需要通过 ACL 设置，在路由器与外网连接的进入方向过滤掉非公有地址对内部网络的访问。另一方面，还应采用 ACL 限制流出内部网络的地址必须是属于内部网络的，也就是防止内部对外部进行 IP 地址欺骗，也可以通过路由器 log 日志查看内部网络中哪些用户试图进行 IP 地址欺骗，针对性地设置防 IP 地址欺骗的 ACL。

(3) 利用 ACL 防止 SYN 攻击。目前，一些路由器的软件平台可以开启 TCP 拦截功能防止 SYN 攻击，工作模式分拦截和监视两种，默认情况下是拦截模式。

拦截模式是指路由器响应到达的 SYN 请求，并且代替服务器发送一个 SYN-ACK 报文，然后等待客户机 ACK。如果收到 ACK，再将原来的 SYN 报文发送到服务器。

监视模式是指路由器允许 SYN 请求直接到达服务器，如果这个会话在 30 s 内没有建立起来，路由器就会发送一个 RST 以清除这个连接。

为完成上述配置，首先要配置访问列表，设置需要保护的 IP 地址，其命令如下：

Access list [1-199] [deny | permit] tcp any destination destination -wildcard

然后用这些命令开启 TCP 拦截 Ip tcp intercept mode intercept、Ip tcp intercept list access list-number 和 Ip tcp intercept mode watch。

(4) 利用 ACL 防范网络病毒攻击。各种网络病毒往往是使用具有病毒特征的 TCP 或 UDP 端口对用户发起攻击。例如，冲击波病毒使用 TCP 135、139、445、593 等端口对用户发起攻击；振荡波病毒使用 TCP 445、5554、9996 等端口对用户发起攻击；SQL 蠕虫病毒使用 TCP 1433、UDP 1434 等端口对用户发起攻击。基于 ACL 的网络病毒过滤技术在一定程度上可以把病毒拒之门外，较好地保护内网用户免遭外界病毒的干扰。

5. 防止包嗅探

攻击者经常将嗅探软件安装在已经侵入的网络上的计算机内，监视网络数据流，从而盗窃密码。被盗窃的密码包括 SNMP 通信密码，也包括路由器的登录和特权密码，这样可以冒充网络管理员进行操作而影响网络的安全性。在不可信任的网络上不要用非加密协议登录路由器。如果路由器支持加密协议，要使用 SSH 或支持 Kerberos 的 Telnet，或使用 IPSec 加密路由器所有的管理流。

6. 校验数据流路径的合法性

使用 RPF(Reverse Path Forwarding，反相路径转发)，由于攻击者地址是违法的，攻击包被丢弃，从而达到抵御 Spoofing 攻击的目的。RPF 的配置命令为“ip verify unicast rpf”。需要注意的是路由器需要支持 CEF(Cisco Express Forwarding)快速转发。

7. 为路由器间的协议交换增加认证功能，提高网络安全性

路由器的一个重要功能是路由的管理和维护。目前具有一定规模的网络都采用动态的路由协议，常用的路由协议有 RIP、EIGRP、OSPF、IS-IS、BGP 等。当一台设置了相同路由协议和相同区域标识符的路由器加入网络后会学习网络上的路由信息表。但此种方法可能导致网络拓扑信息泄露，也可能由于向网络发送自己的路由信息表，扰乱网络上正常工作的路由信息表，严重时可以使整个网络瘫痪。这个问题的解决办法是对网络内的路由器之间相互交流的路由信息进行认证。当路由器配置了认证方式，就会鉴别路由信息的收发方。鉴别方式有纯文本方式和 MD5 方式两种，其中纯文本方式安全性低，建议使用 MD5 方式。

8. 使用安全的 SNMP 管理方案

SNMP 广泛应用在路由器的监控、配置方面。SNMP Version 1 在穿越公网的管理应用方面安全性低，不适合使用。利用访问列表仅仅允许来自特定工作站的 SNMP 访问，通过这一功能可以提升 SNMP 服务的安全性能。其配置命令为“snmp-server community xxxxx RW xx”，其中，xx 是访问控制列表号。SNMP Version 2 使用 MD5 数字身份鉴别方式。不同的路由器设备配置不同的数字签名密码，这是提高整体安全性能的有效手段。

3.2.2　路由器的安全配置案例

【案例 1】 利用 IP 标准访问列表进行网络流量的控制

IP ACL(IP 访问控制列表或 IP 访问列表)可对流经路由器或交换机的数据包根据一定的规则进行过滤，从而提高网络可管理性和安全性。IP ACL 分为两种：标准 IP 访问列表和扩展 IP 访问列表。标准 IP 访问列表可以根据数据包的源 IP 地址定义规则，进行数据包的过滤。扩展 IP 访问列表可以根据数据包的源 IP、目的 IP、源端口、目的端口和协议来定义规则，进行数据包的过滤。

IP ACL 基于接口进行规则的应用，分为入栈应用和出栈应用。入栈应用是指由外部经该接口进行路由器的数据包的过滤。出栈应用是指路由器从该接口向外转发数据时进行数据包的过滤。

IP ACL 的配置有两种方式：按照编号的访问列表和按照命名的访问列表。标准 IP 访问列表编号范围是 1～99、1300～1999，扩展 IP 访问列表编号范围是 100～199、2000～2699。

如图 3-1 所示，以某公司的网络为例，公司的经理部、财务部门和销售部门分属不同的 3 个网段，经理部的网段为 172.16.2.0，销售部门的网段为 172.16.1.0，财务部门的网段为 172.16.4.0，三部门之间用路由器进行信息传递。为了安全起见，公司领导要求销售部门不能对财务部门进行访问，但经理部可以对财务部门进行访问。

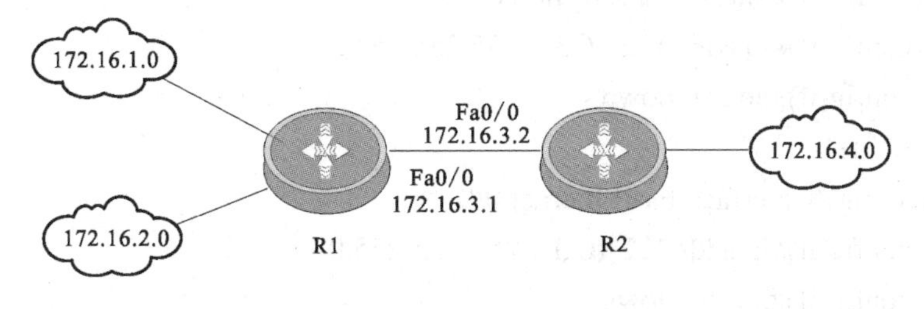

图 3-1　某公司网络拓扑图(案例 1)

采用配置方案与配置过程如下：

(1) 路由器口令安全配置。

Cisco 路由器上可以对口令加密，配置命令如下：

```
Router>enable
Router#conf t
Router(config) #hostname R1
R1(config)#service password-encryption
R1(config)#enable secret XXXXXX
```

前一条命令告诉 IOS 如何对存放在配置文件中的密码、CHAP secrets 和其他数据进行加密，但使用的加密算法比较简单，安全性不高，所以关键密码最好不要使用此命令加密。后一条命令用于为 IOS 的特权用户设置加密密码，它使用比较好的 MD5 算法对口令进行散列处理，所以关键密码应采用此加密方法。

设置端口登录口令与配置命令如下：

```
R1(config)#line VTY 0 4
R1(config-line)#login
R1(config-line)#password XXXXXX
R1(config-line)#exit
R1(config)#line aux 0
R1(config-line)#login
R1(config-line)#password YYYYYY
R1(config-line)#exit
R1(config)#line con 0
R1(config-line)#login
R1(config-line)#password ZZZZZZ
R1(config-line)#exit
R1(config)#
```

以上命令分别设置了 Telnet(虚拟终端)、Aux(远程拨号)、Console(控制台)等不同访问方式的登录口令。

按照同样配置方式完成对 R2 的配置。

(2) 路由器基本配置。

配置 R1 接口：

```
R1 (config-if)#interface FastEthernet0/0
R1 (config-if)#ip addr 172.16.3.1 255.255.255.0
R1 (config-if)#no shutdown
```

配置 R2 接口：

```
R2(config)# interface FastEthernet 0/0
R2 (config-if)#ip addr 172.16.3.2 255.255.255.0
R2 (config-if)#no shutdown
```

```
R2 (config-if)#exit
R2 (config)#interface FastEthernet 0/1
R2 (config-if)#ip addr 172.16.4.1 255.255.255.0
R2 (config-if)#no shutdown
R2 (config-if)#end
```

(3) 配置路由。

```
R1(config)#ip route 0.0.0.0 0.0.0.0 172.16.3.2
R2(config)#ip route 0.0.0.0 0.0.0.0 172.16.3.1
```

(4) 配置标准 IP 访问控制列表。

```
R2(config)#access-list 10 deny 172.16.1.0 0.0.0.255
R2(config)#access-list 10 permit 172.16.2.0 0.0.0.255
R2(config)# interface FastEthernet 0/1
R2(config-if)#ip access-group 10 out
```

(5) 验证测试。

在没有配置 ACL 时，可以使用原地址为 172.16.1.1，目标地址为 172.16.4.10(此为连接到 R2 接口 fa0/1 的一台主机)进行 Ping 通信，如下所示：

```
R1#ping
Protocol [ip]:
Target IP address: 172.16.4.1
Repeat count [5]:
Datagram size [100]:
Timeout in seconds [2]:
Extended commands [n]: y
Source address:172.16.1.1
Time to Live [1, 64]:
Type of service [0, 31]:
Data Pattern [0xABCD]:0xabcd
Sending 5, 100-byte ICMP Echoes to 172.16.4.1, timeout is 2 seconds: < press Ctrl+C
to break >
!!!!!
Success rate is 100 percent (5/5), round-trip min/avg/max = 1/1/1 ms
```

配置 ACL 后的测试如下所示：

```
R1#ping
Protocol [ip]:
Target IP address: 172.16.4.10
Repeat count [5]:
Datagram size [100]:
Timeout in seconds [2]:
```

Extended commands [n]: y

Source address:172.16.1.1

Time to Live [1, 64]:

Type of service [0, 31]:

Data Pattern [0xABCD]:0xabcd

Sending 5, 100-byte ICMP Echoes to 172.16.4.10, timeout is 2 seconds: < press Ctrl+C to break >

...

Success rate is 0 percent (0/5)

R1#ping

Protocol [ip]:

Target IP address: 172.16.4.10

Repeat count [5]:

Datagram size [100]:

Timeout in seconds [2]:

Extended commands [n]: y

Source address:172.16.2.1

Time to Live [1, 64]:

Type of service [0, 31]:

Data Pattern [0xABCD]:0xabcd

Sending 5, 100-byte ICMP Echoes to 172.16.4.10, timeout is 2 seconds:< press Ctrl+C to break >

!!!!!

Success rate is 100 percent (5/5), round-trip min/avg/max = 1/2/10 ms

Ping 结果表明，172.16.2.0 网段的主机不能 Ping 通 172.16.4.0 网段的主机，172.16.1.0 网段的主机能 Ping 通 172.16.4.0 网段的主机。

R2#show access-lists

ip access-list standard 10

10 deny 172.16.1.0 0.0.0.255

20 permit 172.16.2.0 0.0.0.255

35 packets filtered

R2#sh ip access-group interface fa0/1

ip access-group 10 out

Applied On interface FastEthernet 0/1

注意：

(1) 访问控制列表的网络掩码是反掩码。

(2) 标准控制列表要应用在尽量靠近目的地址的接口。

【案例 2】 利用动态 NAPT 实现隐藏内网地址

NAT(网络地址转换或网络地址翻译)是指将网络地址从一个地址空间转换为另一个地址空间的行为。NAT 将网络划分为内部网络(Inside)和外部网络(Outside)两部分。局域网主机利用 NAT 访问网络时，是将局域网内部的本地地址转换为全局地址(互联网合法 IP 地址)后转发数据包。

NAT 分为两种类型：NAT(网络地址转换)和 NAPT(网络地址端口转换)。NAT 是实现转换后一个本地 IP 地址对应一个全局地址。NAPT 是实现转换后多个本地 IP 地址对应一个全局 IP 地址。目前网络中由于公网 IP 地址紧缺，而局域网主机数较多，因此一般使用动态的 NAPT 实现局域网多台主机共用一个或少数几个公网 IP 访问互联网。

以某公司的网络安全需求为例，该公司需要对外隐藏自己内网的地址及拓扑。本案例中公司对外访问的网络结构如图 3-2 所示。配置方案和配置过程如下，其中路由器口令案例配置同案例 1，此处略去。

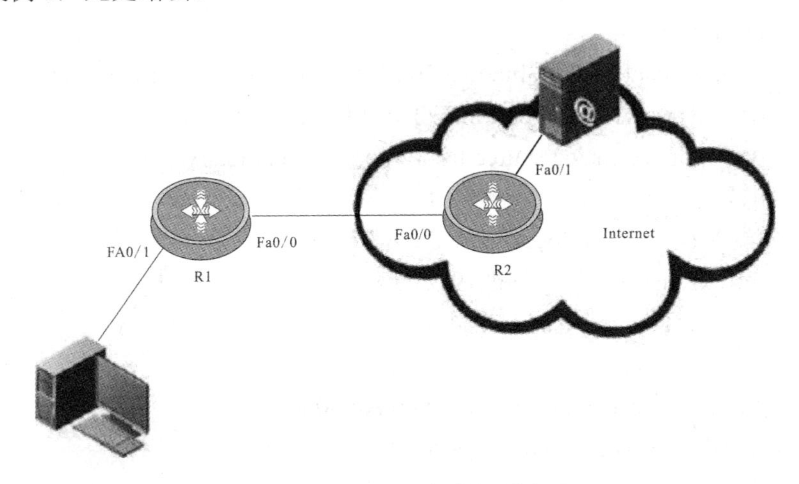

图 3-2　某公司网络拓扑图(案例 2)

(1) 路由器基本配置。

```
R1 (config)#interface fastEthernet 0/1
R1 (config-if)#ip address 172.16.1.1 255.255.255.0
R1 (config-if)#no shutdown
R1 (config-if)#exit
R1 (config)#interface fastEthernet 0/0
R1 (config-if)#ip address 200.1.8.7 255.255.255.0
R1 (config-if)#no shutdown
R1 (config-if)#exit
R2(config)#interface fastEthernet 1/0
R2 (config-if)#ip address 63.19.6.1 255.255.255.0
R2 (config-if)#no shutdown
R2 (config-if)#exit
R2 (config)#interface fastEthernet 0/0
```

```
R2 (config-if)#ip address 200.1.8.8 255.255.255.0
R2 (config-if)#no shutdown
R2 (config-if)#end
```

(2) 配置默认路由。

```
R1(config)#ip route 0.0.0.0 0.0.0.0 200.1.8.8
R2 (config)# ip route 0.0.0.0 0.0.0.0 200.1.8.7
```

(3) 配置动态 NAPT 映射。

```
R1(config)#interface fastEthernet 0/1
R1 (config-if)#ip nat inside
R1 (config-if)#exit
R1 (config)#interface fastEthernet 0/0
R1 (config-if)#ip nat outside
R1 (config-if)#exit
R1 (config)#ip nat pool to_internet 200.1.8.7 200.1.8.7 netmask 255.255.255.0
R1 (config)#access-list 10 permit 172.16.1.0 0.0.0.255
R1 (config)#ip nat inside source list 10 pool to_internet overload
```

(4) 验证测试。

① 在路由器 R2 上配置 Telnet 服务。

② 在 PC 中用 Telnet 测试访问 63.19.6.1 路由器。

③ 在路由器 lan-router 查看 NAPT 映射关系。

```
R1#sh ip nat statistics
Total translations: 1, max entries permitted: 30000
Peak translations: 1 @ 00:02:50 ago
Outside interfaces: FastEthernet 0/0
Inside interfaces: FastEthernet 0/1
Rule statistics:
[ID: 1] inside source dynamic
hit: 21
match (after routing):
ip packet with source-ip match access-list 10
action :
translate ip packet's source-ip use pool to_internet
R1#show ip nat translations
Pro Inside global Inside local Outside local Outside global
tcp 200.1.8.7:1025 172.16.1.10:1025 63.19.6.1:23 63.19.6.1:23
```

注意：

(1) 不要把 inside 和 outside 应用的接口弄错。

(2) 要加上能使数据包向外转发的路由，如默认路由。

3.3　交换机的安全技术

在一个园区网络中，交换机作为内部网络的核心和骨干，无论是处于数据交换枢纽的核心汇聚交换机，还是直接面对用户的接入交换机，其安全性都对整个内部网络的安全发挥着举足轻重的作用。

3.3.1　交换机存在的安全问题及对策

交换机最大的安全隐患在于交换机端口随意的物理接入和交换机缺乏有效控制的安全登录行为。目前市面上的大多数二层、三层交换机都具有丰富的安全功能，可以满足各种应用对交换机安全的需求。应对交换机存在的安全问题的对策如下。

1. 利用交换机端口安全技术限制端口接入的随意性

交换机端口物理接入的随意性主要体现在用户将一台来历不明、非法或未经授权的计算机随意连接到交换机的一个端口，或者用户使用来历不明、非法或未经授权的交换机或 HUB 随意连接到交换机的一个端口，以便连入更多的非法计算机。这样大大增加了在局域网进行内部攻击(如 MAC 地址攻击、ARP 攻击、IP/MAC 地址欺骗等)的风险，从而容易对网络设备造成破坏。因此需要对交换机端口进行安全地址绑定，限制交换机端口的最大连接数，以便只允许特定 MAC 地址的设备接入到网络中，同时防止用户将过多的设备接入网络。当交换机完成端口安全配置(Switchport Port-Security)后，如果有违例产生，交换机将丢弃接收到的帧(MAC 地址不在安全地址表中)，或发送一个 SNMP Trap 报文，再或关闭该端口。

目前大多数二层、三层交换机都具有这种端口安全功能，即将 MAC 地址锁定在端口上，以阻止非法的 MAC 地址连接网络。这样的交换机能设置一个安全地址表并提供基于该地址表的过滤，也就是说只有在地址表中的 MAC 地址发来的数据包才能在交换机的指定端口进行网络连接，否则不能进行网络连接。

2. 利用虚拟局域网技术限制局域网广播及 ARP 攻击范围

以太网是基于 CSMA/CD 机制的网络，不可避免地会产生包的广播和冲突。而数据广播会占用带宽，也影响安全。在网络比较大、比较复杂时有必要使用虚拟局域网(VLAN)技术来减少网络中的广播，同时 VLAN 还能有效地将 ARP 攻击限制在最小范围内。

采用 VLAN 技术基于一个或多个交换机的端口、地址或协议将本地局域网从逻辑上划分成若干个组。每个组形成一个对外界封闭的用户群，它具有自己的广播域，组内广播的数据流只发给组内用户，不同 VLAN 间不能直接进行通信，组间通信需要通过三层交换机或路由器来实现，从而增强了局域网的安全性。

3. 强化 Trunk 端口设置避免利用封装协议缺陷实行 VLAN 的跳跃攻击

VLAN 交换机中端口有两种工作状态：一种是 Access 状态，也就是用户主机接入时所需要的端口状态；另一种是 Trunk 状态，主要用于跨交换机的相同 VLAN_ID 之间的 VLAN

通信。

Access 状态一般被称为正常状态，这种状态的接口接入主机后，能够发送和接收正常的数据帧，非正常的数据帧将会被直接丢弃，因此对攻击者的攻击往往没有什么意义，能引起的安全问题很少。而另一种状态 Trunk 则会引起较多的安全问题。

干道技术(Trunking)是通过两个设备之间点对点的连接来承载多个 VLAN 数据传输的一种方法，也就是需要将接口的工作模式设置成干道模式(Trunk Mode)，让它来承载非标准以太网帧跨越多个交换机的传递。此处标准帧指未添加 VLAN_ID 的正常数据帧，而非标准帧指添加了 VLAN_ID 的帧。封装 VLAN 信息的协议有两个，一是 Cisco 私有的 ISL(Inter-Switch Link)，二是作为国际标准的 IEEE 802.1Q(俗称 dot 1Q)。802.1Q 和 ISL 标记攻击就是利用实施 Trunk 时使用的这两个协议的缺陷来实现的。

在实施 Trunk 时，可以不进行任何命令的操作即可完成跨交换机的相同 VLAN_ID 之间的通信。这是因为有 DTP(Dynamic Trunk Protocol)，也就是在所有的接口上默认使用如下命令：

```
switch(config-if)#switchport mode (dynamic desirable)
```

这条命令使所有的接口都处于自适应的状态，会根据对方的接口状态来发生自适应的变化。对方是 Access，就设置自己为 Access；对方是 Trunk，就设置自己为 Trunk。除了 desirable 这个参数以外，还有一个和它功能比较相似的参数——auto。这两个参数其实都有自适应的功能，唯一不同在于是否是主动地发出 DTP 的包，也就是说是否主动地和对方进行端口状态的协商。desirable 能主动发送和接收 DTP 包，积极和对方进行端口的商讨，不会去考虑对方的接口是否是有效的工作接口，而 auto 只能被动地接收 DTP 包，如果对方不能发送 DTP 消息，则永远不会完成数据通信。但这两个参数实际上所产生的安全隐患是一样的。VLAN 跳跃攻击往往是对方将自己的接口设为主动自适应状态，那么不管用哪个参数，其结果是完全一样的，都会因为对方接口状态而发生变化。这样的两个参数本意是为给网络管理人员减轻工作负担，加快 VLAN 的配置而产生的。但随着网络的不断发展，针对这个特性而引发的安全隐患(比如 VLAN 的跳跃攻击就是利用了这个特性)越来越引起关注。

要解决这个安全隐患，需要进行以下操作：

(1) 将交换机的所有接口都强制设为 Access 状态。这样做的目的是当攻击者设定自己的接口为 desirable 状态时，所得到的结果都是 Access 状态，使攻击者没法利用交换机上的空闲端口伪装成 Trunk 端口，进行局域网攻击。

(2) 在需要成为 Trunk 的接口上设置 Trunk 模式(Switchport Mode Trunk)，就是强制使端口的状态成为 Trunk，不会去考虑对方接口状态，也就是说不管对方的接口是什么状态，接口都是 Trunk。需要注意，这条命令仅仅在 Trunk 的真实接口上设置，使接口在状态上是唯一的，这样可控性明显增强了。

(3) 在 Trunk 的接口上再使用命令“switchport trunk allowed vlan 10，20，30”。这条命令定义了在这个 Trunk 的接口只允许“VLAN 10，20，30”的数据从此通过。如果还有其他 VLAN 存在，它们的数据将不能通过这个 Trunk 接口。这样允许哪些 VLAN 通过，哪些不能通过就很容易实施。通过这种简单控制数据流向的方法即可达到安全的目的。

完成上述用于提升 VLAN 安全性的三条措施后，所有这些接口已经具备了较高的安全性，而与此同时，DTP 协议依旧在工作。

在配制 VLAN 时，还可以实施命令“Switchport nonegotiate”，意思就是不协商。它彻底地将发送和接收 DTP 包的功能完全关闭。在关闭 DTP 协议后，该接口的状态将永远稳定成 Trunk，接口的状态达到了最大的稳定性，最大化避免了攻击者的各种试探努力。

在 802.1Q 的 Trunk 中还有一个相关的安全问题，那就是 Native VLAN。众所周知，Cisco 的 Catalyst 系列的交换机中有几个默认的 VLAN，其中最重要的一个就是 VLAN 1。

默认情况下，交换机的所有以太网接口都属于 VLAN 1，而且在配置二层交换机上的 IP 地址时，也是在 VLAN 1 这个接口下完成的。在 802.1Q 的干道协议中，每个 802.1Q 封装的接口都被作为干道使用，这种接口都有一个 Native VLAN 并被分配 Native VLAN ID(默认是 VLAN 1)，802.1Q 不会被标记属于 Native VLAN 的数据帧，而所有未被标记 VLAN 号的数据帧都被视为 Native VLAN 的数据。那么 VLAN 1 作为默认的 Native VLAN，在所有的交换机上都是相同的。因此由 Native VLAN 引起的安全问题在局域网中必须引起重视。这个安全隐患的解决办法就是更改默认 Native VLAN，可以用命令“switchport trunk native vlan 99”来实现。这条命令需要在一个封装了 801.1Q 的接口下输入，它将默认的 Native VLAN 更改为 VLAN 99。执行这条命令后，Native VLAN 不相同的交换机将无法通信，增加了交换机在划分 VLAN 后的安全性。

4. 使用交换机包过滤技术增加网络交换的安全性

随着三层及三层以上交换技术的应用，交换机除了对 MAC 地址过滤之外，还支持包过滤技术，能对网络地址、端口号或协议类型进行严格检查。根据相应的过滤规则，允许或禁止从某些节点来的特定类型的 IP 包进入局域网交换，这样就扩大了可选择的范围，增加了过滤的灵活性和网络交换的安全性。

5. 使用交换机的安全网管

为了方便远程控制和集中管理，中高端交换机通常都提供了网络管理功能。在网管型交换机中，要考虑的是其网管系统与交换系统是否相互独立，当网管系统出现故障时，不能影响网络的正常运行。

此外，交换机的各种配置数据必须有保护措施，如修改默认口令和修改简单网络管理协议(Simple Network Management Protocol，SNMP)密码字，以防止未授权的修改。

6. 使用交换机集成的入侵检测技术

由于网络攻击可能来源于内部可信任的地址，或者通过地址伪装技术欺骗 MAC 地址过滤，因此仅依赖于端口和地址的管理是无法杜绝网络入侵的。入侵检测系统是增强局域网安全必不可少的部分。

高端交换机已经将入侵检测代理或微代码增加在交换机中以加强其安全性。集成入侵检测技术目前遇到的一大困难是如何跟上高速的局域网交换速度。

7. 使用交换机集成的用户认证技术

目前一些交换机支持 PPP、Web 和 802.1x 等多种认证方式。802.1x 适用于接入设备与接入端口间点到点的连接方式，其主要功能是限制未授权设备通过以太网交换机的公共端口访问局域网，结合认证服务器和计费服务器可以完成用户的完全认证和计费。

目前一些交换机结合认证服务系统可以做到基于交换机、交换机端口、IP 地址、MAC 地址、VLAN、用户名和密码 6 个要素相结合的认证，基本解决了 IP 地址被盗用、用户密码被盗用等安全问题。

3.3.2 交换机的安全配置

前面所述提高路由器登录口令安全性的措施也适用于可网管的交换机。除此之外，交换机还支持配置端口安全功能。

交换机端口安全功能是指针对交换机的端口进行安全属性的配置，从而控制用户的安全接入。交换机端口安全主要有两种类型：一是限制交换机端口的最大连接数，二是针对交换机端口进行 MAC 地址、IP 地址的绑定。限制交换机端口的最大连接数可以控制交换机端口下连的主机数，并防止用户进行恶意的 ARP 欺骗。交换机端口的地址绑定可以针对 IP 地址、MAC 地址和 IP + MAC 进行灵活的绑定，可以实现对用户进行严格的控制，保证用户的安全接入和防止常见的内网的网络攻击(如 ARP 欺骗、IP 地址欺骗、MAC 地址欺骗和 IP 地址攻击等)。

配置交换机的端口安全功能后，当实际应用超出配置的要求，将产生一个安全违例。对安全违例的处理方式有以下三种：

(1) Protect：当安全地址个数满后，安全端口将丢弃未知名地址(不是该端口的安全地址中的任何一个)的包。

(2) Restrict：当违例产生时，将发送一个 Trap 通知。

(3) Shutdown：当违例产生时，将关闭端口并发送一个 Trap 通知。

当端口因为违例而被关闭后，在全局配置模式下使用命令 errdisable recovery 将接口从错误状态中恢复过来。

【案例 3】 交换机端口的安全配置

假设作为某公司的网络管理员，公司要求对网络进行严格控制。本案例中公司的网络结构如图 3-3 所示。为了防止公司内部用户的 IP 地址冲突，防止公司内部的网络攻击和破坏行为，为每一位员工分配了固定的 IP 地址，并且限制只允许公司员工主机使用网络，不得随意连接其他主机。例如，某员工分配的 IP 地址是 172.16.1.55/24，主机 MAC 地址是 00-06-1B-DE-13-B4，该主机连接在 1 台交换机上。

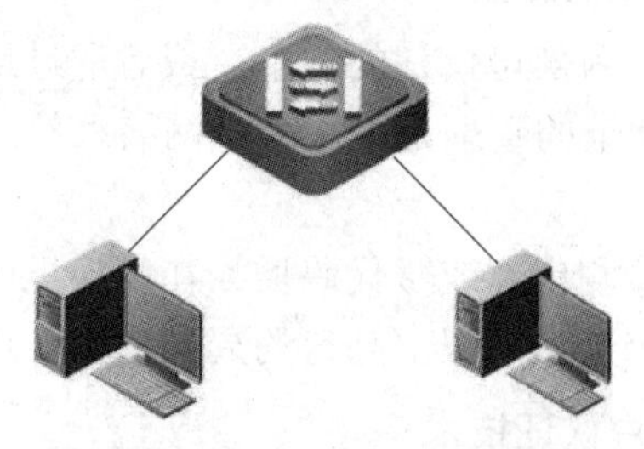

图 3-3 某公司网络拓扑图(案例 3)

安全需求：针对交换机的所有端口，配置最大连接数为 1，针对 PC1 主机的接口进行 IP + MAC 地址绑定。

配置方案和配置过程如下：

(1) 配置交换机端口的最大连接数限制。

SWITCH#configure terminal
SWITCH(config)#interface range fastethernet 0/1-23
SWITCH(config-if-range)#switchport port-security
SWITCH(config-if-range)#switchport port-secruity maximum 1
SWITCH(config-if-range)#switchport port-secruity violation shutdown

(2) 验证交换机端口的最大连接数限制。

SWITCH#sh port-security
Secure Port　MaxSecureAddr(count)　CurrentAddr(count)　Security Action
------------------------ -------------------- ------------------ ----
FastEthernet 0/1 1 0 Shutdown
FastEthernet 0/2 1 0 Shutdown
FastEthernet 0/3 1 0 Shutdown
FastEthernet 0/4 1 0 Shutdown
FastEthernet 0/5 1 0 Shutdown
…
FastEthernet 0/22 1 0 Shutdown
FastEthernet 0/23 1 0 Shutdown
SWITCH#show port-security interface fastEthernet 0/1
Interface : FastEthernet 0/1
Port Security : Enabled
Port status : up
Violation mode : Shutdown
Maximum MAC Addresses : 1
Total MAC Addresses : 0
Configured MAC Addresses : 0
Aging time : 0 mins
SecureStatic address aging : Disabled

(3) 配置交换机端口的 MAC 与 IP 地址绑定。

SWITCH#configure terminal
SWITCH(config)#interface fastethernet 0/3
SWITCH(config-if)#switchport port-security
SWITCH(config-if)#switchport port-security mac-address 0006.1bde.13b4 ip-address 172.16.1.55

(4) 查看地址安全绑定配置。

SWITCH#sh port-security address all
Vlan Port　Arp-Check　Mac Address　IP Address　Type　Remaining Age(mins)
---- ---------------------- ---------- -------------- ------------------
1　FastEthernet 0/3　Disabled　0006.1bde.13b4 172.16.1.55 Configured

```
SWITCH#sh port-security address interface fa0/3
Vlan Port    Arp-Check    Mac Address    IP Address    Type    Remaining Age(mins)
---- ---------------------- ---------- -------------- -----------------
1    0006.1bde.13b4    172.16.1.55    Configured    FastEthernet 0/3    –
```

(5) 配置交换机端口的 IP 地址绑定。

```
SWITCH(config)#int fastEthernet 0/2
SWITCH(config-if)#switchport port-security ip-address 10.1.1.1
SWITCH#show port-security address all
Vlan Port    Arp-Check    Mac Address    IP Address    Type    Remaining Age(mins)
---- ---------------------- ---------- -------------- --------------- --
1    FastEthernet 0/2    Disabled        10.1.1.1    Configured -
1    FastEthernet 0/3    Disabled    0006.1bde.13b4    172.16.1.55    Configured    -
```

注意：

(1) 交换机端口安全功能只能在 Access 接口进行配置。

(2) 交换机最大连接数限制取值范围是 1～128，默认是 128。

(3) 交换机最大连接数限制默认的处理方式是 Protect。

3.4　操作系统与服务器安全

操作系统是各种工作站、服务器上的基本软件。服务器的安全首先是物理安全，然后是操作系统的安全和服务软件的安全。下面以 Windows 操作系统为例说明操作系统的安全问题，以 Web 服务器为例说明服务器软件系统的安全问题。

3.4.1　Windows 操作系统的安全

作为操作系统特别是网络操作系统，在设计中采用了一系列的安全技术，如登录、访问控制、PKI 证书、加密的文件系统、防火墙，甚至还有杀毒软件。在设备安全方面，操作系统的安全主要是安全配置和安全管理。这里以 Windows 为例说明操作系统安全配置和安全管理。保护 Windows 操作系统安全的方法如下。

1. 限制用户数量

(1) 去掉所有的测试账户、共享账号和普通部门账号等。用户组策略设置相应权限，并且经常检查系统的账号，删除已经不适用的账号。

(2) 在“计算机管理”中禁用 Guest 账号，任何时候不允许 Guest 账号登录系统。为了保险起见，最好给 Guest 账号加上一个复杂的密码，并且修改 Guest 账号属性，设置拒绝远程访问。

(3) 很多账号不利于管理员管理，而黑客在账号多的系统中可利用的账号也就更多，所以应合理规划系统中的账号分配。

(4) 取消默认系统账号。

2. 管理员账号设置

(1) 管理员不应该经常使用管理者的 Administrator 账号登录系统，这样有可能被一些能够查看 Winlogon 进程中密码的软件窥探到，应该为自己建立普通账号来进行日常工作。管理员账号一旦被入侵者得到，拥有备份的管理员账号还可以有机会得到系统管理员权限，不过因此也带来了多个账号的潜在安全问题。

(2) 在 Windows 2000 与 Windows XP 系统中管理员 Administrator 账号是不能被停用的，这意味着攻击者可以一再尝试猜测此账户的密码，把管理员账户改名可以有效防止这一情况发生。

(3) 不要将管理员账号改为与 Admin 类似的名称，应尽量将其伪装为普通用户。

(4) 在更改了管理员账号的名称后，可以建立一个名为 Administrator 的普通用户，将其权限设置为最低，并且加上一个 10 位以上的复杂密码，借此花费入侵者的大量时间，并且发现其入侵企图。这样的账号叫作陷阱账号。

3. 使用安全口令

安全期内无法破解出来的口令就是安全口令。也就是说，如果设置了安全口令，就算获取了口令文档，也必须花费 42 天或者更长的时间才能破解(Windows 安全策略默认 42 天更改一次口令)，因此应强制使用安全口令。

4. 使用屏幕保护/屏幕锁定口令

屏幕保护与屏幕锁定是防止内部人员破坏服务器的一道屏障。在管理员离开时，应该手动或自动加载屏幕保护，退出屏幕保护时进入屏幕锁定要求输入安全口令恢复桌面。

5. 安全文件管理

(1) 尽量使用 NTFS 分区。比起 FAT 文件系统，NTFS 文件系统可以提供权限设置、加密等更多的安全功能。

(2) 修改共享目录默认控制权限。将共享文件的权限从“Everyone”更改为“授权用户”，“Everyone”意味着任何有权进入网络的用户都能够访问这些共享文件。

(3) 消除默认安装目录。

6. 安装防病毒软件

Windows 操作系统没有附带杀毒软件，一个好的杀毒软件不仅能够杀除一些病毒程序，还可以查杀大量的木马和黑客工具。安装了杀毒软件，那些著名的木马程序就毫无用武之地了，同时一定要注意经常升级病毒库。

7. 做好备份盘的安全

一旦系统资料被黑客破坏，备份盘将是恢复资料的唯一途径。备份资料后，把备份盘放在安全的地方，不能把备份放置在当前服务器上，那样就失去了备份的意义。

8. 定期查看日志

日志文件有应用程序日志、安全日志、系统日志、DNS 等服务日志，它们的默认位置在系统安装目录的 system32\config 下。日志文件保存目录详细描述如下：

安全日志文件：系统安装目录\system32\config\SecEvent.EVT。

系统日志文件：系统安装目录\system32\config\SysEvent.EVT。

应用程序日志文件：系统安装目录\system32\config\AppEvenI.EVT。

FTP 日志文件：系统安装目录\system32\logfiles\msftpsvc1\日志文件。

www 日志文件：系统安装目录\system32\logfiles\w3svc1\日志文件。

定时(Scheduler)服务日志文件：系统安装目录\schedlgu.Ixt。

安全日志文件、系统日志文件和应用程序日志文件都是系统的一个被称为 Event Log 的服务生成的，Event Log 的作用是记录程序和 Windows 发送的事件消息。

除以上方法外，还可以通过禁止不必要的服务，使用 IPSec 来控制端口访问，以及经常访问微软升级程序站点来了解补丁的最新发布情况等方法来保护 Windows 操作系统安全。

3.4.2 Web 服务器的安全

World Wide Web(WWW)被称为万维网，简称 Web。它采用开放式的客户/服务器(Client/Server)结构，被分成服务器端、客户机及通信协议三个部分。建立安全的 Web 网站，要全盘考虑 Web 服务器的安全设计和实施(包括系统的安全需求等)。根据对 Web 系统进行的安全评估，制定安全策略的基本原则和管理规定，对员工进行安全培训，培养员工主动学习安全知识的意识和能力。保护 Web 服务器安全的方法如下。

1. 明确安全需求

1) 主机系统的安全需求

网络的攻击者通常通过主机的访问来获取主机的访问权限，一旦攻击者突破了这个机制，就可以完成任意的操作。对某个计算机，通常是通过口令认证机制来登录。现在大部分个人计算机没有提供认证系统，也没有身份的概念，极其容易被攻击者获取系统的访问权限。因此，一个没有认证机制的 PC 是 Web 服务器最不安全的平台。确保主机系统的认证机制，严密地设置及管理访问口令是主机系统抵御威胁的有力保障。

2) Web 服务器的安全需求

随着“开放系统”的发展和 Internet 知识的普及，获取使用简单、功能强大的系统安全攻击工具是非常容易的事情。在访问 Web 站点的用户中，不少技术高超的用户有足够的经验和工具来探视他们感兴趣的东西。另外，人员流动频繁的今天，系统有关人员也可能因为种种原因离开原来的岗位，系统的秘密也可能随之扩散。

对于 Web 服务器，最基本的性能要求是响应时间和吞吐量。响应时间通常以服务器在单位时间内最多允许的链接数来衡量，吞吐量则以单位时间内服务器传输到网络上的字节数来计算。

典型的功能需求有：提供静态页面和多种动态页面服务的能力、接收和处理用户信息的能力、提供站点搜索服务的能力和远程管理的能力。

典型的安全需求有：在已知的 Web 服务器(包括软硬件)漏洞中，针对该类型 Web 服务器的攻击最少；对服务器的管理操作只能由授权用户执行；拒绝通过 Web 访问 Web 服务器上不公开的内容；能够禁止内嵌在操作系统或 Web 服务器软件中的不必要的网络服务；有能力控制对各种形式的执行程序的访问；能对某些 Web 操作进行日志记录，以便于入侵检测和入侵企图分析；具有适当的容错功能。

2. 合理配置

1) 合理配置主机操作系统

合理配置主机操作系统包括仅仅提供必要的服务，以及使用必要的辅助工具，简化主机的安全管理。

2) 合理配置 Web 服务器

(1) 在操作系统中，以非特权用户而不是管理员身份运行 Web 服务器，如 Nobody、www 和 Daemon。

(2) 设置 Web 服务器访问控制。通过 IP 地址、IP 子网域名来控制，未被允许的 IP 地址、IP 子网域发来的请求将被拒绝。

(3) 通过用户名和口令限制。只有当远程用户输入正确的用户名和口令时，访问才能被正确响应。

(4) 用公用密钥加密方法。对文件的访问请求和文件本身都将加密，以便只有预计的用户才能读取文件内容。对于数据的加密与传输，目前有 SSL、SHTTP、Netscape Navigator、Secure Mosaic 和 Microsoft Internet Explorer 等客户浏览器与 Netscape、Microsoft、IBM、Quarterdeck、Open Market 和 O'Reilly 等服务器产品采用 SSL 协议。

3) 设置 Web 服务器有关目录的权限

(1) 服务器根目录下存放日志文件、配置文件等敏感信息，它们对系统的安全至关重要，不能让用户随意读取或删改。

(2) 服务器根目录下存放 CGI 脚本程序，用户对这些程序有执行权限，恶意用户有可能利用其中的漏洞进行越权操作(如增、删、改等)。

(3) 服务器根目录下的某些文件需要由 root 来写或执行，如 Web 服务器需要 root 来启动，如果其他用户对 Web 服务器的执行程序有写权限，则该用户可以用其他代码替换掉 Web 服务器的执行程序。当 root 再次执行这个程序时，用户设定的代码将以 root 身份运行。

4) 保护 Web 服务的安全

可以采用以下方法保护 Web 服务的安全：

(1) 用防火墙保护网站可以有效地对数据包进行过滤，是网站的第一道防线。

(2) 用入侵监测系统监测网络数据包可以捕捉危险或有恶意的访问动作，并能按指定的规则以记录、阻断、发警报等多种方式进行响应，既可以实时阻止入侵行为，又能够记录入侵行为以追查攻击者。

(3) 正确配置 Web 服务器，跟踪并安装服务器软件的最新补丁。

(4) 服务器软件只保留必要的功能，关闭不必要的诸如 FTP、SMTP 等公共服务，修改系统安装时设置的默认口令，使用足够安全的口令。

(5) 远程管理服务器使用安全的方法(如 SSH)，避免运行使用明文传输口令的 Telnet、FTP 等程序。

(6) 谨慎使用 CGI 程序和 ASP、PHP 脚本程序。

(7) 使用网络安全检测产品对安全情况进行检测，发现并消除安全隐患。

除以上方法外，还可以通过谨慎组织 Web 服务器的内容来进行合理配置。

3. Web 服务器安全管理

(1) 服务器应当放置在安装了监视器的隔离房间内，并且监视器应当保留 15 天以内的录像记录。另外，机箱、键盘、抽屉等要上锁，以保证旁人即使在无人值守时也无法使用此计算机，钥匙要放在安全的地方。

(2) 以安全的方式更新 Web 服务器(尽量在服务器本地操作)，进行必要的数据备份。

(3) 限制在 Web 服务器开账户，定期删除一些已不再登录的用户。对在 Web 服务器上开设的账户，在口令长度及定期更改方面做出要求，防止账户被盗用。

(4) 尽量使 FTP、Mail 等服务器与之分开，去掉 FTP、Sendmail、TFTP、NIS、NFS、Finger、Netstat 等一些无关的应用。有些 Web 服务器把 Web 的文档目录与 FTP 目录指定在同一目录时，应该注意不要把 FTP 的目录与 CGI-BIN 指定在一个目录之下。这样是为了防止一些用户通过 FTP 上载 PERL 或 SH 之类的程序，并用 Web 的 CGI-BIN 去执行而造成不良后果。

(5) 在 Web 服务器上去掉一些绝对不用的 Shell 等解释器，即当 CGI 的程序中没用到 PERL 时，就尽量把 PERL 在系统解释器中删除掉。

(6) 定期对 Web 服务器进行安全检查和日志审计，定期查看服务器中的日志 logs 文件，分析一切可疑事件。在 errorlog 中出现 rm、login、/bin/perl、/bin/sh 等记录时，服务器可能会受到一些非法用户的入侵的尝试。

(7) 设置好 Web 服务器上系统文件的权限和属性，为可让用户访问的文档分配一个公用的组(如 www)，并分配它只读的权利。把所有的 HTML 文件归属 www 组，由 Web 管理员管理 www 组。Web 的配置文件仅对 Web 管理员有写的权利。

(8) 限制许可访问用户 IP 或 DNS。

(9) 冷静处理意外事件。

习　题

1. 网络设备有哪些？网络设备安全包括哪些方面？
2. 确保通信线路安全应采用哪些技术？
3. 目前网络设备面临的安全威胁主要包括哪些？
4. 目前路由器存在的安全问题主要包括哪些？
5. 简述交换机存在的安全问题及对策。
6. 为遵循最小化服务原则，从网络安全角度应该禁止哪些不必要的网络服务？
7. 操作系统安全配置和安全管理措施有哪些？
8. 如何利用访问控制列表有效防范网络攻击？

第 4 章　网络攻击技术

网络技术对社会的影响力越来越大，网络环境下的安全问题是互联网时代的重要问题。网络攻击与恶意代码一起构成了对网络安全的重大挑战，使信息系统的安全变得十分脆弱。网络安全要求我们了解网络攻击的原理和手段，以便有针对性地部署防范手段，提高系统的安全性。

4.1　黑客与网络攻击概述

4.1.1　黑客及其动机

网络攻击与黑客有着密不可分的联系。黑客在 20 世纪 50 年代起源于美国，一般被认为最早在麻省理工学院的实验室中出现。早期的黑客技术水平高超、精力充沛，他们热衷于挑战难题。直到 20 世纪 60 至 70 年代，黑客一词仍然极富褒义，用来称呼那些智力超群、独立思考、奉公守法的计算机迷，他们全身心投入计算机技术，对计算机的最大潜力进行探索。黑客推动了个人计算机革命，倡导了现行的计算机开放式体系结构，打破了计算机技术的壁垒，在计算机发展史上留下了自己的贡献。

高水平的黑客通常精通硬件和软件知识，具有通过创新的方法剖析系统的能力，黑客一词本身并不仅仅代表着破坏。因此直到目前，黑客一词本身并未包含太多的贬义。日本在《新黑客词典》中对黑客的定义是“黑客是喜欢研究软件程序的奥秘，并从中增长其个人能力的人。他们不像绝大多数计算机用户那样，只规规矩矩地了解别人允许了解的一小部分知识”。

但是，由于黑客对计算机过于着迷，因此常常为了显示自己的能力开玩笑或搞恶作剧，突破网络的防范而闯入某些禁区，甚至干出违法的事情。黑客凭借过人的电脑技术能够不受限制地在网络里随意进出，尤其是专门以破坏为目的的“骇客”的出现，使计算机黑客技术成为计算机和网络安全的一大危害。近年经常有黑客破坏了计算机系统、泄露机密信息等事情发生，侵犯了他人的利益，甚至危害到国家的安全。

黑客的行为总体上看涉及系统和网络入侵以及攻击。网络入侵以窃用网络资源为主要目的，更多是由黑客的虚荣心和好奇心所致。而网络攻击总体上主要以干扰破坏系统和网络服务为目的，带有明显的故意性和恶意目的。

随着黑客群体的扩大，黑客出现了分化。从行为和动机上划分，黑客行为有“善意”

和“恶意”两种，即所谓的白帽(White Hat)黑客和黑帽(Black Hat)黑客。

白帽黑客利用其个人或群体的高超技术，长期致力于改善计算机及其环境，不断寻找系统弱点及脆弱性并公布于众，促使各大计算机厂商改善服务质量及产品质量，提醒普通用户系统可能具有的安全隐患。白帽利用他们的技能做一些对计算机系统有益的事情，其行为更多的是一种公众测试方式。

黑帽黑客也被称为 Cracker，主要利用个人掌握的攻击手段和入侵方法，非法侵入并破坏计算机系统，从事一些恶意的破坏活动。多数黑帽黑客以个人私利为目的窃取数据、篡改用户的计算机系统，从事的是一种犯罪行为。

随着技术的发展，黑客及黑客技术的门槛逐步降低，使得黑客技术不再神秘，也并不高深。一个普通的网民在具备了一定的基础知识后，也可以成为一名黑客，这也是近年网络安全事件频发的原因。另外，黑客技术是一把双刃剑，通过它既可以非法入侵或攻击他人的电脑，又可以了解系统的安全隐患以及黑客入侵的手段，掌握保护电脑、防范入侵的方法。因此分析和研究黑客活动的规律和采用的技术，对加强网络安全建设，防止网络犯罪有很好的借鉴作用。

大量的案例分析表明黑客具有以下主要犯罪动机：

(1) 好奇心。许多黑帽黑客声称，他们只是对计算机及电话网感到好奇，希望通过探究这些网络更好地了解它们是如何工作的。

(2) 个人声望。通过破坏具有高价值的目标以提高其在黑客中的可信度及知名度。

(3) 智力挑战。为了挑战自己的智力极限或为了向他人炫耀，证明自己的能力，还有些甚至不过是想做个“游戏高手”或仅仅为了“玩玩”而已。

(4) 窃取情报。在 Internet 上监视个人、企业及竞争对手的活动信息及数据文件，以达到窃取情报的目的。

(5) 报复。电脑罪犯感到其雇主本该提升自己的职位、增加薪水或以其他方式承认他的工作。电脑犯罪活动成为他反击雇主的方法，也希望借此引起别人的注意。

(6) 获取利益。有相当一部分计算机黑客行为是为了盈利和窃取数据，盗取他人的 QQ、网游密码等，然后从事商业活动，取得个人利益。

(7) 政治目的。任何政治因素都会反映到网络领域。其主要表现有：一是敌对国之间利用网络的破坏活动；二是个人及组织对政府不满而产生的破坏活动。

4.1.2　网络攻击的流程

尽管不同攻击者的攻击技能有高低之分，入侵系统的方法手段也多种多样，但他们对系统实施攻击的流程却大致相同。其攻击过程如图 4-1 所示。

整个网络攻击过程可划分为信息收集、网络隐身、实施攻击和达成目的四个阶段，涉及踩点(Foot Printing)、扫描(Scanning)、通过跳板或代理发起访问、实施攻击、植入后门或木马(Creating Back Doors or Trojan Horse)、清除痕迹(Covering Track)等一系列过程。其中实施攻击是网络攻击的核心部分，攻击手段与方法随着目标系统的不同而灵活多变，主要包括欺骗型攻击、利用型攻击和拒绝服务攻击(Denial of Services)。下面对网络攻击过程中的其他几个环节进行介绍。

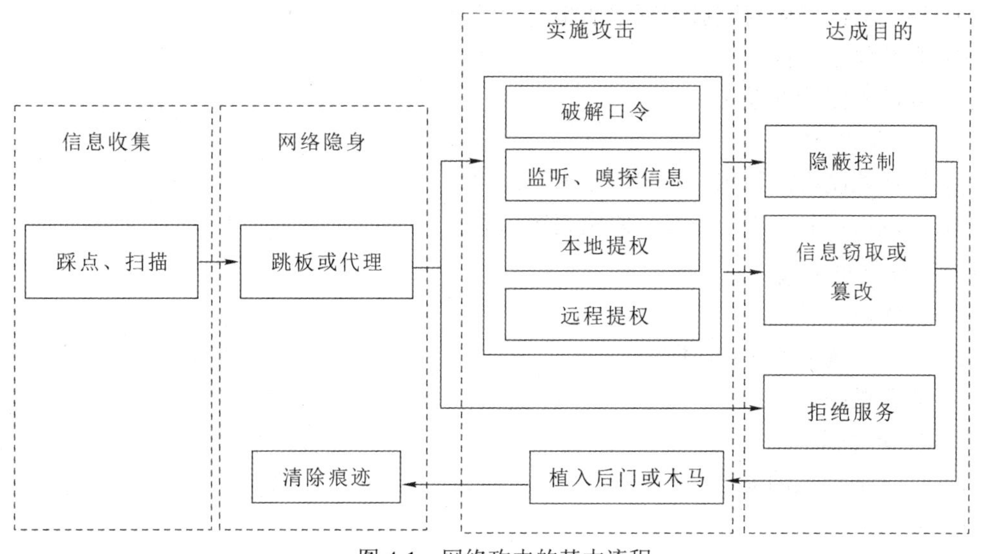

图 4-1　网络攻击的基本流程

1. 踩点

“踩点”原意为策划一项盗窃活动的准备阶段。举例来说，当盗贼决定抢劫一家银行时，他们不会大摇大摆地走进去直接要钱，而是先下一番功夫来搜集这家银行的相关信息，包括武装押运车的路线及运送时间、摄像头的位置、逃跑出口等。在黑客攻击领域，“踩点”是传统概念的电子化形式。

“踩点”的目的就是探察对方的各方面情况，确定攻击的时机。摸清楚对方最薄弱的环节和守卫最松散的时刻，为下一步的入侵提供良好的策略。如果可以的话，尽量将攻击目标的有关信息搜集全面，包括以下四方面的信息：

1) 管理员信息

(1) E-mall 地址、QQ、MSN 等即时通讯方式。

(2) 管理员的工作地点及电话。

(3) 管理员身份资料。

(4) 管理员在网络中光顾的论坛及感兴趣的话题。

2) 服务器信息

(1) 网站域名与 IP 地址。

(2) DNS 信息。

(3) 服务器系统中运行的 TCP 和 UDP 服务。

(4) 操作系统。

(5) 入侵检测系统。

(6) 网站所使用的整站、论坛和留言板等程序。

3) 局域网内网信息

(1) 内网连接协议(如 IP、IPX 等)。

(2) 内部域名和组。

(3) 网络结构。

(4) 通过内部局域网连通到网络的指定 IP 地址。
(5) 系统体系结构。
(6) 内部入侵检测系统。
(7) 反病毒系统。
(8) 访问控制机制和相关访问控制列表。
(9) 系统用户名、用户组名、路由表等信息。

4) 远程访问信息

(1) 内部电话号码。
(2) 远程系统类型(VPN 类型)。
(3) 认证机制。
(4) 互联网信息。
(5) FTP 等连接源地址和目标地址。
(6) 连接类型。
(7) 访问控制机制。

为达到以上目的，黑客常采用以下技术：开放信息源搜索，通过一些标准搜索引擎，揭示一些有价值的信息；进行 whois(目标 Internet 域名注册数据库)查询；DNS 区域传送。

常见的踩点方法包括：查询域名及其注册机构、了解公司性质、对主页进行分析、搜集邮件地址、查询目标 IP 地址范围。

【案例 1】 通过浏览器获得一个网站的详细信息

打开首页页面后，查看一下页面下方是否有 E-mail 地址、QQ、MSN 等信息。如果网站存在这些信息，可以将其复制粘贴到写字板中，留待后面使用。

在网页中点击鼠标右键，在弹出的菜单中选择“查看源文件”。通过这种查看页面源代码的方式往往能够找到许多有价值的信息，如管理员建设这个网站时选用了哪一款网站程序等。

【案例 2】 通过查询域名注册信息和经营性网站备案信息获取资料

登录 http://www.net.cn/，在域名查询中输入欲查询网站的域名，在进入查询结果页面后点击“查看”选项，会看到该网站域名注册人的相关信息，其中包括 E-mail 地址、电话、公司、通信地址、注册人姓名等。

登录工信部 ICP 信息备案管理系统(http://www.miibeian.gov.cn/)，在公共查询一栏中输入域名地址，也可以查询出与网站管理人员相关的信息。

获取上述信息后，可以利用搜索引擎进行二次查询。逐一搜索 E-mail 地址、电话号码等相关信息，就可以在网络中查询到该网站注册人的蛛丝马迹，这些信息有时能够让黑客充分地掌握网站管理员的个人信息及在网络中的行踪，甚至管理员常用的密码就是搜寻出的电话号码或生日日期等。通过“网站程序 + 漏洞”这样的关键词，查找服务器采用的建站程序在近期是否出现过漏洞信息以及如何利用该漏洞也是黑客入侵前需要整理的重要资料。

2. 扫描

通过踩点已获得一定信息(IP 地址范围、DNS 服务器地址、邮件服务器地址等)，下一步需要确定目标网络范围内哪些系统是“活动”的，以及它们提供哪些服务。扫描的主要目的是使攻击者对攻击的目标系统所提供的各种服务进行评估，以便集中精力在最有希望的途径上发动攻击。

扫描中采用的主要技术有 Ping 扫射(Ping Sweep)、TCP/UDP 端口扫描、操作系统检测以及旗标(Banner)的获取。

通过扫描，入侵者掌握了目标系统所使用的操作系统，在此基础上要搜索特定系统上的用户和用户组名、路由表、SNMP 信息、共享资源、服务程序及旗标等信息，采用的技术依操作系统而定。

3. 获取访问权(Gaining Access)

在搜集到目标系统的足够信息后，下一步要完成的工作自然是得到目标系统的访问权进而完成对目标系统的入侵。Windows 系统采用的主要技术有系统登录口令猜测(包括手工及字典猜测)、窃听 LM 及 NTLM 认证散列、攻击 IIS Web 服务器及远程缓冲区溢出。而 Linux 系统采用的主要技术有蛮力密码攻击、密码窃听、RPC 攻击以及通过向某个活动的服务发送精心构造的数据，以产生攻击者所希望的结果的数据驱动式攻击(例如缓冲区溢出、输入验证、字典攻击等)。

4. 提升权限(Escalating Privilege)

一旦攻击者通过前面四步获得了系统上任意普通用户的访问权限，攻击者就会试图将普通用户权限提升至超级用户权限，以完成对系统的完全控制。

权限提升所采取的技术手段主要有通过得到的密码文件或利用现有工具软件破解系统中其他用户名及口令利用不同操作系统及服务的漏洞(例如 Windows 2008 RPC 漏洞)；利用管理员不正确的系统配置等。

5. 信息窃取或篡改(Pilfering)

一旦攻击者得到了系统的完全控制权，接下来将完成的工作是窃取，即进行一些敏感数据的篡改、添加、删除及复制(例如 Windows 系统的注册表、UNIX 系统的 rhost 文件等)。通过对敏感数据的分析，为进一步攻击应用系统做准备。

6. 清除痕迹

攻击并非都“踏雪无痕”，一旦攻击者入侵系统，必然留下痕迹。此时，攻击者需要做的首要工作就是清除所有入侵痕迹，避免自己被检测出来，以便能够随时返回被入侵的系统。掩盖踪迹的主要工作有禁止系统审计、清空事件日志、隐藏作案工具及使用人们称为 rootkit 的工具组替换那些常用的操作系统命令。

7. 植入后门或木马

黑客的最后一招便是在受害系统上创建一些后门及陷阱。创建后门的主要方法有创建具有特权用户权限的虚假用户账号、安装批处理、安装远程控制工具、使用木马程序替换系统程序、安装监控机制及感染启动文件等。

8. 拒绝服务攻击

如果黑客未能成功地完成访问权的获取，那么他们所能采取的最恶毒的手段便是进行拒绝服务攻击。即使用精心准备好的漏洞代码攻击系统使目标服务器资源耗尽或资源过

载，以至于没有能力再向外提供服务。攻击者主要是利用协议漏洞及不同系统实现时的漏洞来达到攻击目的。

4.2 欺骗型攻击——社会工程学

网络是多种信息技术的集合体，它的运行依靠相关的大量技术标准和协议。作为网络的入侵者，黑客的工作主要是对技术和实际实现中的逻辑漏洞进行挖掘，通过系统允许的操作对没有权限操作的信息资源进行访问和处理。目前，黑客对网络的攻击主要是通过网络中存在的拓扑漏洞以及对外提供服务的漏洞实现成功的渗透。除了使用这些技术上的漏洞，黑客还可以充分利用人为运行管理中存在的问题对目标网络实施入侵，例如社会工程学。

4.2.1 社会工程学攻击简介

社会工程学攻击是一种利用人的本能反应、好奇心、信任、贪便宜等弱点进行欺骗与伤害，获取自身利益的手法。社会工程学不是一门科学，因为它不是总能重复和成功，而且在被攻击者信息充分的情况下会自动失效。社会工程学攻击的窍门蕴涵了各式各样灵活的构思与变化因素。

现实中运用社会工程学的犯罪很多。短信诈骗(如诈骗银行信用卡号码)、电话诈骗(如以知名人士的名义去推销)等都运用了社会工程学的方法。

近年来，更多的黑客转向利用人的弱点即社会工程学方法来实施网络攻击。利用社会工程学手段，突破信息安全防御措施的事件已经呈现出上升甚至泛滥的趋势。

Gartner 集团信息安全与风险研究主任 Rich Mogull 认为“社会工程学是未来 10 年最大的安全风险，许多破坏力最大的行为是由于社会工程学而不是黑客或破坏行为造成的”。一些信息安全专家预言，社会工程学将会是未来信息系统入侵与反入侵的重要对抗领域。

4.2.2 社会工程学攻击的手段

社会工程学攻击是以不同的攻击形式和多样的攻击方法实施的，并始终在不断完善和快速发展。一些常用的社会工程学攻击方法即使现在仍然时有出现。以下是一些常用的社会工程学攻击方法。

1. 伪造一封来自好友的电子邮件

这是一种常见的利用社会工程学策略从大堆的网络人群中攫取信息的方式。在这种情况下，攻击者只要侵入一个电子邮件账户并发送含有间谍软件的电子邮件到联系人列表中的其他地址簿。值得强调的是，人们通常信任来自熟人的邮件附件或链接，这便让攻击者轻松得手。

在大多数情况下，攻击者利用受害者账户发送电子邮件，声称收件人的“朋友”因旅游时遭遇抢劫而身陷国外。他们需要一笔用来支付回程机票的钱，并承诺一旦回来便会马上归还。通常，电子邮件中含有如何汇钱给“被困国外的朋友”的指南。

2. 钓鱼攻击(Phishing)

钓鱼攻击就是指入侵者通过处心积虑的技术手段伪造出一些以假乱真的网站并诱惑受害者根据指定方法进行操作，使得受害者“自愿”交出重要信息或被窃取重要信息(例如银行账户密码)。

通常网络骗子冒充成受害者所信任的服务提供商来发送邮件，要求受害者通过给定的链接尽快完成账户资料更新或升级现有软件。大多数网络钓鱼要求受害者立刻去做一些事，否则将承担一些危险的后果。点击邮件中嵌入的链接将把受害者带到一个专为窃取受害者的登录口令而设计的冒牌网站。钓鱼大师们另一个常用的手段便是给受害者发邮件，声称受害者中了彩票或可以获得某些促销商品，要求受害者提供银行信息以便接收彩金。在一些情况下，骗子冒充公安部门表示已经找回受害者“被盗的钱”，因此需要受害者提供银行信息以便拿回这些钱。

近年来，还出现了一种被称为鱼叉式钓鱼(Spear Phishing)的攻击手段，即只针对特定目标进行的网络钓鱼攻击。2008 年 3 月，美国司法部起诉了伊朗境内黑客组织马布那研究所的 9 名黑客，称他们使用鱼叉式电子邮件，渗透 144 所美国大学、其他 21 个国家的 176 所大学、47 家私营公司、联合国、美国联邦能源监管委员会以及其他目标，窃取了 31 TB 的数据，以及预估价值 30 亿美元的知识产权信息。

3. 诱饵计划

在此类型的社会工程学阴谋中，攻击者利用了人们对于最新电影或热门 MV 的超高关注，从而对这些人进行信息挖掘。这在 bit Torrent 等 P2P 分享网络中很常见。

另一个流行方法便是以 1.5 折的低价贱卖热门商品。这样的策略很容易被用于假冒 eBay 这样的合法拍卖网站，用户也很容易上钩。邮件中提供的商品通常是不存在的，而攻击者可以利用受害者的 eBay 账户获得受害者的银行信息。

4. 主动提供技术支持

在某些情况下，攻击者冒充来自微软等公司的技术支持团队，回应受害者的一个解决技术问题的请求。尽管受害者从没寻求过这样的帮助，但受害者会因为自己正在使用微软产品并存在技术问题而尝试点击邮件中的链接以享用这样的“免费服务”。

一旦受害者回复了这样的邮件，便与想要进一步了解受害者的计算机系统细节的攻击者建立了一个互动。在某些情况下，攻击者会要求受害者登录到“他们公司系统”或只是简单寻求访问受害者的系统的权限。有时他们发出一些伪造命令在受害者的系统中运行，而这些命令仅仅为了给攻击者访问受害者计算机系统的更大权限。

4.2.3　避免遭受社会工程学攻击的措施

为降低社会工程学攻击对网络安全的威胁，需要注意以下几点：

(1) 当心来路不明的服务供应商等人的电子邮件、即时通讯以及电话，在提供任何个人信息之前验证其可靠性和权威性。

(2) 缓慢并认真地浏览电子邮件和短信中的细节，不要让攻击者消息中的急迫性阻碍了判断。

(3) 不要点击来自未知发送者的电子邮件中的嵌入链接，如果有必要就使用搜索引擎寻找目标网站或手动输入网站 URL。

(4) 不要在未知发送者的电子邮件中下载附件，如果有必要，可以在保护视图中打开附件，这在许多操作系统中是默认启用的。

(5) 拒绝来自陌生人的在线电脑技术帮助，无论他们声称自己是多么正当。

(6) 使用强大的防火墙来保护电脑空间，及时更新杀毒软件，同时提高垃圾邮件过滤器的门槛。

(7) 下载软件及操作系统补丁，预防零日漏洞，及时跟随软件供应商发布的补丁，同时尽可能快地安装补丁版本。

(8) 关注网站的 URL。有时网上的骗子对 URL 做了细微的改动，将流量诱导进了自己的诈骗网站。

(9) 加强学习。不断学习是预防社会工程攻击最有力的工具，应研究如何鉴别和防御网络攻击者。

4.3 利用型攻击

利用型攻击是一类试图以获取系统的访问权或提升系统的访问权甚至达成远程控制为目的的攻击方式，主要包括口令破解、缓冲区溢出攻击、木马病毒等方式。

4.3.1 口令破解

口令是进行安全防御的第一道防线，对大多数黑客来说，破解口令是一项核心技术，同时网络管理员了解口令破解过程有助于对口令安全的理解，从而维护网络的安全。口令破解是网络攻击最常用的一种技术手段，在漏洞扫描结束后，如果没有发现可以直接利用的漏洞，可以用口令破解来获取用户名和用户口令。

口令破解的方法包括：

(1) 穷举法：穷举法破解是指给定一个字符空间，在这个字符空间用所有可能的字符组合去生成口令，并测试是否为正确的口令，这又被称为蛮力(暴力)破解。

(2) 字典法：字典法破解是指尝试的口令不是根据算法从一个字符空间中生成，而是从口令字典里读取单词进行尝试。

口令破解的对象包括：

(1) 操作系统登录口令。

(2) 网络应用口令：如邮箱、Telnet、FTP 等的用户口令，论坛等网站的用户口令。

(3) 软件加密口令：如 Office 文档、WinZip 文档和 WinRAR 文档等。这些文档密码可以有效地防止文档被他人使用和阅读。但是如果密码位数不够长则同样容易被破解。

1. 操作系统登录口令的破解

L0phtCrack5(LC5)是 L0phtCrack 组织开发的 Windows 平台口令审核程序的最新版本，它提供了审核 Windows 用户账号的功能，以提高系统的安全性。另外，LC5 也被一些非法入侵者用来破解 Windows 用户口令，给用户的网络安全造成很大的威胁。所以，了解 LC5 的使用方法可以避免使用不安全的口令，从而提高用户本身系统的安全性。利用 LC5 破解口令的具体操作如下：

(1) LC5 的主界面如图 4-2 所示。

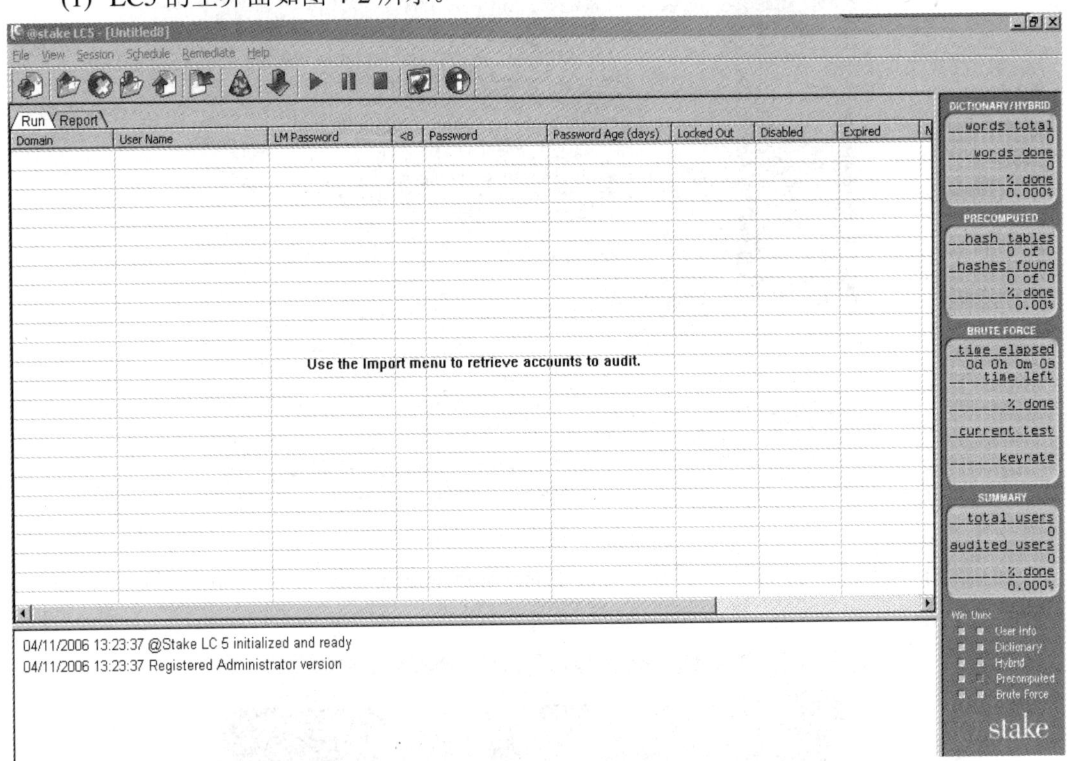

图 4-2　LC5 主界面

(2) 打开“File”(文件菜单)，选择“LC5 Wizard”(LC5 向导)，如图 4-3 所示。

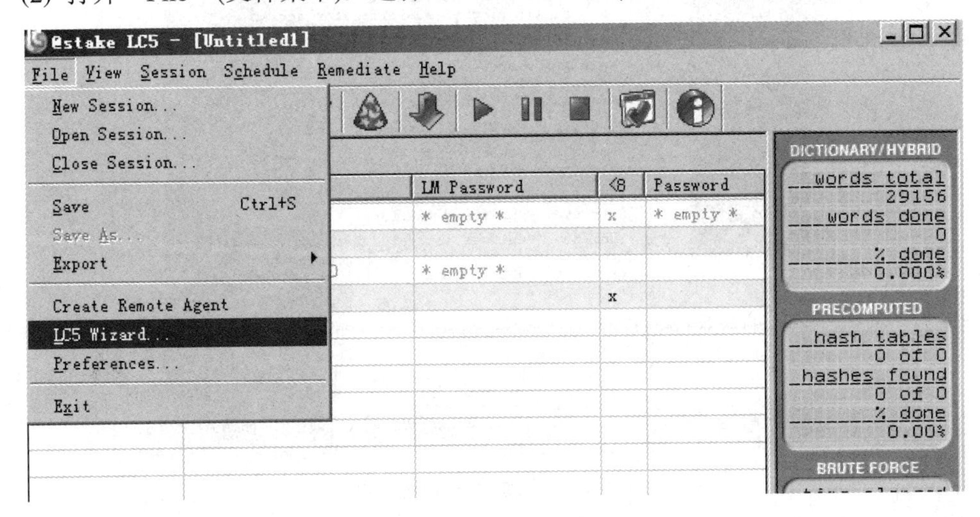

图 4-3　开始 LC5 向导破解功能

(3) 接着会弹出 LC5 向导界面(“LC5 Wizard”)，如图 4-4 所示。

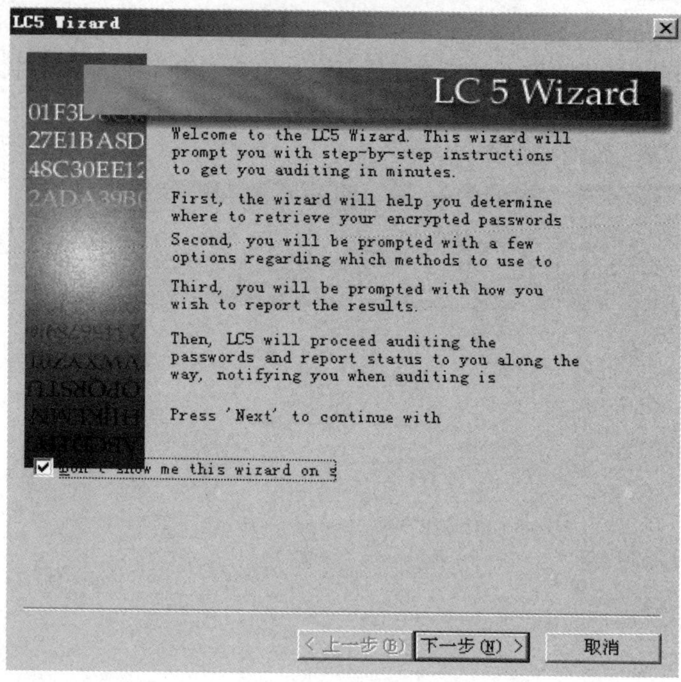

图 4-4　LC5 向导界面

(4) 点击“下一步”按钮，弹出“Get Encrypted Passwords”(获取加密密码对话框)，如图 4-5 所示。

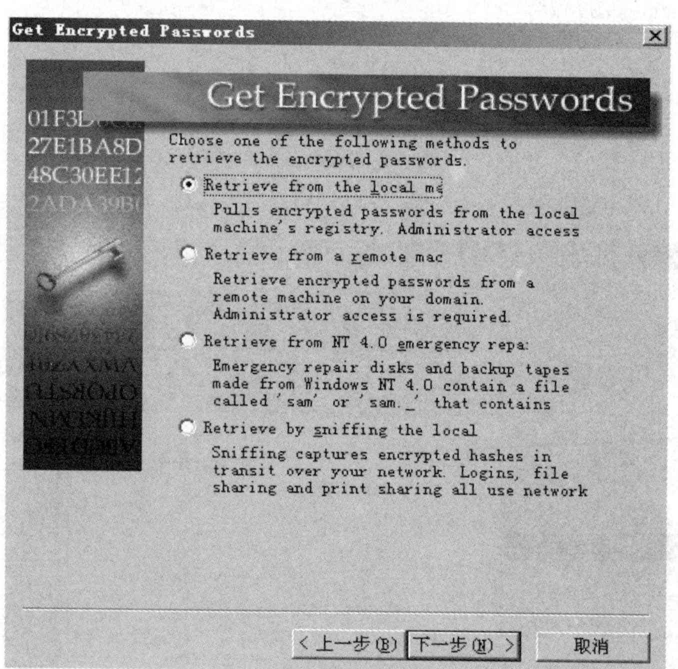

图 4-5　获取加密密码对话框

如果要破解本台计算机的口令，并且具有管理员权限，那么选择第一项“Retrieve from the local machine”(从本地机器导入)；如果已经进入远程的一台主机，并且有管理员权限，那么可以选择第二项“Retrieve from a remote machine”(从远程电脑导入)，这样就可以破解远程主机的 SAM 文件；如果得到了一台主机的紧急修复盘，那么可以选择第三项“Retrieve from NT 4.0 emergency repair disks”(破解紧急修复盘中的SAM文件)；LC5还提供第四项“Retrieve by sniffing the local network”(在网络中探测加密口令)，可以在一台计算机向另一台计算机通过网络进行认证的“质询/应答”过程中截获加密口令散列，这也要求和远程计算机建立连接。

以选择第一项为例，从本地机器导入加密口令后，继续点击“下一步”按钮，按软件默认设置完成后续操作，则会出现如图 4-6 所示的界面。其中系统的弱口令用户的口令已经破解出来。其他用户的口令可以利用软件功能加载字典或进行暴力破解。

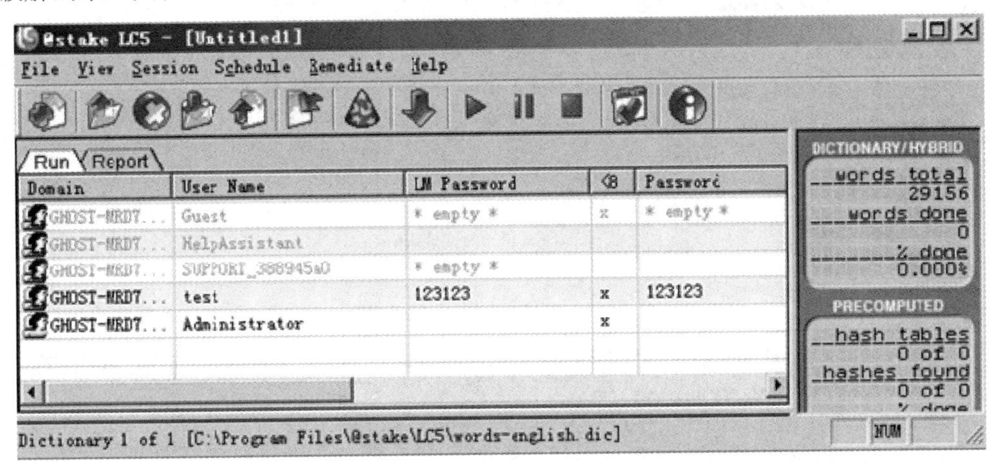

图 4-6　用户口令破解结果

2. 网络应用口令的破解

以 Web 站点的口令为例，口令的主要用途是在应用程序与用户的接口进行身份登录认证。在认证之前要先进行身份的注册，注册的过程是：

(1) 用户提交个人信息(包含用户名、密码、地址等)。这个过程可能是明文或是简单地进行加密。

(2) 服务器接收到用户提交的数据后，利用某种加密算法将口令转换成密文 Hash 存储在数据库中。

(3) 服务端对用户提交的数据进行反馈。其完整过程如图 4-7 所示。

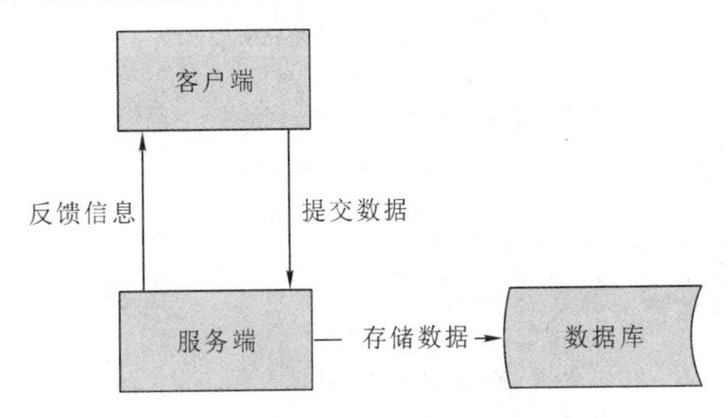

图 4-7　用户与服务器间的数据交换过程

破解用户的访问口令用到的工具为 Acunetix Web Vulnerability Scanner。其破解过程如下：

(1) 打开程序，选择“Authentication Tester”功能模块，如图 4-8 所示。

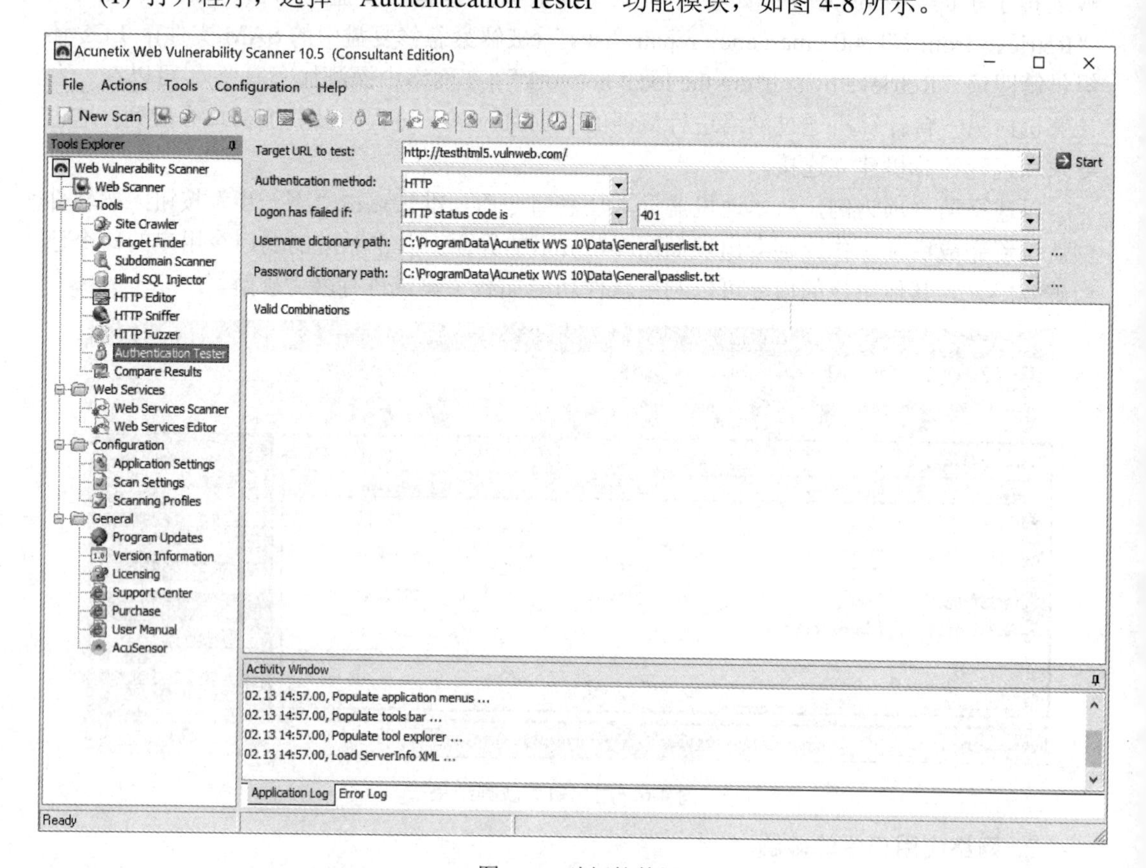

图 4-8　破解软件界面

(2) 输入测试的目标网址(目标页面示例如图 4-9 所示)，选择认证方式(通常选择“HTML form based”)，如图 4-10 所示。

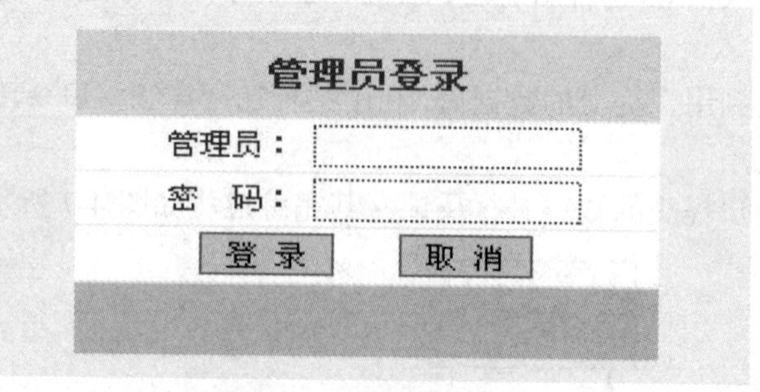

图 4-9　目标网站页面

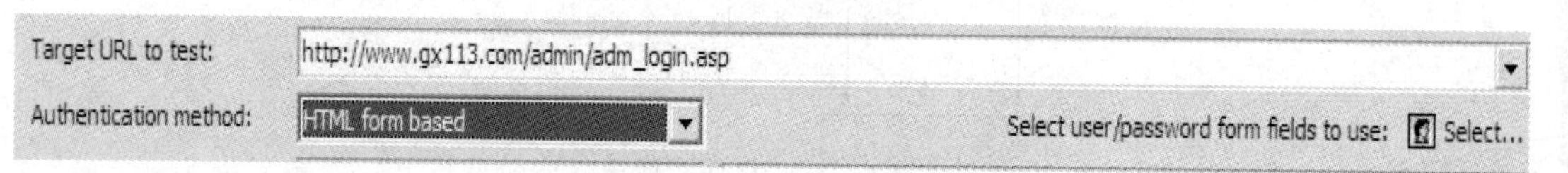

图 4-10　选择认证方式

(3) 对目标网站的表单进行解析。点击图 4-10 的“Select”按钮，会弹出“Parse HTML

Forms From URL”界面，这里会自动解析表单中的几个字段，如图 4-11 所示。

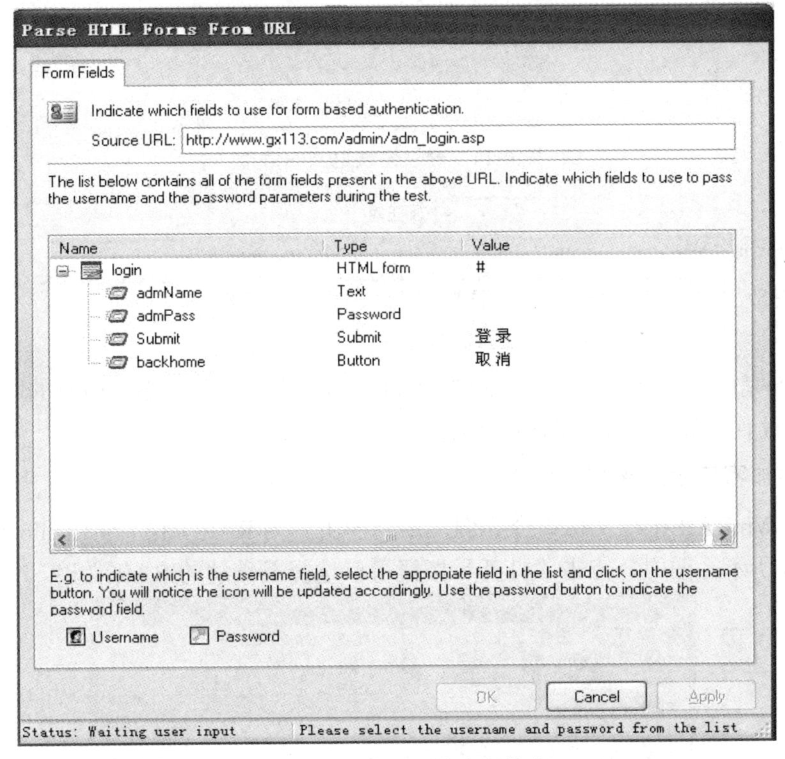

图 4-11　表单得到的字段信息

(4) 对目标网站的表单进行解析。将“Text”和“Password”分别和前面的“admName”和“admPass”字段进行对应，如图 4-12 所示。

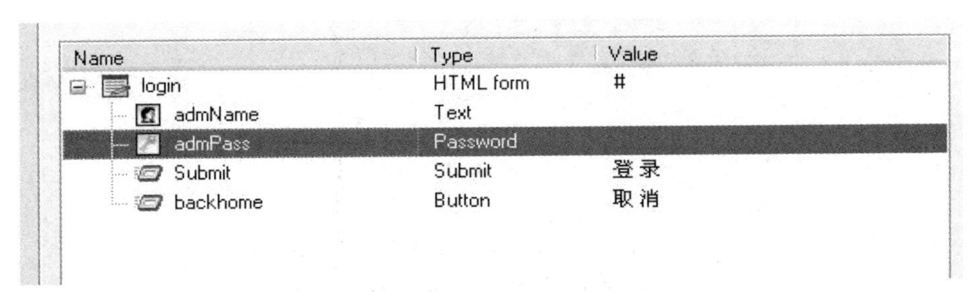

图 4-12　解析表单得到的字段信息

(5) 选择登录错误的反馈标识。这里有三种不同方式，如图 4-13 所示。

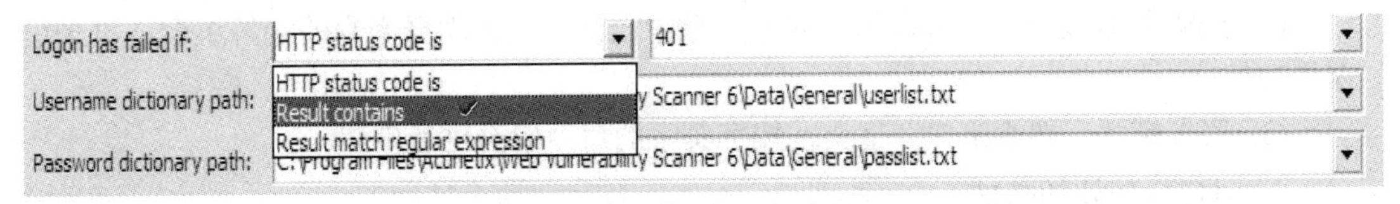

图 4-13　三种登录错误的反馈标识

根据图 4-14 所示的出错结果进行设置。如图 4-15 所示，其中“Username dictionary path”和“Password dictionary path”是用户名和密码字典，如果没有自己生成的用户名和密码字

典就可以采用默认的用户名和密码字典。

管理员不存在或密码不正确！

图 4-14　登录错误返回的信息

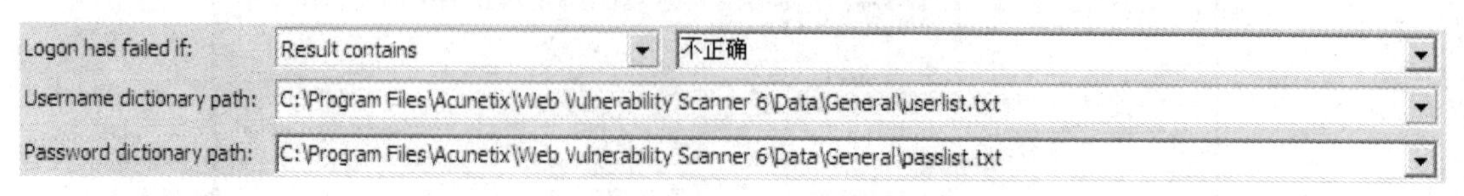

图 4-15　设置错误返回信息与用户名口令字典

(6) 设置完成后，点击图 4-8 界面中“Start”按钮即可开始破解，破解的时间及成功率依用户口令设置的强度及字典的情况而定。

3. 软件加密口令的破解

以破解 WinRAR 压缩文档口令为例，用到的工具为 RAR Password Unlocker，软件界面如图 4-16 所示。图中，点击“打开”按钮可以选择要破解的 RAR 文档。

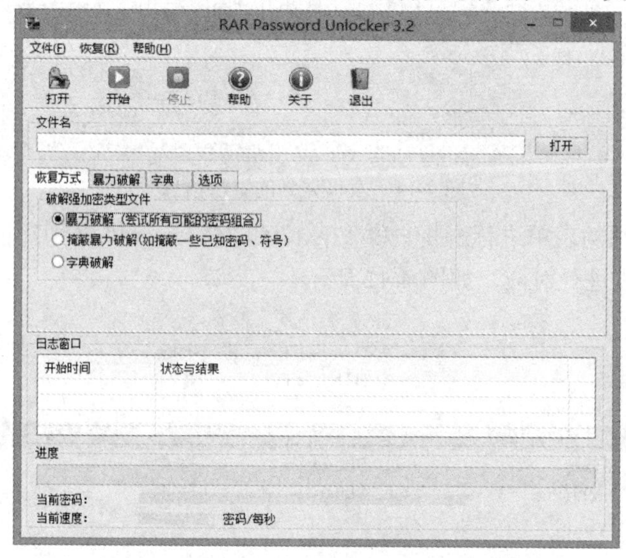

图 4-16　RAR Password Unlocker 软件界面

破解口令的方式有三种：

(1) 暴力破解。即尝试所有可能的口令组合，可以设置口令的位数和字符以及数字组合。

(2) 掩码暴力破解。即可以指定部分口令中已知的或出现概率高的字符组合，再采用暴力破解。

(3) 字典破解。即给定口令字典，按字典中的口令组合进行破解。

4. 对口令破解的防护

穷举法理论上可以破解任何口令，但如果口令较为复杂，暴力破解需要的时间会很长。在这段时间内增加了用户发现入侵和破解行为的机会，从而能够采取措施来阻止破解，所以对口令破解的防护就是要求口令具备一定的复杂性。一般设置口令应遵行以下原则：

(1) 口令长度不少于 8 个字符，最好是 14 个字符以上。
(2) 口令包含大写和小写英文字母、数字和特殊字符的组合。
(3) 口令不包含姓名、用户名、单词、日期以及这些项目的组合。
(4) 定期修改口令，并且新旧口令应有较大的区别。

4.3.2　缓冲区溢出攻击

在网络发展过程中曾发生过一些典型的安全事件。比如 1988 年的 Morris 蠕虫事件，当时美国康奈尔大学的硕士生莫里斯将自己编写的蠕虫程序散布到了校园网上，几乎使得那时的因特网瘫痪；再如 2001 年的红色代码(CodeRed)病毒，它被人们认为是中美黑客大战的产物，其特征是在网络中主动传播，并使得每一台被感染的主机作出向美国白宫站点发送攻击包的行为；还有 2003 年的冲击波病毒和 2004 年的震荡波病毒，“冲击震荡”使得很多用户苦不堪言。

以上事件有一个共同之处，即都是利用了缓冲区溢出漏洞来实施攻击。如 Morris 蠕虫利用了 Fingerd Daemon 缓冲区溢出漏洞，CodeRed 病毒利用了 IIS 缓冲区溢出漏洞，冲击波病毒利用了 RPC 缓冲区溢出漏洞，震荡波病毒利用了 LSASS 缓冲区溢出漏洞。据统计，通过缓冲区溢出进行的攻击占所有系统攻击总数的 80%以上。

1. 缓冲区溢出攻击的基本概念

计算机中所有的可执行文件或系统服务的动态链接库文件都以文件的形式存储在计算机硬盘上，当执行或系统启动时调入内存并驻留内存，如图 4-17 所示。根据汇编语言的知识，程序的三段式结构驻留内存后也分为代码段、数据段和堆栈三部分，分别存储只读二进制码、静态数据、临时变量和函数返回指针等。

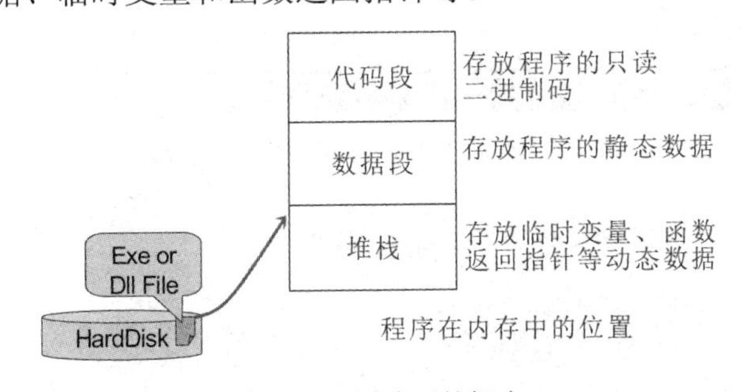

图 4-17　缓冲区的概念

缓冲区就是程序运行期间在内存中分配的一个连续的区域，用于保存包括字符数组在内的各种数据类型。溢出就是指所填充的数据超出了原有缓冲区的边界，并且非法占据了另一段内存区域。

缓冲区溢出攻击指的是一种系统攻击的手段，通过向程序的缓冲区写超出其长度的内容，造成缓冲区的溢出，从而破坏程序的堆栈，使程序转而执行其他指令，以达到攻击的目的。

2. 缓冲区溢出漏洞存在的原因

查看如下代码并分析其正确性。

Example 1.

```
————————————————————
Void function(char * str)
{
    char buffer[16];
    strcpy(buffer,str);
}
————————————————————
```

这是一个很多人非常熟悉的函数，又是一个存在缓冲区溢出漏洞的典型例子。在将字符串 str 拷贝到 buffer 时没有判断 str 的大小，如果 str 比 buffer 大，就会出现溢出。以下是其主程序：

Example 2.

```
————————————————————
Void main( )
{
    Char large_string[256];
    int i;
    for(i=0;i<255;i++)
        large_string[i]='A';
    function(large_string);
}
————————————————————
```

编译运行后，系统就会报错，在 DOS 下，会提示 Segment fault，在 Windows 下，出现如图 4-18 所示的报警框。

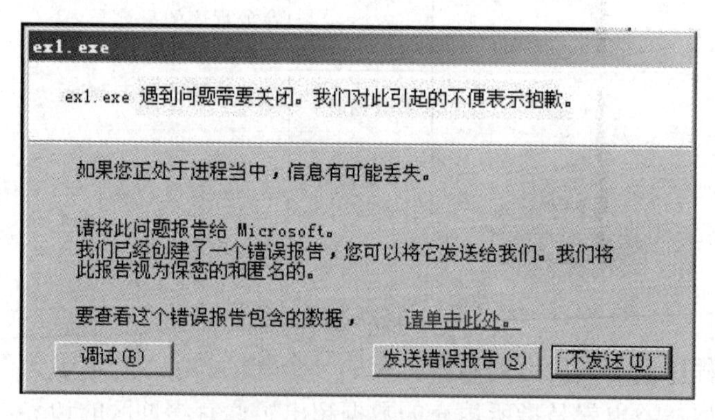

图 4-18　程序报警提示

存在 strcpy 这样问题的标准函数还有 strcat、sprintf、vsprintf、gets、scanf 以及在循环内的 getc，fgetc，getchar 等。程序员编程时，调用或编写类似 strcpy 这样的函数时，未限定或检查参数的大小，这就是缓冲区溢出漏洞存在的原因，而且这种漏洞是普遍存在的。

3. 缓冲区溢出攻击的原理

Example 2 代码的执行过程如图 4-19 所示。

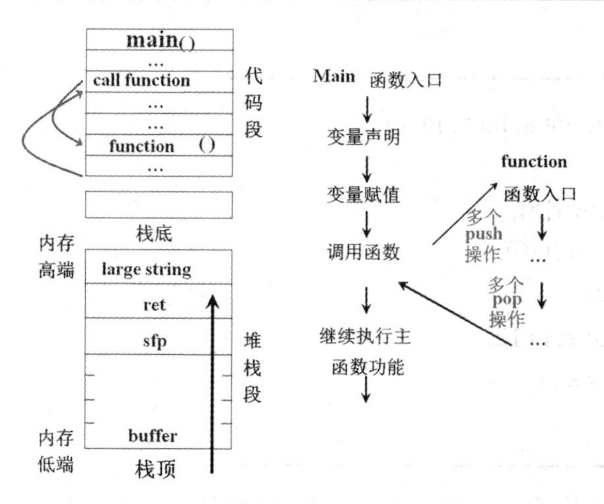

图 4-19　Example 2 程序执行过程

当程序中发生函数调用时，计算机的操作为：首先把参数压入堆栈，然后将指令寄存器(IP)中的内容压入堆栈，作为返回地址(RET)，第三个放入堆栈的是基址寄存器(FP)；然后把当前的栈指针(SP)拷贝到 FP，作为新的基地址；最后为本地变量留出一定空间，把 SP 减去适当的数值。在 Example 2 的代码中，将一个大字符串 large_string 拷入较小的缓冲区 buffer 中，引起缓冲区溢出，并覆盖了函数返回指针的内容(变为 0x41414141)，这样函数返回后，返回地址是非法的地址，程序会无法继续执行而报错。

上例中，如果精心构造填充的字符，就可以使函数返回地址指向一个可以继续运行的攻击期望的地址，这就是缓冲区溢出攻击的基本原理。即：当攻击者有机会用大于目标缓冲区大小的内容来向缓冲区进行填充时，就有可能改写函数保存在函数栈中的返回地址，从而使程序的执行流程随着攻击者的意图而转移。换句话说，进程接收了攻击者的控制，攻击者可以让进程改变原来的执行流程，去执行攻击者准备好的代码。

为了增强理解，再看一个例子。

Example 3.

```
——————————————————
void main( )
{
    int x;
    x=0;
    function(1, 2, 3);
    x=1;
    printf("%d", x);
}
——————————————————
```

这个例子中并没有给出函数 function 的实现，据以往的经验判断此程序的执行结果，输出 x 的值是几？

当然目前任何的断言都是错误的，因为还不知道函数 function 的实现。接下来查看函

数 function：

```
void function(int a, int b, int c)
{
    char buffer1[5];
    char buffer2[10];
    int * iret;
    iret = buffer1+12;
    ( * iret) += 8;
}
```

再来判断一下该程序的执行结果，输出 x 的值是几？为什么？

函数 function 中“iret=buffer1+12”这一句是使指针 iret 指向了内存中的一个地址，此地址距 buffer1 的首地址 12 个字节，即 3 个内存单元(32 位机为提高运行效率以 32 位 4 字节为分配单元)。如图 4-20 所示，刚好指向了堆栈中存储函数返回指针的位置。“(* iret)+=8”这一句是将原来的函数返回地址加 8，即使返回地址指向原来地址的后两个单元的位置。结合主程序执行过程，可以知道刚好跳过“x=1;”这一行，所以程序执行结果显示 x 的值是 1。

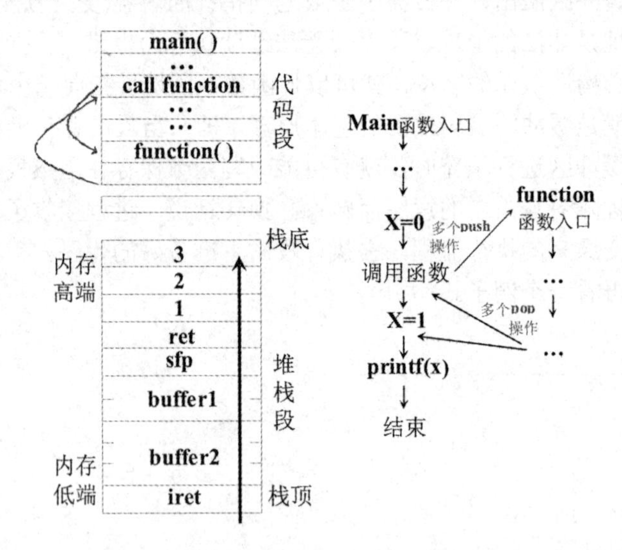

图 4-20　Example 3 程序执行过程

4. 缓冲区溢出攻击的实现

在掌握了缓冲区溢出攻击原理的基础上，再深入探讨一下如何实施缓冲区溢出攻击的问题。缓冲区溢出攻击的目的是要获取目标的权限，特别是控制权。如何通过缓冲区溢出攻击来获取目标权限呢？只能通过使进程或程序按攻击者的要求执行相应的代码来实现。总结前述内容，实现缓冲区溢出攻击的基本前提有以下三点：

(1) 存在溢出点。

(2) 可以更改函数返回指针值。

(3) 可以执行攻击者的攻击代码。

前两个前提很好实现，但第三个前提则存在攻击代码是否存在及如何使进程执行该攻击代码的问题。目前有两种方法可以实现，即指令跳转法和代码植入法。

指令跳转指的是如果内存中已经存在可以获取权限的指令，则通过缓冲区溢出覆盖被溢出程序的返回地址并使其指向跳转指令，进而执行跳转指令，转到可以获取权限的指令处执行。

代码植入法是最常用的方法，即在构造溢出字符串时将获取权限的代码以二进制指令的形式存储在溢出字符串中，直接将攻击代码写入目标主机内存。

如何知道缓冲区的地址，在何处放入攻击代码也是必须要解决的问题。由于每个程序的堆栈起始地址是固定的，所以理论上可以通过反复重试缓冲区相对于堆栈起始位置的距离来得到。但这样的盲目猜测可能要进行数百上千次，实际上是不现实的。解决的办法是利用空指令 NOP，在 Shell 代码前面放一长串的 NOP，返回地址可以指向这一串 NOP 中任一位置，执行完 NOP 指令后程序将激活 Shell 进程。这样就大大增加了猜中的可能性。

5. 缓冲区溢出攻击的防范

对缓冲区溢出攻击的防范应该从程序设计人员、普通用户两个角度入手。

从程序设计人员角度来看，要想避免出现缓冲区溢出漏洞，应该注意以下两个方面：

(1) 编程时小心谨慎。

(2) 用编译器进行溢出检测。

普通用户要想避免受到缓冲区溢出漏洞攻击，应该注意以下两个方面：

(1) 及时给系统打补丁。

(2) 安装防火墙系统。

缓冲区溢出漏洞存在的最本质的原因在于目前的计算机中指令与数据存储在同一内存中，因此从这一点出发，CPU 设计商 AMD 的新型芯片已经消除了这种情况发生的可能。这种芯片将内存分为独立的两部分，一部分用于存储数据，另一部分用于存储指令。这种 CPU 与 64 位的 Windows XP 操作系统结合可以从根源上杜绝缓冲区溢出攻击的发生。Immunix 计算机安全公司主管克里斯·柯文表示：“缓冲区溢出曾经是安全界的大敌，但它很快就将成为历史。”

4.3.3　木马病毒

1. 木马的基本概念

木马的全称为特洛伊木马(Trojan Horse)，源自希腊神话中的木马屠城记。《大英百科全书》对其定义为“隐藏在其他程序中的破坏安全(Security-Breaking)的程序，如隐藏在压缩文件或游戏程序中”。互联网 RFC1244 对其定义为“A Trojan Horse program can be a program that does something useful, or merely something interesting. It always does something unexpected, like steal passwords or copy files without your knowledge”，译为“特洛伊木马是一种程序，它能提供一些有用的，或是仅仅令人感兴趣的功能。但是它还有用户所不知道的其他功能，例如在你不了解的情况下拷贝文件或窃取你的密码”。

计算机网络世界的木马是一种能够在受害者毫无察觉的情况下渗透到系统中的程序

代码，在完全控制了受害系统后，能秘密地进行信息窃取和破坏。它与控制主机之间建立起连接，使得控制者能够通过网络控制受害系统，其通信原理遵照 TCP/IP 协议。木马秘密运行在对方计算机系统内，像一个潜入敌方的间谍，为其他人的攻击打开后门。

木马程序从本质上而言就是一对网络进程，其中一个运行在受害者主机上，被称为服务端。另一个运行在攻击者主机上，被称为控制端。攻击者通过控制端与受害者服务端进行网络通信，达到远程控制或其他目的。鉴于服务端的特殊性，通常所说的木马指的是木马服务端。

通过对木马功能及作用的了解，不难发现木马服务端具有三个典型特征：隐蔽性、非授权性和功能特殊性。

2. 木马的工作原理

典型木马的工作过程可划分成配置木马、传播木马、运行木马、建立连接、信息窃取及远程控制六个步骤。

通过对木马工作过程进行分析，可以发现木马程序必须做到以下四点才能达到木马的作用：

(1) 有一段程序执行特殊功能。

(2) 具有某种策略使受害者接收这个程序。

(3) 该程序能够长期运行，且程序的行为方式不会引起用户的怀疑。

(4) 入侵者必须有某种手段回收由木马发作而为他带来的实际利益。

将这四点分别定义为木马的功能机制、传播机制、启动机制及连接机制，下面通过对这四种机制分析来深入认识木马工作原理及入侵手段。

1) 功能机制

木马的典型功能主要包括以下几种：

(1) 远程控制功能。大多数木马实现远程控制功能，比如基于正向连接的 BO2000、冰河、广外女生等，基于反向连接的灰鸽子、网络神偷、网络红娘等。

(2) 文件窃取功能。文件窃取是一种基于无连接的木马服务端的特殊功能，这样的木马服务端一旦植入受害者主机，则在受害者主机上按照木马编写者的需要进行搜索，如图 4-21 所示。例如“试卷大盗”，搜索包含“题目”“试卷”“试题”等关键词的文件，将找到的文件发送到指定的邮箱或下载到指定的站点位置。

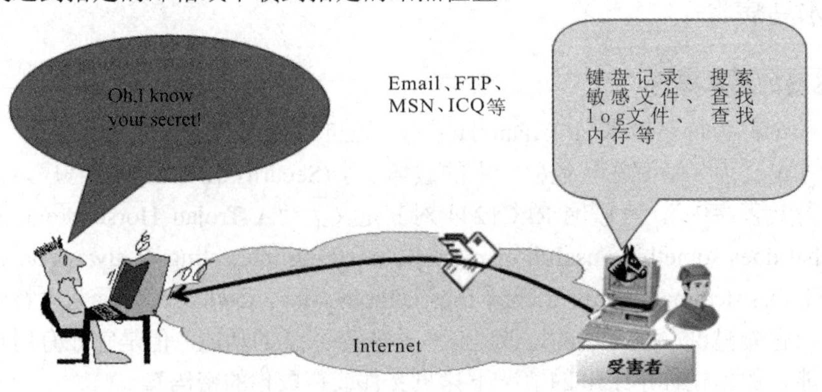

图 4-21　文件窃取木马功能示意

(3) 一些特殊功能。木马可以完成攻击者预置的一些特定功能，如破坏、网络攻击等。例如“僵尸”程序Bots可以组成“僵尸网络”，用于完成DoS和DDoS。

2) 传播机制

木马的传播方式除了病毒式传播外，还有以下四种：

(1) 网页挂马传播。利用网页挂马实现木马传播的示意图如图4-22所示。常见的方式有：将木马伪装成页面元素，木马则会被浏览器自动下载到本地；利用脚本运行漏洞下载木马；利用脚本运行漏洞释放隐含在网页脚本中的木马；将木马伪装为缺失的组件，或和缺失的组件捆绑在一起，如Flash播放插件，这样既达到了下载的目的，下载的组件又会被浏览器自动执行；通过脚本运行调用某些com组件，利用其漏洞下载木马；在渲染页面内容的过程中利用格式溢出释放木马，如ani格式溢出漏洞。

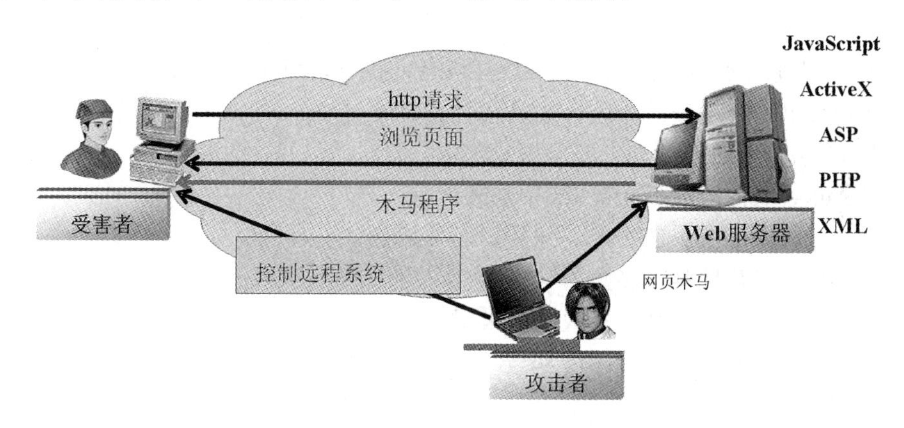

图4-22　利用网页挂马实现木马传播

(2) 欺骗式传播。攻击者将木马伪装成txt、bmp、html等无害文件的图标，上传到服务器诱骗用户下载，或通过发送QQ附件、邮件附件等诱骗用户下载以达到攻击的目的，如图4-23所示。

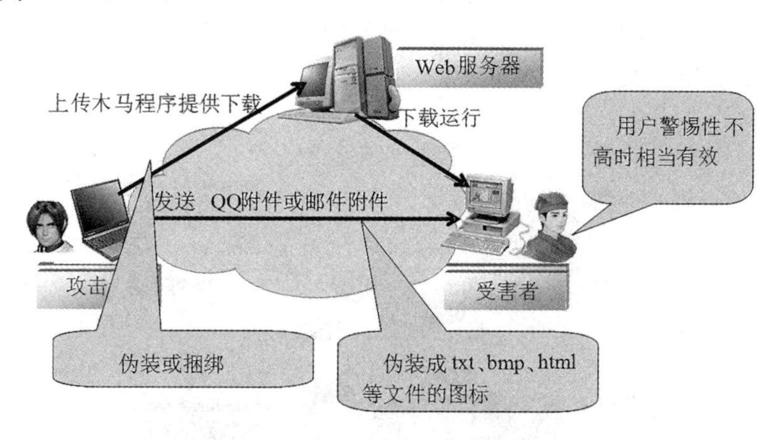

图4-23　木马的欺骗式传播

(3) 文件捆绑式传播。如将木马捆绑到一个安装程序上，当安装程序运行时，木马在用户毫无觉察的情况下在后台启动。ExeScope程序就可以完成文件捆绑功能。再如，将木马捆绑到一个Word文档上，当打开Word文档时执行宏运行木马。通过命令行“D:>copy

/b test.doc+tro.exe new.doc”就可将木马程序捆绑入 Word 文档。

(4) 主动攻击传播。攻击者利用系统漏洞主动发起攻击，获得上传文件权限后将木马上传至目标主机，再利用计划任务或注册表的启动项执行木马，以实现远程控制的目的，如图 4-24 所示。

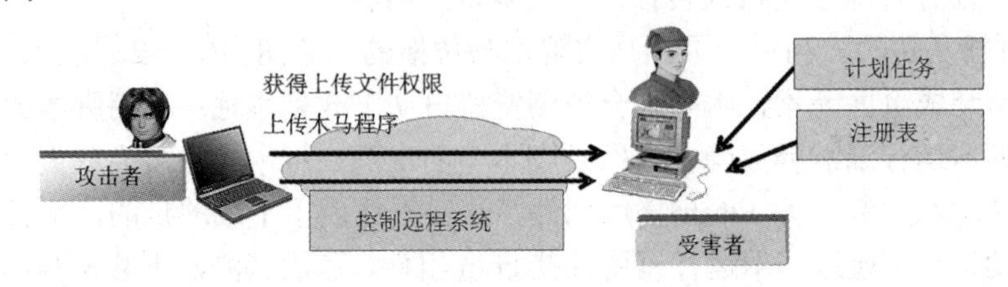

图 4-24　木马的主动攻击传播

3) *启动机制*

启动机制可使得木马一次执行后每次开机自动执行，可用的方法有：

(1) 开始菜单的启动项。

(2) 在 Winstart.bat 中启动。

(3) 在 Autoexec.bat 和 Config.sys 中加载运行。

(4) win.ini/system.ini：部分木马采用，不太隐蔽。

(5) 注册表：隐蔽性强，多数木马采用。

(6) 注册服务：隐蔽性强，多数木马采用。

(7) 修改文件关联：只见于国产木马。

4) *连接机制*

木马种植者为回收木马给他带来的利益，必须解决攻击者的木马控制端与受害者的木马服务端的连接问题，即木马的连接机制。为清楚理解木马的连接机制，必须要理解网络通信的基本原理。我们想象大家上网时最经常的情况：为了充分利用有限的时间，先找到需要的电影或软件，用迅雷下载；再打开 QQ，与网友聊天；再打开 IE 浏览器，访问 Web 站点，浏览新闻。如图 4-25 所示，主机从三个不同来源收到的数据包，如何交给正确的应用进程？如何避免出错呢？

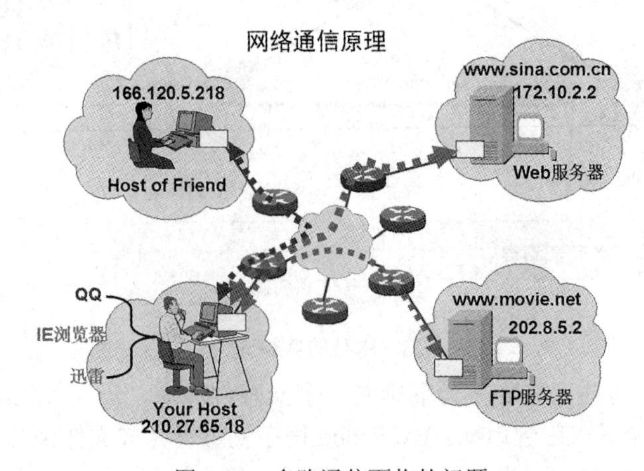

图 4-25　多路通信面临的问题

为了解决网络连接问题，计算机网络在运输层中引入了 Port 与 Socket。Port(端口)就是运输层服务访问点 SAP，用于标识应用进程。Socket(套接字、插口)表示网络中一条双向连接，其定义为

Socket::={源 IP 地址，源端口：目的 IP 地址，目的端口}

如图 4-26 所示，网络通信采用客户端/服务器方式，提供服务的一方进程始终处于被动监听状态，发起服务访问的一方主动连接。这样 Socket 中的端口有两类：一类是监听端口，用于标识守护进程；另一类是连接端口，用于标识用户应用进程。

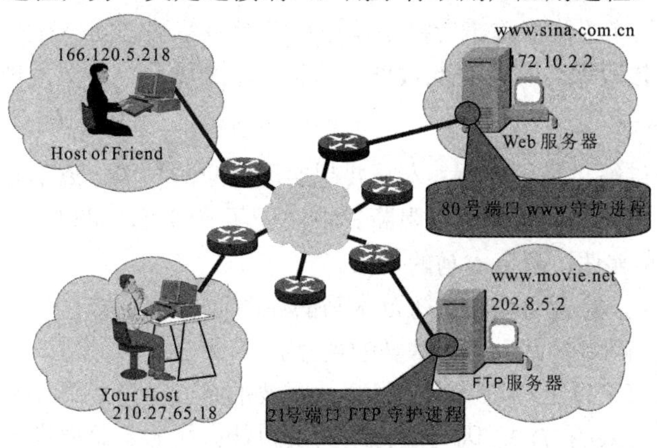

图 4-26　端口与套接字

知道了网络通信的基本概念与术语，按照木马控制端与服务端在连接中所扮演的角色，将木马的连接机制划分为以下三类：

(1) 正向连接。采用正向连接时，木马服务端打开一个特定的监听端口，作为守护进程隐蔽地运行在受害者主机上，被动等待攻击者的控制端与其连接。

由于攻击者不确定哪台计算机感染了木马，因此，攻击需要对整个或特定的网络进行扫描，查找打开特定端口的计算机，找到建立连接，实现远程控制。

这种连接方法很容易被防火墙所阻断，因此攻击者又推出了反向连接机制，如图 4-27 所示。

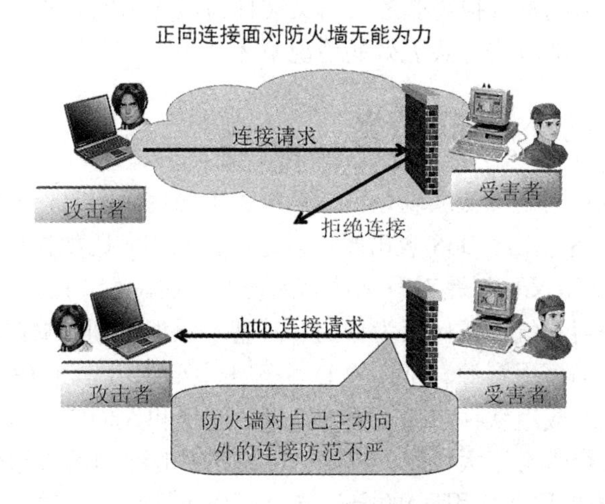

图 4-27　正向连接与反向连接

(2) 反向连接。反向连接指的是由攻击者主机上的控制端打开监听，作为守护进程等待受害者主机与之相连。受害者主机一旦感染了木马，木马服务端运行后，则向攻击者主机发起连接，并为之提供服务。

反向连接需要让服务端知道向谁发起连接，即确知“上家”是谁。目前有两种方法实现：一种是将控制端地址、端口信息写入服务端。这种方法不够灵活，攻击机变更主机或主机地址后难以成功连接。二是通过在第三方网站上存储一个配置文件实现，攻击机变更主机或主机地址后可通过修改配置文件使木马回连回来。

(3) 无连接。无连接是指攻击者控制端与受害者服务端之间不存在直接连接，控制端通过第三方中转站接收服务端发来的数据。这种方法最隐蔽，难以发现，难以阻止。

3. 木马防范技术

通过对原理的讲解，我们知道，木马要想实现相应的功能，离不开成功的传播、启动和连接三个环节。因此，防范时只要阻断其中任一环节即可，可以采用以下三种措施：

(1) 安装防病毒软件：防范木马的传播。

(2) 监控注册表，检查启动项：防范木马的启动。

(3) 监控连接，阻断异常：防范木马的连接。

千万不能认为有了以上三点就安全了，最重要的是安全意识。始终绷紧安全这根弦，从源头上阻断是最有效的方法。因为不管木马采用什么技术，总要进入计算机才能产生危害，如果每个人对自己的计算机负责，严把入口，则可使木马“无机可乘”。

4.4　拒绝服务攻击与分布式拒绝服务攻击

如果能发现目标系统中可被利用的漏洞，则可以通过该漏洞入侵并控制目标系统。如果目标系统不可入侵，也可以通过降低目标系统的效能(或使目标系统彻底失效)而达到网络攻击的目的，这种攻击方式称为拒绝服务攻击。拒绝服务即 Denial of Service，简称为 DoS，其目的是使计算机或网络无法提供正常的服务，导致合法用户无法访问系统资源，从而破坏目标系统的可用性。拒绝服务攻击又被称为服务阻断攻击。拒绝服务攻击容易引起目标的警觉，只在其他攻击方式无效的情况下才使用。

4.4.1　DoS 攻击的基本原理及分类

DoS 攻击的主要目的是降低或剥夺目标系统的可用性，因此，凡是可以实现该目标的行为均可被认为是 DoS 攻击。DoS 攻击既可以是物理攻击，比如拔掉网络接口、剪断网络通信线路、关闭电源等，又可以是对目标信息系统的攻击。本节只讨论对信息系统的攻击。

DoS 攻击不以获得系统的访问权为目的，其基本原理是利用缺陷或漏洞使系统崩溃、耗尽目标系统及网络的可用资源。早期的 DoS 攻击主要利用 TCP/IP 协议栈或应用软件的缺陷，使得目标系统或应用软件崩溃。随着技术的进步和人们安全意识的提高，现代操作系统和应用软件的安全性有了大幅度的提高，可被利用的漏洞越来越少。目前的 DoS 攻击试图耗尽目标系统(通信层和应用层)的全部能力，从而导致它无法为合法用户提供服务或不能及时提供服务。

分布式拒绝服务(Distributed Denial of Service，DDoS)是目前威力最大的 DoS 攻击方法。分布式拒绝服务攻击利用了 Client/Server 技术，将多台计算机联合起来对一个或多个目标发动 DoS 攻击，从而大幅度地提高了拒绝服务攻击的威力。

由于拒绝服务攻击简单有效，不需要很高深的专业知识就可发起攻击，这种攻击具有通用性且大多利用了网络协议的脆弱性，因此 DoS 一直是网络信息系统可用性的重要威胁之一。

根据其内部工作机理，可将 DoS 攻击分成四类：带宽耗用型、资源衰竭型、漏洞利用型以及路由和 DNS 攻击型。对四种不同的 DoS 攻击介绍如下。

1. 带宽耗用

带宽耗用攻击的本质是攻击者消耗掉某个网络的所有可用带宽，主要用于远程拒绝服务攻击。这种攻击有以下两种主要方式：

(1) 攻击者因为有更多的可用带宽而能够造成受害者网络的拥塞。比如一个拥有 100 Mb/s 带宽的攻击者可造成 2 Mb/s 网络链路的拥塞，即较大的管道“淹没”较小的管道。如果攻击者的带宽小于目标的带宽，则在单台主机上发起的带宽耗用攻击无异于剥夺自己的可用性。

(2) 攻击者通过征用多个网点集中拥塞受害者的网络，以放大他们的 DoS 攻击效果。比如，分布在不同区域的 100 个具有 2 Mb/s 带宽的攻击代理同时发起攻击，足以使拥有 100 Mb/s 带宽的服务器失去响应能力。这种攻击方式要求攻击者事先入侵并控制一批主机，被控制的主机通常被称为“僵尸”，然后协调“僵尸”同时发动攻击。

2. 资源衰竭

任何信息系统拥有的资源都是有限的。系统要保持正常的运行状态，就必须具有足够的资源。如果某个进程或用户耗尽了系统的资源，则其他用户就无法使用系统。从其他用户的角度看，其对系统的可用性被剥夺了。这种攻击方式称为资源衰竭攻击，既可用于远程攻击，又可用于本地攻击。

一般来说，资源衰竭攻击涉及诸如 CPU 利用率、内存、文件系统限额和系统进程总数之类系统资源的消耗。攻击者往往拥有一定数量系统资源的合法访问权，然而他们会滥用这种访问权消耗额外的资源。这样一来，系统的其他合法用户被剥夺了原来享有的资源份额。资源衰竭 DoS 攻击通常会因为系统崩溃、文件系统变满或进程被挂起等原因而导致资源的不可用。

目前，针对 Web 站点出现了一种有效的、被称为“刷 Script 脚本攻击”的攻击方式。这种攻击主要是针对使用 ASP、JSP、PHP、CGI 等脚本程序，并调用 MSSQL Server、MySQL Server、Oracle 等数据库的网站系统而设计的。其特征是和服务器建立正常的 TCP 连接，并不断地向脚本程序提交查询、列表等大量耗费数据库资源的调用。一般来说，提交一个 GET 或 POST 指令对客户端的耗费和带宽的占用几乎是可以忽略的，而服务器为处理此请求却可能要从上万条记录中查出某个记录，这种处理过程对资源的耗费是很大的，常见的数据库服务器很少能支持数百个查询指令的同时执行，而这对于客户端来说却是轻而易举的。因此，攻击者只需通过 Proxy 代理向目标服务器大量递交查询指令，在数分钟内就会

把服务器资源消耗掉而导致拒绝服务，常见的现象就是网站响应变慢、ASP 程序失效、PHP 连接数据库失败、数据库主程序占用 CPU 偏高等。这种攻击的特点是可以完全绕过普通的防火墙防护，轻松地找一些 Proxy 代理就可实施攻击。缺点是面对只有静态页面的网站时效果不佳，并且有些 Proxy 会暴露攻击者的 IP 地址。

3. 漏洞利用

程序是人设计的，不可能完全没有错误。这些错误体现在软件中就成为了缺陷，如果该缺陷可被利用，则成为了漏洞。例如，利用缓冲区溢出漏洞可以使目标进程崩溃。

截至 2015 年 6 月 7 日，中联绿盟(http://www.nsfocus.net)收录了 6085 个拒绝服务漏洞，攻击者利用这些漏洞就可以发动攻击。比如 2014 年 12 月 5 日发布的“libvirt'qemu/qemu_driver.c 拒绝服务漏洞”(CVE-2014-8136)就是利用了 libvirt 中 qemu/qemu_driver.c 的两个函数(qemuDomainMigratePerform 及 qemuDomainMigrateFinish2)在 ACL 检查失败后没有开启域的安全漏洞，本地攻击者利用此漏洞造成拒绝服务。

应当指出的是，系统中的某些安全功能如果使用不当，也可造成拒绝服务。比如，如果系统设置了用户试探口令次数，当用户无法在指定的次数内输入正确的口令则会被锁定，则攻击者可以利用这一点故意多次输入错误口令而使合法用户被锁定。

4. 路由和 DNS 攻击

路由攻击是指通过发送伪造的路由信息，产生错误的路由而干扰正常的路由过程。早期版本的路由协议由于没有考虑到安全问题，没有或只有很弱的认证机制。攻击者利用此缺陷就可以伪造路由，使得数据被路由到一个并不存在的网络上，或经过攻击者能窃听数据包的路由，从而造成拒绝服务攻击或数据泄密。

DNS 攻击是指通过各种手段，使域名指向不正确的 IP 地址。当合法用户请求某台 DNS 服务器执行查找请求时，攻击者就把它们重定向到自己指定的网址，某些情况下还被重定向到不存在网络地址。常见的攻击手法是域名劫持、DNS 缓存“投毒”和 DNS 欺骗。

4.4.2 典型的 DoS 攻击技术

1. 早期的一些 DoS 攻击手段

1) 死亡之 Ping(Ping of Death)

死亡之 Ping 利用 Ping 命令向目标主机发送超过 64 K 的 ICMP 报文实现 DoS 攻击。这种攻击只对 Win 95 和未打补丁的 Windows NT 起作用，可以直接造成目标主机蓝屏死机。其攻击命令如下：

```
ping -L 65538  <destnation IP address>  //指定包长超过 65535 即可
```

2) SMB 致命攻击

SMB(Session Message Block，会话消息块协议)又被叫作 NetBIOS 或 LanManager 协议，用于不同计算机之间文件、打印机、串口和通信的共享和用于 Windows 平台上提供磁盘和打印机的共享。SMB 协议版本有很多种，在 Windows 98/NT/2000/XP 中使用的是 NTLM 0.12 版本。利用该协议可以进行各方面的攻击，比如可以抓取其他用户访问自己计算机共享目录的 SMB 会话包，然后利用 SMB 会话包登录对方的计算机等。

利用 SMB 漏洞存在一种典型的 DoS 攻击方法，即 SMB 致命攻击。SMB 致命攻击可以让对方操作系统系统重新启动或蓝屏死机。其工具软件为 SMBDie V1.0，该软件对打了 SP3、SP4 的 Windows 2000 计算机依然有效，要防范这种攻击，必须打专门的 SMB 补丁。

3) 泪滴攻击(Teardrop)

在发送的 IP 分组包指定非法的片偏移值，会造成某些协议软件出现缓冲区覆盖，导致系统崩溃。

4) Land 攻击

向目标主机发送源地址与目的地址相同的数据包，造成目标机解析 Land 包占用太多资源，从而使网络功能完全瘫痪。不同系统对 Land 攻击的反应不同，许多 UNIX 将崩溃，而 Windows NT/2000 会变得极其缓慢。

5) DNS 攻击

早期的 DNS 存在漏洞，可以被利用而造成危害。以下为 DNS 曾经存在的两个著名的漏洞：

(1) DNS 主机名溢出：指 DNS 处理主机名超过规定长度的情况。不检测主机名长度的应用程序可能在复制这个名时导致内部缓冲区溢出，这样攻击者就可以在目标计算机上执行任何命令。

(2) DNS 长度溢出：DNS 可以处理在一定长度范围之内的 IP 地址，一般情况下应该是 4 字节。如果用超过 4 字节的值格式化 DNS 响应信息，一些执行 DNS 查询的应用程序将会发生内部缓冲区溢出，这样远程的攻击者就可以在目标计算机上执行任何命令。

6) E-mail 炸弹

攻击者在短时间内连续寄发大量邮件给同一收件人，使得收件人的信箱容量不堪负荷而无法收发邮件，甚至使收件人在进入邮箱时引起系统死机。邮件炸弹不仅造成收件人信箱爆满无法接收其他邮件，还会加重网络流量负荷，甚至导致整个邮件系统瘫痪。

2. SYN Flood(SYN 洪水)攻击

SYN Flood 攻击主要利用了 TCP 协议的缺陷。在建立 TCP 连接的三次握手中，如果不完成最后一次握手，则服务器将一直等待最后一次的握手信息直到超时。这样的连接被称为半开连接。正常 TCP 连接和 TCP 半开连接如图 4-28 所示。

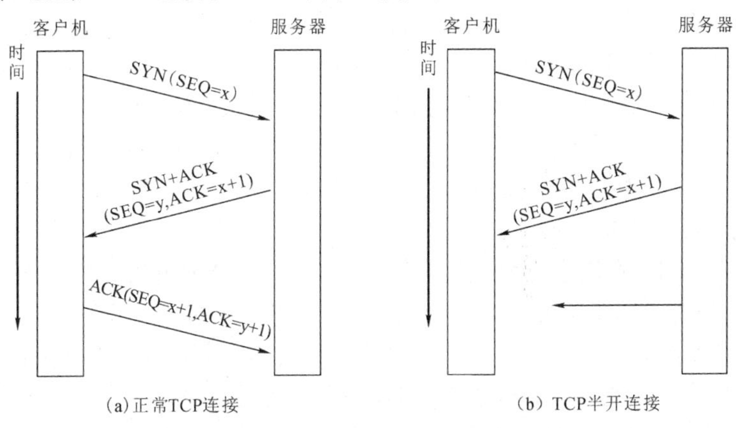

图 4-28　正常 TCP 连接和 TCP 半开连接

如果向服务器发送大量伪造 IP 地址的 TCP 连接请求，则由于 IP 地址是伪造的，无法完成最后一次握手。此时服务器中有大量的半开连接存在，这些半开连接占用了服务器的资源。如果在超时时限之内的半开连接超过了上限，则服务器将无法响应新的正常连接。这种攻击方式被称为 SYN Flood 攻击。SYN Flood 是当前最流行的 DoS 与 DDoS 的方式之一。

一般来说，如果一个系统(或主机)负荷突然升高甚至失去响应，使用 netstat 命令能看到大量 SYN RCVD 的半连接，若数量超过 500 或占总连接数的 10%以上，则可以认定这个系统(或主机)遭到了 SYN Flood 攻击。

虽然攻击者发出的数据包是伪造的，但这些数据包是合法的，因此要杜绝 SYN Flood 攻击十分困难，以下策略有助于减弱 SYN Flood 攻击的影响：

1) 增加连接队列的大小

调整连接队列的大小可以增加 SYN Flood 攻击的难度。不过一方面，这种方法会用掉额外的系统资源，从而影响系统性能。另一方面，如果攻击者征用更多的站点进行攻击，则这种努力是徒劳的。

2) 缩短连接建立超时时限

缩短连接建立超时时限也有可能减弱 SYN Flood 攻击的效果。然而系统的性能将受到严重影响，一些远离服务器的合法用户有可能无法建立正常的连接。

3) 采用厂家的相关软件补丁，检测及规避潜在 SYN 攻击

SYN Flood 攻击在网上流行之后，许多的操作系统都开发了对付这种攻击的方案，作为网络管理员，应该及时给系统升级和打补丁。

4) 应用网络 IDS 产品

有些基于网络的 IDS 产品能够检测并主动对 SYN Flood 攻击作出响应。这样的 IDS 能够向遭受攻击的对应初始 SYN 请求的系统主动发送 RST 分组。

5) 使用退让策略避免被攻击

如果发现被 SYN Flood 攻击，可迅速更换域名所对应的 IP 地址，在原来的 IP 地址上并没有服务在运行。这样，受到攻击的是老的 IP 地址，而实际上服务器在新的 IP 地址上提供服务。这种策略被称为退让策略。

不管是基于 IP 的还是基于域名解析的攻击方式，一旦攻击开始，攻击方将不会再进行域名解析，被攻击的 IP 地址不会改变。如果一台服务器在受到 SYN Flood 攻击后迅速更换自己的 IP 地址，那么攻击者不断攻击的只是一个空的 IP 地址，并没有对应的主机，而防御方只要将 DNS 解析更改到新的 IP 地址就能在很短的时间内(取决于 DNS 的刷新时间)恢复用户通过域名进行的正常访问。为了迷惑攻击者，甚至可以放置一台“牺牲”服务器让攻击者满足于攻击的“效果”。

出于同样的原因，在诸多的负载均衡架构中，基于 DNS 解析的负载均衡拥有对 SYN Flood 攻击的免疫力。基于 DNS 解析的负载均衡能将用户的请求分配到不同 IP 的服务器主机上，攻击者攻击的永远只是其中一台服务器。虽然攻击者也能不断去进行 DNS 请求从而打破这种“退让”策略，但是这样就会增加攻击者的成本，而且过多的 DNS 请求有可能暴露攻击者的 IP 地址(DNS 需要将数据返回到真实的 IP 地址，很难进行 IP 伪装)。

如果使用的是 Windows Server，则通过配置一些参数可以降低 SYN Flood 攻击的危害。与 SYN Flood 攻击相关的注册表键为：

HKEY-LOCAL-MAcHINE\system\cuHentcontr01set\Services\Tcpip\Parameters

以下是降低 SYN Flood 攻击危害的参数配置方法：

(1) 增加一个 SYNAttackProtect 的键值，类型为 REG-DWORD，取值范围是 0～2。这个值决定了系统受到 SYN Flood 攻击时采取的保护措施，包括减少系统 SYN+ACK 的重试的次数等。其默认值是 0，即没有任何保护措施，推荐设置是 2。

(2) 增加一个 TcpMaxHalfOpen 的键值，类型为 REG-DWORD，取值范围是 100～0xFFFF。这个值是系统允许同时打开的半连接，默认情况下 WIN2K PRO 和 SERVER 是 100，ADVANCED SERVER 是 500，这个值很难确定，具体的值取决于服务器 TCP 负荷的状况和可能受到的攻击强度。

(3) 增加一个 TcpMaxHalfOpenRetried 的键值，类型为 REG-DWORD，取值范围是 80～0xFFFF。默认情况下 WIN2K PRO 和 SERVER 是 80，ADVANCED SERVER 是 400，这个值决定了在什么情况下系统会打开 SYN 攻击保护。

3. Smurf 攻击

1) Smurf 攻击原理

Smurf 攻击是最著名的网络层 DoS 攻击，它结合使用了 IP 欺骗和 ICMP 回应请求，使大量的 ICMP 回应报文充斥目标系统。由于目标系统优先处理 ICMP 消息，目标将因忙于处理 ICMP 回应报文而无法及时处理其他的网络服务，从而拒绝为合法用户提供服务。

Smurf 攻击利用了定向广播技术，由三个部分组成：攻击者、放大网络(也被称为反弹网络或站点)和受害者。攻击者向放大网络的广播地址发送源地址伪造成受害者 IP 地址的 ICMP 返回请求分组，这样看起来是受害者的主机发起了这些请求，导致放大网络上所有的系统都将对受害者的系统作出响应。如果一个攻击者给一个拥有 100 台主机的放大网络发送单个 ICMP 分组，那么 DoS 攻击的效果将会放大 100 倍。其攻击过程如图 4-29 所示。

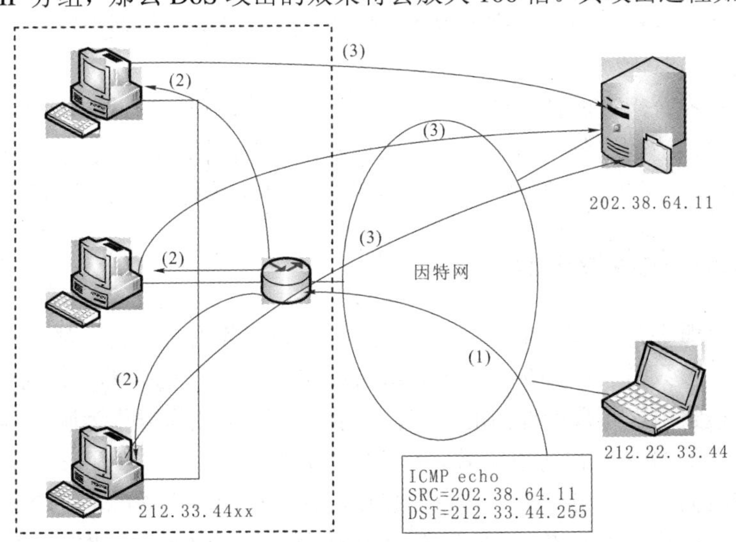

图 4-29　Smurf 攻击原理

Smurf 攻击的过程如下：

(1) 黑客向一个具有大量主机和因特网连接的网络(反弹网络)的广播地址发送一个欺骗性 Ping 分组(echo 请求)，该欺骗分组的源地址就是攻击者希望攻击的系统。

(2) 路由器接收到这个发送给 IP 广播地址(例如 212.33.44.255)的分组后，会认为这就是广播分组，并且把以太网广播地址 FF:FF:FF:FF:FF:FF 映射过来。这样路由器从 Internet 上接收到该分组，会对本地网段中的所有主机进行广播。

(3) 网段中的所有主机都会向欺骗性分组的 IP 地址发送 echo 响应。如果这是一个很大的以太网段，可能会有几百个主机对收到的 echo 请求进行回复。

由于多数系统都会尽快地处理 ICMP 传输信息，因此目标系统很快就会被大量的 echo 信息吞没，这样轻而易举地就能够阻止该系统处理其他任何网络传输，从而拒绝为正常系统提供服务。

2) Smurf 攻击的防范措施

用户可以分别从源站点、反弹站点(放大网络)和目标站点三个方面采取步骤，以限制 Smurf 攻击的影响。

(1) 阻塞 Smurf 攻击的源头。Smurf 攻击依靠欺骗性的源地址发送 echo 请求。网络管理员可以使用路由器的访问控制机制保证内部网络中发出的所有数据包都具有合法的源地址，以防止这种攻击。这样可以使欺骗性分组无法到达反弹站点。

(2) 阻塞 Smurf 的反弹站点。网络管理员可以有两种方法阻塞 Smurf 攻击的反弹站点。第一种方法可以简单地阻塞所有入站 echo 请求，这样可以防止这些分组到达自己的网络。第二种方法是当不能阻塞所有入站 echo 请求时，网管就需要制止自己的路由器把网络广播地址映射成为 LAN 广播地址。制止了这个映射过程，自己的系统就不会再收到这些 echo 请求了。

(3) 防止 Smurf 攻击目标站点。除非用户的 ISP 愿意提供帮助，否则用户自己很难防止 Smurf 对自己的 WAN 接连线路造成影响。虽然用户可以在自己的网络设备中阻塞这种传输，但对于防止 Smurf 吞噬所有的 WAN 带宽已经太晚了。但至少用户可以把 Smurf 的影响限制在外围设备上。

通过使用动态分组过滤技术或使用防火墙，用户可以阻止这些分组进入自己的网络。防火墙的状态表很清楚这些攻击会话不是本地网络中发出的，因为状态表记录中没有最初的 echo 请求记录，因此它会像对待其他欺骗性攻击行为那样丢弃这些信息。

4.4.3　分布式拒绝服务攻击

分布式拒绝服务是一种分布、协作的大规模拒绝服务攻击方式。对于只有单台服务器的目标站点，一般只需一个或几个攻击点就可以实施 DoS 攻击。然而，对于大型的站点，像商业公司、搜索引擎和政府部门的站点，一般用大型机或集群作为服务器，此时常规的基于单个攻击点的 DoS 攻击难以奏效。为了攻击大型站点，可以利用一大批如数万台受控制的傀儡计算机向一台主机或某一站点发起攻击，这样的攻击被称为 DDoS 攻击。DDoS 的攻击效果是单个攻击点的累加，如果用 10 000 台机器同时向目标攻击，则攻击效果是单台计算机攻击的 10 000 倍，如此强度的攻击即使是巨型机也难以抵挡。

1. 分布式拒绝服务攻击原理

分布式拒绝服务攻击是一种利用分布、协作结构的拒绝服务攻击，一般来讲都是客户机/服务器模式。攻击者利用一台终端来控制多台主控端，由主控端控制成千上万的傀儡主机(又被称为攻击代理服务器)进行攻击，如图 4-30 所示。

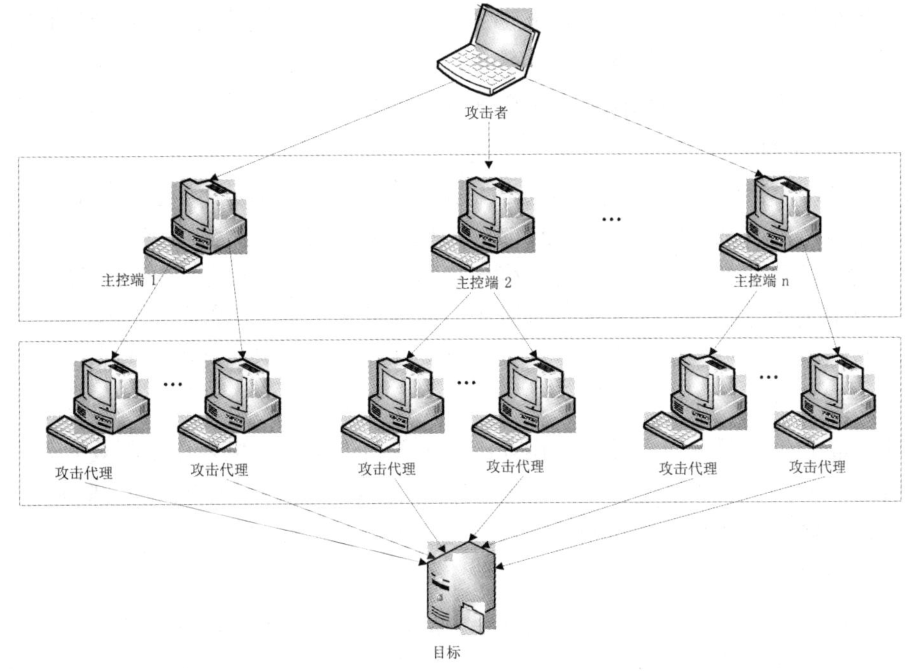

图 4-30　DDoS 的原理结构图

DDoS 的攻击平台由以下三个主要部分构成：

(1) 攻击者：攻击者所用的计算机是攻击的真正发起端，是主控台。攻击者一般不直接操控攻击代理直接对目标进行攻击，而是通过操纵主控端来操控整个攻击过程。这样有利于隐蔽自己。

(2) 主控端：主控端是攻击者非法侵入并控制的一些主机，这些主机还分别控制大量的代理主机。主控端主机的上面安装了特定的程序，因此它们可以接收攻击者发来的特殊指令，并且可以把这些命令发送到代理主机上。

(3) 代理端：代理端同样也是攻击者侵入并控制的一批主机，其上运行了攻击程序，接收和运行主控端发来的命令。代理端主机是攻击的执行者，真正向受害者主机发动攻击。

攻击者发起 DDoS 攻击的第一步就是在 Internet 上寻找并攻击有漏洞的主机即傀儡计算机，入侵系统后在其中安装后门程序。被入侵的主机也常被称为“僵尸”，由大量僵尸组成的虚拟网络就是所谓的僵尸网络。攻击者入侵的主机越多，则其发动 DDoS 攻击的威力就越大。第二步是在入侵主机上安装攻击程序，其中一部分主机充当攻击的主控端，一部分主机充当攻击的代理端。最后各部分主机各司其职，在攻击者的调遣下对攻击对象发起攻击。由于攻击者在幕后操纵，所以在攻击时不会受到监控系统的跟踪，身份不容易被发现。

与传统的单机模式的拒绝服务相比，分布式拒绝服务攻击有一些显著的特点，使其备受黑客攻击的青睐，是网络攻击者最常用的攻击方法。

2. 分布式拒绝服务攻击的特点

1) 攻击规模的可控性

分布式拒绝服务攻击实施的主体是受攻击者控制的傀儡机，傀儡机的数量决定了分布式拒绝服务攻击的规模。因此，攻击者可以通过控制发动攻击所使用的傀儡机的数量来对攻击规模进行控制。所使用的傀儡机数量越多，攻击规模越大。为了达到最佳的攻击效果，攻击者一般都使用所有控制的傀儡机发起攻击，并且攻击过程中不断地控制尽可能多的新的傀儡机，以此来保持攻击规模的稳定性和攻击效果的持续性。

2) 攻击主体的分布性

攻击主体的分布性是指实施分布式拒绝服务攻击的主体不是集中在一个地点，而是分布在不同地点协同实施攻击。攻击主体的分布性是分布式拒绝服务攻击一个显著的特点。分布式拒绝服务攻击主体分布的广泛程度由攻击主体选择范围确定。如果选择范围是一个地区，则攻击主体分布在一个地区；如果选择范围是一个国家，则攻击主体分布在一个国家；如果攻击主体在全球范围内选择，则攻击主体分布在世界的各个角落。

3) 攻击方式的隐蔽性

由于分布式拒绝服务攻击并不是由攻击者本人所使用的主机直接发起攻击，而是通过控制主控端和傀儡机间接发起攻击，因此，对于攻击者来说，它具有很强的隐蔽性。此外，攻击主体的分布性也使得对攻击源的追踪非常困难。

4) 攻击效果的严重性

相比其他攻击手段，分布式拒绝服务攻击的危害性更加严重，特别是大规模的分布式拒绝服务攻击，除了造成被攻击目标的服务能力大幅下降之外，还会大量占用网络带宽，造成网络的拥塞，危害整个网络的使用和安全，甚至可能造成信息基础设施的瘫痪，引发社会的动荡。针对军事网络的分布式拒绝服务攻击还可使军队的网络信息系统瞬时陷入瘫痪，其威力也许不亚于真正的导弹。

5) 攻击防范的困难性

分布式拒绝服务攻击充分利用了 TCP/IP 协议的漏洞，因此，对分布式拒绝服务攻击的防御比较困难，除非拒绝使用 TCP/IP 协议才有可能完全防御。分布式拒绝服务攻击一旦发起，在很短时间内就能造成目标机服务的瘫痪，即使被发现，也很难进行防御。

3. 分布式拒绝服务攻击的防御对策

实事求是地说，目前还没有公认的彻底杜绝 DDoS 攻击的有效方法，但是以下方法有助于降低被 DDoS 攻击的风险。

1) 提高软件的安全性，杜绝漏洞的出现

如果没有软件漏洞，黑客是很难正面入侵一个计算机系统的。因此，应该对软件进行安全测试和评估，尽量减少漏洞的出现，一旦出现漏洞，也要及时用补丁修补漏洞。这就需要提高软件开发人员的安全意识和能力，使之在软件开发过程中践行安全编码的原则。

2) 加强计算机用户的安全防护意识，避免成为傀儡计算机

入侵并控制大量的傀儡计算机是攻击者实施 DDoS 攻击的前提。如果能加强广大计算机用户的安全防护意识和能力，使攻击者无法入侵并控制一批傀儡计算机，则 DDoS 自然

就无法发动了。

3) 实施控制，降低分布式拒绝服务攻击的危害

分布式拒绝服务攻击一旦发生，要及时作出响应，采取各种措施进行控制，最大限度地降低攻击的危害性。

一般而言，DDoS一旦发动，其发出的数据包是有某些特点的，这就可以在IDS中设置相应的检测规则，并与企业的防火墙联动，拒绝攻击数据包进入企业的网络。

4) 建立响应组织，健全分布式拒绝服务攻击的响应机制

为及时对分布式拒绝服务攻击进行响应，统筹应对分布式拒绝服务攻击的措施和资源，应建立计算机应急响应组织，健全分布式拒绝服务攻击的响应机制，这对于一个国家应对分布式拒绝服务攻击来说是非常必要的。在分布式拒绝服务攻击爆发时，计算机应急响应组织可以对攻击及时响应，迅速查找确定攻击源，屏蔽攻击地址，丢弃攻击数据包，最大限度地降低攻击所造成的损失，并对攻击造成的损失进行评估。

4.5 APT 攻 击

4.5.1 APT概述

高级持续性威胁(Advanced Persistent Threat，APT)是一种以商业和政治为目的的网络犯罪类别，通常使用先进的攻击手段对特定目标进行长期持续性的网络攻击，具有长期经营与策划、高度隐蔽等特性。这种攻击不会追求短期的收益或单纯的破坏，而是以步步为营的渗透入侵策略，低调隐蔽地攻击每一个特定目标，不做其他多余的活动来“打草惊蛇”。

下面列举几个典型的APT攻击实例，以便展开进一步分析。

1. Google极光攻击

2010年的Google Aurora(极光)攻击是一个十分著名的APT攻击。Google的一名雇员点击即时消息中的一条恶意链接，引发了一系列事件，导致这个搜索引擎巨人的网络被渗入数月，并且造成各种系统的数据被窃取。这次攻击以Google和其他大约20家公司为目标，它是由一个有组织的网络犯罪团体精心策划的，目的是长时间地渗入这些企业的网络并窃取数据。该攻击过程大致如下：

(1) 对Google的APT行动开始于刺探工作，特定的Google员工成为攻击者的目标。攻击者尽可能地收集信息，搜集该员工在Facebook、Twitter、LinkedIn和其他社交网站上发布的信息。

(2) 接着攻击者利用一个动态DNS供应商来建立一个托管伪造照片网站的Web服务器。该Google员工收到来自信任的人发来的网络链接并且点击它，就进入了恶意网站。该恶意网站页面载入含有shellcode的JavaScript程序码造成IE浏览器溢出，进而执行FTP下载程序，并从远端进一步抓了更多新的程序来执行。由于其中部分程序的编译环境路径名称带有Aurora(极光)字样，该攻击故此得名。

(3) 接下来，攻击者通过SSL安全隧道与受害人机器建立了连接，持续监听并最终获

得了该雇员访问 Google 服务器的账号密码等信息。

(4) 最后，攻击者就使用该雇员的凭证成功渗透进入 Google 的邮件服务器，进而不断地获取特定 Gmail 账户的邮件内容信息。

2. 夜龙攻击

夜龙攻击是 McAfee 在 2011 年 2 月份发现并命名的针对全球主要能源公司的攻击行为。该攻击的攻击过程是：

(1) 外网主机(如 Web 服务器)遭攻击成功，黑客采用的是 SQL 注入攻击。

(2) 用被黑的 Web 服务器被作为跳板，对内网的其他服务器或 PC 进行扫描。

(3) 内网机器(如 AD 服务器或开发人员电脑)遭攻击成功，多半是密码被暴力破解。

(4) 被黑机器被植入恶意代码，并被安装远端控制工具(RAT)，并禁用掉被黑机器 IE 的代理设置，建立起直连的通道，传回大量敏感文件(Word、PPT、PDF 等)以及所有会议记录与组织人事架构图。

(5) 更多内网机器遭入侵成功，多半是由高阶主管点击了看似正常的邮件附件，却不知其中含有恶意代码引起的。

3. 超级工厂病毒攻击(震网攻击)

遭遇超级工厂病毒攻击的核电站计算机系统实际上是与外界物理隔离的，理论上不会遭遇外界攻击。坚固的堡垒只有从内部才能被攻破，超级工厂病毒也正充分地利用了这一点。超级工厂病毒的攻击者并没有广泛地去传播病毒，而是针对核电站相关工作人员的家用电脑、个人电脑等能够接触到互联网的计算机发起感染攻击，以此为第一道攻击跳板，进一步感染相关人员的 U 盘，病毒以 U 盘为桥梁进入“堡垒”内部，随即潜伏下来，如图 4-31 所示。病毒很有耐心地逐步扩散，利用多种漏洞(包括当时的一个 0DAY 漏洞)，一点一点地进行破坏，最终控制了离心机控制系统，修改了离心机参数，让其发电正常但生产不出制造核武器的物质，成功地将伊朗制造核武器的进程拖后了几年。这是一次十分成功的 APT 攻击，而其最为恐怖的地方就在于极为巧妙地控制了攻击范围，攻击十分精准。

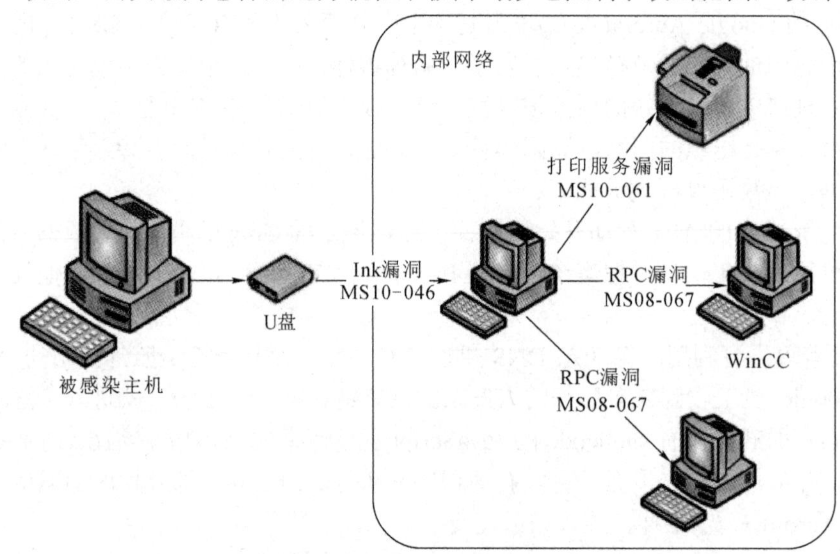

图 4-31　超级工厂病毒攻击过程

4.5.2　APT 分析

1. APT 攻击的特点

1) 技术上的高级

(1) 0DAY 漏洞：APT 攻击者需要了解对方使用软件和环境，有针对性地寻找只有攻击者知道的漏洞，绕过现有的保护体系实现利用。

(2) 0DAY 特马：APT 攻击者采用新型特殊木马绕过现有防护，是一种了解环境时使用的专门的对抗。

(3) 通道加密：APT 攻击者使用加密通道，利用常见必开的协议(如 DNS)或合法加密的协议(如 HTTPS)。

2) 投入上的高级

(1) 全面信息的收集与获取。

(2) 针对不同目标的工作分工。

(3) 多种手段的结合：社会工程学+物理。

APT 攻击往往针对人的薄弱环节与信任体系，攻击人的终端，由于常见人的信息流通道如邮件、Web 访问、IM 等缺乏深度检测，APT 通常利用人与人间的信任和利用社会工程学获取权限。

2. APT 攻击的阶段划分

APT 攻击可划分为以下 6 个阶段。

1) 情报收集

黑客透过一些公开的数据源(如 Facebook)搜寻和锁定特定人员并加以研究，然后开发出定制化攻击。

这是黑客收集信息的阶段，他可以通过搜索引擎，配合诸如爬网系统在网上搜索需要的信息，并通过过滤方式筛选自己所需要的信息。信息的来源很多，包括社交网站、博客和公司网站，甚至可以通过一些渠道购买相关信息(如公司通讯录等)。

2) 首次突破防线

黑客在确定好攻击目标后，将会通过各种方式来试图突破攻击目标的防线。常见的渗透突破的方法包括电子邮件、即时通讯和网站挂马。

通过社会工程学手段欺骗企业内部员工下载或执行包含零日漏洞的恶意软件，一般安全软件无法对其检测，软件运行之后即建立了后门，等待黑客下一步操作。

3) 幕后操纵通讯

黑客在感染或控制一定数量的计算机之后，为了保证程序能够不被安全软件检测和查杀，会建立命令，控制及更新服务器(C&C 服务器)，对自身的恶意软件进行版本升级，以达到免杀效果。同时一旦时机成熟，还可以通过这些服务器下达指令。

黑客采用 HTTP/HTTPS 标准协议来建立沟通，突破防火墙等安全设备。同时黑客定期对程序进行检查，确认是否免杀，只有当程序被安全软件检测到时，才会进行版本更新，降低被 IDS/IPS 发现的概率。

4) 横向移动

黑客入侵之后，会尝试通过各种手段进一步入侵企业内部的其他计算机，同时尽量提高自己的权限。

黑客入侵主要利用系统漏洞方式进行。企业部署漏洞防御补丁过程存在时差，甚至部分系统由于稳定性考虑，无法部署相关漏洞补丁。

在入侵过程中可能会留下一些审计报错信息，但是这些信息一般会被忽略。

5) 资产/资料发掘

在入侵进行到一定程度后，黑客就可以接触到一些敏感信息，可通过 C&C 服务器下达资料发掘指令。具体来说，就是采用端口扫描方式获取有价值的服务器或设备，通过列表命令获取计算机上的文档列表或程序列表。

6) 资料外传

一旦搜集到敏感信息，这些数据就会汇集到内部的一个暂存服务器，然后再整理、压缩，并通常经过加密，然后外传。资料外传同样会采用标准协议，如 HTTP/HTTPS、SMTP 等。信息泄露后黑客再根据信息进行分析识别，来判断是否可以进行交易或破坏，对企业和国家造成较大影响。

以极光攻击为例分析其攻击过程：

(1) 情报搜集：攻击者通过 Facebook 上的好友分析，锁定了 Google 公司的一个员工和他的一个喜欢摄影的“电脑小白”好友。

(2) 首次突破防线：攻击者入侵并控制了“电脑小白”好友的机器，然后伪造了一个照片服务器，上面放置了 IE 的 0DAY 攻击代码，以“电脑小白”的身份给 Google 员工发送 IM 消息邀请他来看最新的照片，其实 URL 指向了这个 IE 0DAY 的页面，Google 的员工相信之后打开了这个页面，然后中招。

(3) 横向转移：攻击者利用这个 Google 员工的身份在内网内持续渗透，直到获得了 Gmail 系统中很多敏感用户的访问权限。

(4) 资料外传：窃取了 Gmail 系统中的敏感信息后，攻击者通过合法加密信道将数据传出。

事后调查，不止是 Google 中招了，被这一 APT 攻击入侵的还有 20 多家美国高科技公司，其中甚至包括赛门铁克这样知名的安全厂商。

4.5.3 如何防范 APT

防范是理想举措，而检测则是必要的。多数机构仅仅重视防范措施，对于 APT 而言，它是伪装成合法流量侵入网络的，很难加以分辨，因此防范效果甚微。只有攻击数据包进入网络内部，破坏和攻击才开始实施。

针对 APT 这种新的攻击方式，以下是防范此类威胁的必要措施。

1) 控制用户并增强安全意识

安全的一条通用法则是：我们不能阻止愚蠢行为发生，但可以对其加以控制。许多威胁通过引诱用户点击他们不应理会的链接侵入网络。限制没有经过适当培训的用户使用相关功能能够降低整体安全风险，这是一项需要长期坚持的措施。

2) 对行为进行信誉评级

传统安全解决方案采用的是判断行为“好”或“坏”、进而“允许”或“拦截”之类的策略。不过，随着高级攻击日益增多，这种分类方法已不足以应对威胁。许多攻击在开始时伪装成合法流量进入网络，得逞后再实施破坏。由于攻击者的目标是先混入系统，因此，需要对行为进行跟踪，并对行为进行信誉评级，以确定其是否合法。

3) 重视传出流量

传入流量通常被用于防止和拦截攻击者进入网络。毋庸置疑，这对于截获某些攻击还是有效的，而对于 APT，传出流量则更具危险性。如果意在拦截数据和信息的外泄，监控传出流量是检测异常行为的有效途径。

4) 了解不断变化的威胁

对于不了解的东西很难做到真正有效的防范。因此，有效防范的唯一途径是对攻击威胁有深入了解，做到知己知彼。如果不能持续了解攻击者采用的新技术和新伎俩，将不能做到根据威胁状况有效调整防范措施。

5) 管理终端

攻击者可能只是将侵入网络作为一个切入点，他们的最终目的是要窃取终端中保存的信息和数据。有效控制风险并控制和锁定终端将是一项长期有效的机构安全保护措施。

如今的威胁更加高级，更具持续性且更加隐匿，同时主要以数据为目标，因此，机构必须部署有效的防护措施加以应对。

习　题

1. 简述网络攻击的基本流程。
2. 网络攻击方式主要有哪些?
3. 口令破解的方法有哪些? 如何防范口令破解?
4. 简述缓冲区溢出攻击的基本原理。
5. 缓冲区溢出攻击存在的基本前提是什么? 如何防范缓冲区溢出攻击?
6. 木马的连接机制中正向连接和反向连接有什么区别?
7. 何谓分布式拒绝服务 DDoS?
8. 简述 SYN Flood 的攻击原理。
9. 什么是 APT? APT 的特点有哪些?
10. 简述 APT 的攻击阶段。

第 5 章　网络防护技术

网络防护致力于解决如何对网络访问进行控制，保证数据存储、传输安全，保证网络服务正常且仅按权限提供给合法用户。目前针对网络防护技术开展的相关研究很多，有关产品设备也比较丰富，本章主要从防火墙、入侵检测、安全隔离以及蜜罐与蜜网四个方面进行介绍。

5.1　防火墙技术

5.1.1　防火墙概述

1. 防火墙的基本概念

古时候，人们常在寓所之间砌起一道砖墙，一旦火灾发生，它能够防止火势蔓延到别的寓所。现在，如果一个网络接到了 Internet，它的用户就可以访问外部世界并与之通信，同时，外部世界也同样可以访问该网络并与之交互。为了保障安全，当用户与互联网连接时，可以在中间加入一个或多个中介系统，防止非法入侵者通过网络进行攻击，并提供数据可靠性、完整性等安全审查控制。它的作用与古时候的防火砖墙有类似之处，因此我们把这个屏障叫作“防火墙”。

防火墙(Firewall)是一种用来增强内部网络安全性的系统，它将网络隔离为内部网和外部网。从某种程度上来说，防火墙是位于内部网与外部网之间的桥梁和检查站，它一般由一台和多台计算机构成，对内部网和外部网之间的数据流量进行分析、检测、管理和控制，通过对数据的筛选和过滤，来防止未经授权的访问进出内部计算机网络，从而达到保护内部网资源和信息的目的，如图 5-1 所示。

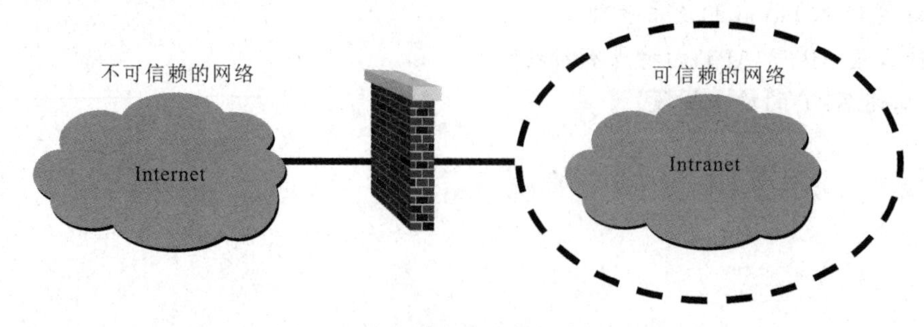

图 5-1　防火墙在互联网络中的位置

防火墙的组成可以表示为：防火墙 = 过滤器 + 安全策略 + 网关。它是一种非常有效的网络安全技术。防火墙的经典功能可以归结成以下两点：

(1) 作为一个中心“遏制点”，将局域网的安全管理集中起来。

(2) 屏蔽非法请求，防止跨权限访问(并产生安全报警)。

2. 防火墙的优点与不足

1) 防火墙的优点

采用防火墙保护内部网络有以下优点：

(1) 防火墙可以保护网络中脆弱的服务。

防火墙通过过滤存在安全缺陷的网络服务来降低内部网遭受攻击的威胁，因为只有经过选择的网络服务才能通过防火墙。例如，防火墙可以禁止某些易受攻击的服务(如 NFS 等)进入或离开内部网，以防止这些服务被外部攻击者利用，但在内部网中仍然可以使用这些局域网环境下比较有用的服务，减轻内部网络的管理负担。

(2) 防火墙允许网络管理员定义中心“扼制点”抵抗非法访问。

防火墙是网络的要塞点，它可以作为网络管理员定义的堡垒来防止非法用户(如黑客和网络破坏者等)进入内部网，禁止在安全性上脆弱的服务进出网络，并抗击来自各种路由线路的攻击。防火墙能够简化对网络安全方面的管理，使得防火墙系统的安全性得到加固，而不是将网络的安全性管理分布在内部网的所有主机上。

(3) 防火墙可以增强保密性，强化私有权。

很多单位或个人接入互联网的目的是为了享受互联网上巨大的信息资源所带来的种种便利，而不是对外提供服务。没有防火墙，内部网与外部网就没有严格的区分，内部网的网络结构、信息资源很容易被其他人获知并访问。采用了防火墙，可以将内部网与外部网严格地区分开来，保护内部网络，使外部网络主机无法获取内部网络的网络结构与信息资源，从而增强内部网的保密性，强化私有权。

(4) 采用地址转换技术的防火墙可以缓解地址空间短缺的问题。

利用网络地址转换技术，在防火墙上部署网络地址转换的逻辑地址，内部网络采用私有地址，内部网络通过防火墙的逻辑地址接入 Internet。这样一方面缓解了地址空间短缺的问题，另一方面又可以隐藏内部网的结构，许多类型的攻击性入侵都可以避免，从而提高了网络的安全性。

(5) 防火墙可以方便地进行审计和告警。

作为内外网络间通信的唯一通道，防火墙可以有效地记录每次访问的情况，记录内部网络与外部网络之间发生的一切。这样一来可以提供有关网络使用情况的一些有价值的统计数字，包括一般信息、邮件接收、各种服务代理、连接建立情况等，并记录在相关的日志文件中。如果一个防火墙能在可疑活动发生时发出声音等多种方式的报警，则还可提供是否受到试探或攻击的细节。采集网络使用情况统计数字和试探的证据是很重要的，这有很多原因。最为重要的是可知道防火墙能否抵御试探和攻击，并确定防火墙的控制措施是否得当。网络使用情况统计数字也是很重要的，因为它可以作为网络需求研究和风险分析活动的输入。

2) 防火墙的不足

虽然防火墙可以提高内部网的安全性，是网络安全体系中极为重要的一环，但并不是

唯一的一环，因而不能因为有防火墙而认为可以“高枕无忧”。任何事物都不是完美无缺的，事实上，有一些攻击是防火墙目前防范不了的。防火墙的缺陷和不足有以下几点：

(1) 防火墙有时会限制有用的网络服务。

防火墙为了提高被保护网络的安全性，限制或关闭了很多有用但存在安全缺陷的网络服务。由于绝大多数网络服务在设计之初根本没有考虑安全性，只考虑使用的方便性和资源共享，所以都存在安全问题。这样防火墙一旦限制这些网络服务，等于从一个极端走到另外一个极端。

(2) 防火墙无法防护内部网用户的攻击。

目前防火墙只提供对外部网用户攻击的防护，对来自内部网用户的攻击只能依靠内部网络主机系统的安全性。也就是说，防火墙对内部网络用户来说形同虚设。目前尚无好的解决方法，只能采用多层防火墙系统。

(3) 防火墙无法防护病毒，也无法抵御数据驱动型的攻击。

防火墙不可能限制所有被计算机病毒感染的软件和文件通过，也不可能杀掉通过它的病毒。虽然现在内容安全的技术可以对经过防火墙的数据内容进行过滤，但是对病毒防范是不现实的，因为病毒类型太多，隐藏的方式也很多。同样的原因，数据驱动型攻击从表面上看是无害的，数据被邮寄或拷贝到内网主机上，但一旦执行就开始攻击，也是防火墙所无法抵御的。例如，一个数据驱动型攻击可能导致主机修改与安全相关的文件，使得入侵者很容易获得对系统的访问权，特洛伊木马程序就采用的是这种原理。

(4) 防火墙不能防范通过防火墙以外的其他途径的攻击。

例如在一个被保护的网络上有一个没有限制的拨号连接存在，内部网中处于该位置的用户就可以直接通过 PPP(Point to Point Protocol)连接进入 Internet。这种情况可能是有用户对需要附加认证的代理服务器感到厌烦，为试图绕过防火墙提供的安全系统，选择通过 ISP 的 PPP 连接进入 Internet，这就为从后门攻击创造了极大的可能，如图 5-2 所示。网络上的用户必须了解这种类型的连接对一个有全面安全保护的系统来说是绝对不允许的。

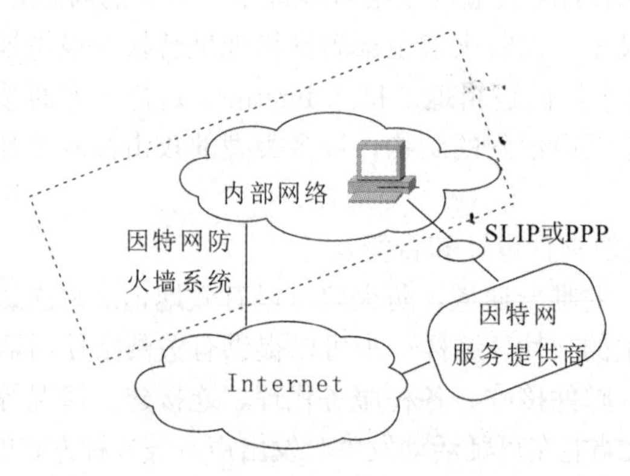

图 5-2 防火墙后门示意图

(5) 防火墙不能防备新的网络安全问题。

防火墙是一种被动式的防护手段，它只能对现在已知的网络威胁起作用。随着网络攻击手段的不断更新和一些新的网络应用的出现，不可能靠一次的防火墙设置来解决所有的网络安全问题。

除了以上防火墙所具有的优缺点之外，防火墙系统在应用时能否有效地发挥作用，与用户的部署与配置是密不可分的，用户应该时刻牢记“错误的配置是防火墙最大的敌人”。

3. 防火墙的发展

在防火墙产品的开发中，人们广泛应用网络拓扑技术、计算机操作系统技术、路由技术、加密技术、访问控制技术、安全审计技术等成熟或先进的手段，纵观防火墙产品近年内的发展，可将其分为以下四个阶段。

1) 第一阶段：基于路由器的防火墙

第一代防火墙产品是利用路由器本身对分组的解析，以 ACL 方式实现对分组的过滤。过滤判决的依据可以是地址、端口号、IP 旗标及其他网络特征，并且防火墙与路由器是一体的。

第一代防火墙产品的不足之处十分明显：路由协议本身具有安全漏洞，外部网络要探寻内部网络十分容易；路由器中的分组过滤规则的设置和配置存在安全隐患，且对路由器中过滤规则的设置和配置十分复杂，一旦出现新的协议，管理员就需要加上更多的规则去限制，这往往会带来很多错误。路由器防火墙的最大隐患是攻击者可以“假冒”地址，黑客可以在网络上伪造假的路由信息欺骗防火墙。

基于路由器的防火墙只是网络安全的一种应急措施，用这种权宜之计去对付黑客的攻击是十分危险的。

2) 第二阶段：用户化的防火墙工具箱

为了弥补路由器防火墙的不足，很多大型用户纷纷要求专门开发防火墙系统来保护自己的网络，从而推动了用户化防火墙工具箱的出现。作为第二代防火墙产品，用户化的防火墙工具箱具有以下特征：

(1) 将过滤功能从路由器中独立出来，并加上审计和告警功能。

(2) 针对用户需求，提供模块化的软件包。

(3) 软件可通过网络发送，用户可自己动手构造防火墙。

(4) 与第一代防火墙相比，它的安全性提高了，价格降低了。

由于是纯软件产品，第二代防火墙产品无论在实现还是在维护上都对系统管理员提出了相当复杂的要求，并带来以下问题：配置和维护过程复杂、费时，对用户的技术要求高；全软件实现、安全性和处理速度均有局限；实践表明，使用中出现差错的情况很多。

3) 第三阶段：建立在通用操作系统上的防火墙

基于软件的防火墙在销售、使用和维护上的问题迫使防火墙开发商很快推出了建立在通用操作系统上的商用防火墙产品，它具有以下特点：

(1) 包括分组过滤或借用路由器的分组过滤功能。

(2) 装有专用的代理系统，监控所有协议的数据和指令。

(3) 保护用户编程空间和用户可配置内核参数的设置。

(4) 安全性和速度大为提高。

第三代防火墙已得到广大用户的认同。但随着安全需求的变化和使用时间的推延，仍表现出不少问题，例如：作为基础的操作系统及其内核往往不为防火墙管理者所知，由于源码的保密，其安全性无从保证；从本质上看，第三代防火墙既要防止来自外部网络的攻

击，又要防止来自操作系统厂商的攻击；用户必须依赖防火墙厂商和操作系统厂商两方面的安全支持。

4) 第四阶段：具有安全操作系统的防火墙

防火墙技术和产品随着网络攻击和安全防护手段的发展而演进，到 1997 年初，具有安全操作系统的防火墙产品面市，使防火墙产品步入了第四个发展阶段。

具有安全操作系统的防火墙本身就是一个操作系统，因而在安全性上较之第三代防火墙有质的提高。获得安全操作系统的办法有两种：一种是通过许可证方式获得操作系统的源码；另一种是通过固化操作系统内核来提高可靠性。由此建立的防火墙系统具有以下特点：

(1) 防火墙厂商具有操作系统的源代码，并可实现安全内核。

(2) 对安全内核实现加固处理，即去掉不必要的系统特性，加上内核特性，强化安全保护。

(3) 对每个服务器、子系统都做了安全处理，一旦黑客攻破了一个服务器，它将会被隔离在此服务器内，不会对网络的其他部分构成威胁。

(4) 在功能上包括了分组过滤、应用网关和电路级网关，且具有加密与鉴别功能，透明性好，易于使用。

5.1.2 防火墙的常用技术

防火墙的主要技术类型包括包过滤(Packet Filter)技术、代理服务(Proxy Service)技术和状态检测技术。

1. 包过滤技术

采用包过滤技术的防火墙被称为包过滤型防火墙，因为它工作在网络层，所以又叫网络级防火墙，如图 5-3 所示。它一般是通过检查单个包的地址、协议、端口等信息来决定是否允许此数据包通过。路由器便是一个“传统”的网络级防火墙。

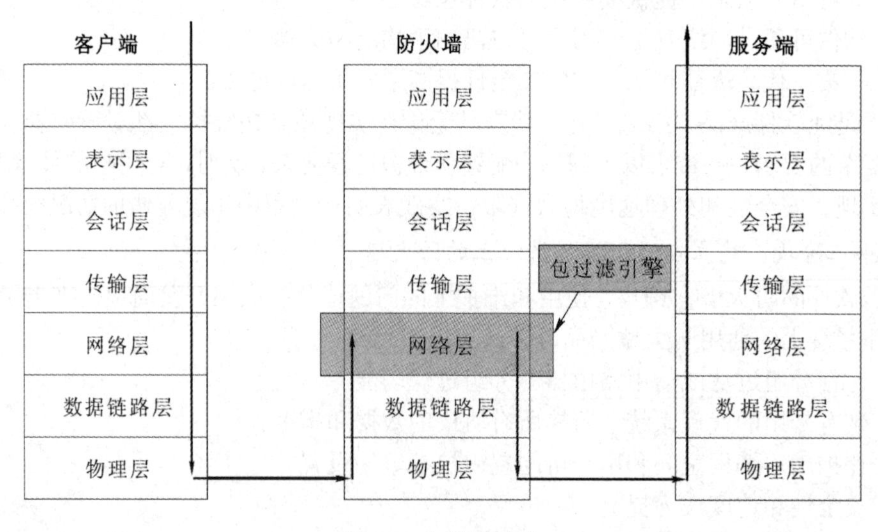

图 5-3　包过滤技术

包过滤技术是在网络中适当的位置上对数据包实施有选择的过滤，选择的依据是系统内设置的过滤逻辑，被称为访问控制表(ACL)。通过检查数据流中每个数据包的源地址、目的地址、所用的端口号、协议状态等因素或它们的组合来确定是否允许该数据包通过。

1) 数据包的基本构造

一个文件要穿过网络，必须将文件分成小块，每小块文件单独传输。把文件分成小块的做法主要是为了让多个系统共享网络，每个系统可以一次发送文件块。在 IP 网络中，这些小块被称为包。所有的信息传输都是以包的方式来实施的。

数据包在 TCP/IP 协议各层上都有操作，这些层是应用层(如 HTTP、FTP 和 Telnet)、传输层(TCP 和 UDP)、网络层(IP)和网络接口层(FDDI、ATM 和以太网)。

包的构造是由各层连接的协议组成的。在每一层，包都由包头和包体两部分组成。在包头中存放与这一层相关的协议信息，在包体中存放包在这一层的数据信息。这些数据信息也包含了上层的全部信息。在每一层上对包的处理是将从上层获取的全部信息作为包体，然后以本层的协议再加上包头。这种对包的层次性操作(每一层均加装一个包头)一般被称为封装。

在应用层，包头含有需被传送的数据(如需被传送的文件内容)。当构成下一层(传输层)的包时，传输控制协议(TCP)或用户数据报协议(UDP)从应用层将数据全部取来，然后再加装上本层的包头。当构筑再下一层(网络层)的包时，IP 协议将上层的包头与包体全部当作本层的包体，然后再加装上本层的包头。在构筑最后一层(网络接口层)的包时，以太网或其他网络协议将 IP 层的整个包作为包体，再加上本层的包头。数据包的封装与解封过程如图 5-4 所示。

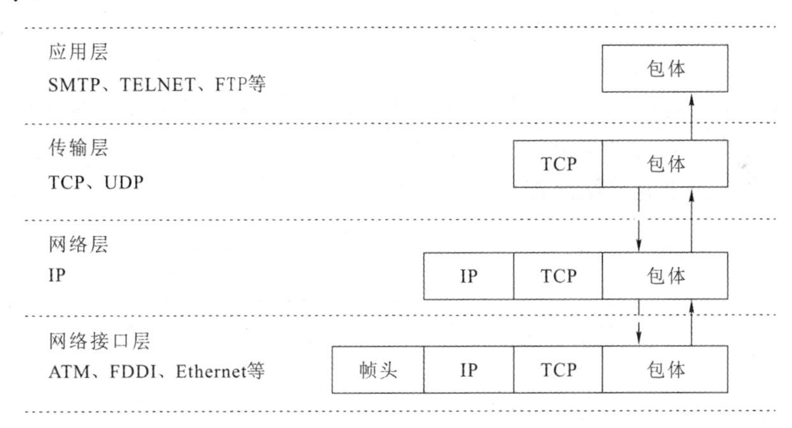

图 5-4　数据包的封装与解封

2) IP 包过滤的基本原理

包过滤是一个网络安全保护机制，它用来控制流入和流出网络的数据。

大多数包过滤系统在数据本身上不做任何事，它们不做基于数据内容的决定。包过滤基于以下报头内容控制数据包的传送：

(1) 数据包的源和目的地址。

(2) 数据包的源和目的端口。

(3) 用来传送数据包的会话与应用程序协议。

IP 包过滤的实现的基本原理是：分析每个包的头部，再应用一个规则集来判定是否允许通过。通常可供过滤器分析的头部字段有包类型(TCP、UDP、ICMP 或 IP Tunnel)、源

IP 地址、目标 IP 地址和目标 TCP/UDP 端口号以及 ICMP 消息类型。包的进入接口和出接口如果有匹配，并且规则允许该数据包通过，那么该数据包就会按照路由表中的信息被转发。如果匹配并且规则拒绝该数据包，那么该数据包就会被丢弃。如果没有匹配规则，则用户匹配的缺省参数会决定转发还是丢弃该数据包。IP 数据包具体格式如图 5-5 所示。

<table>
<tr><td>版本号</td><td>包头类型</td><td>服务类型</td><td colspan="2">总长</td></tr>
<tr><td colspan="3">标识</td><td>标志</td><td>片偏移</td></tr>
<tr><td colspan="2">生存时间</td><td colspan="2">协议</td><td>包头校验和</td></tr>
<tr><td colspan="5">源 IP 地址</td></tr>
<tr><td colspan="5">目的 IP 地址</td></tr>
<tr><td colspan="4">IP 选项(IP options)</td><td>填充区域</td></tr>
<tr><td colspan="5">数据区</td></tr>
</table>

图 5-5　IP 数据包报文格式

3) 包过滤流程

如果数据包进入数据包过滤防火墙，那么首先需要进行的是数据包完整性检查，以确定包在传输中是否有误。由于防火墙只根据包头中所包含的信息来匹配过滤规则表，因此有时一些畸形包会使防火墙产生迷惑，故那些被怀疑是不完整的数据包在此之前应被抛弃。这一检查常用于对付黑客的碎片攻击。

被认为是完整的数据包才能接受防火墙的输入过滤规则表的检查，如不允许该数据包通过，则将该数据包抛弃；反之，数据包将进一步接受路由检查。防火墙内的路由表根据数据包中的包含的目的信息决定数据包是否需要转发，如需要转发，数据包还需要接受转发规则表的检查。包过滤算法流程如图 5-6 所示。

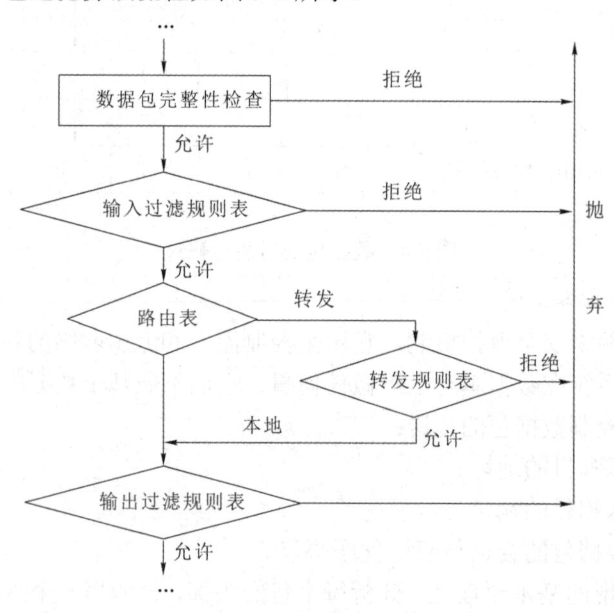

图 5-6　包过滤流程

从上述分析不难看出，制定严谨的过滤规则表是建立有效的数据包过滤防火墙的关键。

4) 包过滤规则

包过滤规则是以处理 IP 包头信息为基础，在设计包过滤规则时，一般先组织好包过滤规则，然后再进行具体设置。IP 包过滤规则集通常是一张表单。过滤器按照表单上特定顺序排列的规则集依次判定，直到能够做出某种行为时才停止。

包过滤规则包括与服务相关的过滤规则和与服务无关的过滤规则两种。

(1) 与服务相关的过滤规则。与服务相关的过滤包过滤规则可根据特定的服务允许或拒绝流动的数据包。因为多数的网络服务程序都与已知的 TCP/UDP 的端口相连。例如，Telnet 服务器在 TCP 的 23 号端口上监听远端连接，而 SMTP 服务器在 TCP 的 25 号端口上监听到来自 E-mail 的信息。为了阻塞所有进入的 Telnet 连接，路由只需丢弃 TCP 端口号为 23 的数据包。为了限制外部主机登录到内部网的主机，路由器必须拒绝所有 TCP 端口号为 23 且 IP 地址不属于内部网地址的数据包。

典型的过滤规则如下：

① 允许进入的 Telnet 的会话与指定的内部主机连接。

② 允许进入的 FTP 会话与指定的内部主机连接。

③ 允许所有外出的 Telnet 会话。

④ 拒绝所有来自特定的外部主机的数据包。

(2) 与服务无关的过滤规则。有些类型的黑客攻击很难使用基本的包头信息来识别，因为这几种攻击与服务无关。针对这些攻击的过滤规则很难指定，因为过滤规则需要附加某些信息，而且这些信息只能通过检查路由表和特定的 IP 选项才能识别出来。例如，针对如下典型攻击的规则设置为：

① 源地址欺骗：外部入侵者向内部发送具有内部主机 IP 地址的数据包。对于这种攻击，可设置规则为丢弃所有来自路由器外部端口且 IP 地址为内部地址的数据包。

② 源路由攻击：入侵者指定了数据包在 Internet 上所走的路线，这样可以让数据包旁路掉安全防御措施。可设置规则为路由器应该丢弃所有带有源路由选项的数据包。

③ 极小数据片攻击：入侵者使用了 IP 分片的特性，构造极小的 IP 包数据片并强行将 TCP 头信息分成多个数据包段，这种攻击可绕过用户定义的过滤规则。对于这种攻击，可设置规则为丢弃协议类型为 TCP/IP Fragment offset 值为 1 的数据包。

每个防火墙规则链都有一个默认的策略和一组对特定消息类型相应的动作集。每个包依次在表中对每条规则进行检查，直到找到一个匹配。若包不匹配任何规则，则默认的策略就被应用到这个包上。对于一个防火墙可以有两种基本的策略方法：默认禁止一切，明确选择的包允许通过；默认接受一切，明确选择的包禁止通过。

5) 包过滤的优点

(1) 一个包过滤路由器能协助保护整个网络。数据包过滤型防火墙的主要优点之一是一个单个的、恰当放置的包过滤路由器有助于保护整个网络。如果仅有一个路由器连接内部与外部网络，不论内部网络的大小、内部拓扑结构，所有出入网络的数据包都通过这个

路由器进行数据包过滤，在网络安全保护上就可取得较好的效果。

(2) 数据包过滤对用户透明。数据包过滤不要求任何自定义软件或客户机配置，它也不要求用户任何特殊的训练或操作。当数据包过滤路由器决定让数据包通过时，它与普通路由器没什么区别。比较理想的情况是：用户甚至没有认识到它的存在，除非他们试图做过滤规则中所禁止的事。较强的“透明度”是包过滤的一大优势。

(3) 包过滤路由器速度快、效率高。较应用代理型的防火墙而言，过滤路由器只检查包头相应的字段，一般不查看数据包的内容，而且某些核心部分是由专用硬件实现的，故其转发速度快、效率较高。

6) 包过滤的缺点

(1) 不能彻底防止地址欺骗。大多数包过滤路由器都是基于源 IP 地址、目的 IP 地址而进行过滤的。而 IP 地址的伪造是很容易、很普遍的。过滤路由器在这点上大都无能为力。即使按 MAC 地址进行绑定，也是不可信的。对于一些安全性要求较高的网络，过滤路由器是不能胜任的。

(2) 一些应用协议不适合于数据包过滤。即使是完美的数据包过滤实现，也会发现一些协议不很适合于经由数据包过滤安全保护，如 RPC、X-Window 和 FTP。而且，服务代理和 HTTP 的链接大大削弱了基于源地址和源端口的过滤功能。

(3) 正常的数据包过滤路由器无法执行某些安全策略。数据包过滤路由器上的信息不能完全满足安全策略的需求。例如不能实现基于用户的访问控制包过滤路由器只知道数据包来自什么主机，而不知道来自哪个用户。同样地，也不能实现基于应用程序的访问控制，包过滤路由器只知道数据包到达的端口信息，而不知道该端口对应的应用程序是哪个。

(4) 数据包过滤存在很多局限性。除了各种各样的硬件和软件包普遍具有数据包过滤能力外，数据包过滤仍然算不上是一个完美的工具。许多这样的产品都或多或少地存在局限性，如数据包过滤规则难以配置。

从以上分析可以看出，包过滤防火墙技术虽然能确保一定的安全保护，且也有许多优点，但是包过滤毕竟是第一代防火墙技术，本身存在较多缺陷，不能提供较高的安全性。在实际应用中，现在很少把包过滤技术当作单独的安全解决方案，而是把它与其他防火墙技术糅合在一起使用。

2. 代理服务技术

代理服务也称链路级网关(Circuit Level Gateways)或 TCP 通道(TCP Tunnels)，它是针对数据包过滤和应用网关技术存在的缺点而引入的防火墙技术，其特点是将所有跨越防火墙的网络通信链路分为两段，如图 5-7 所示。

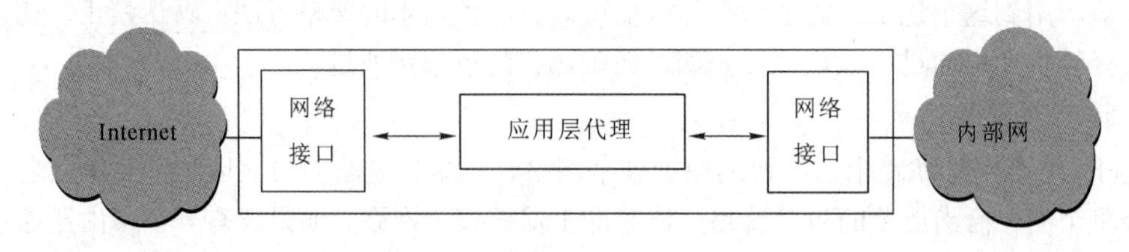

图 5-7 运行代理服务的双宿主机

应用代理服务器主要工作在应用层，又被称为应用级防火墙，就是通常我们提到的应用级网关，如图 5-8 所示。代理服务器位于客户机与服务器之间，完全阻挡了二者间的数据交流，这一工作则由代理服务器承担。这种方式使内部网络与 Internet 不直接通信。它适用于特定的 Internet 服务，如 HTTP、FTP 等。代理服务器通常运行在两个网络之间，具有双重身份。对客户来说像是一台真的服务器，对于外界的服务器来说，又是一台客户机。

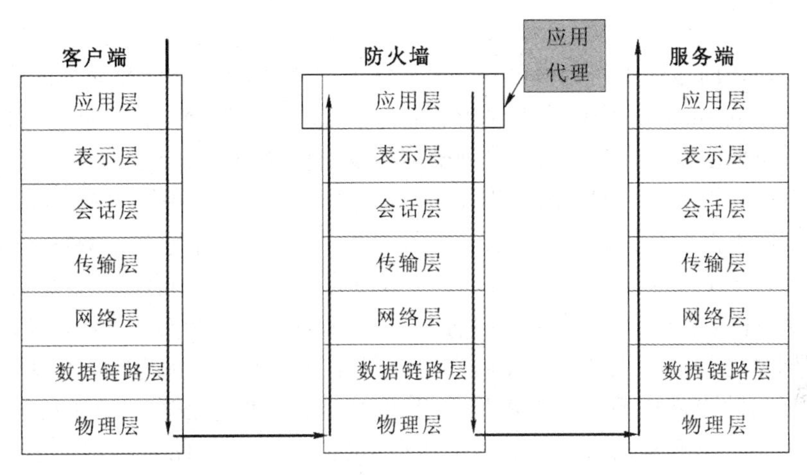

图 5-8　代理服务技术

1) 代理服务技术的原理

代理是指允许单个主机或一小部分主机提供 Internet 访问服务，而不允许所有的主机均提供此服务。具有访问能力的主机作为那些不能访问的主机的代理，使得它们也能够完成同样的工作。代理服务技术是由一个高层的应用网关作为代理服务器，接受外来的应用连接请求，进行安全核查后，再与被保护的网络应用服务器连接，使得外部服务用户可以在受控制的前提下使用内部的网络服务。同样，内部网络到外部的服务连接也可受到监控。

所谓代理服务器是指处理代表内部客户的外部服务器的程序。代理客户与代理服务器对话，它们将核实客户请求，中继到真实的服务器上，并将答复中继客户。代理服务器在外部网络向内部网络申请服务时发挥了中间转接作用。内部网络只接受代理服务器提出的服务请求，拒绝外部网络其他节点的直接请求。当外部网络向内部网络的某个节点申请某种服务(如 FTP、Telnet、WWW、Gopher、Wais 等)时，先由代理服务器接收，然后根据其服务类型、服务内容、被服务对象及其他因素(如申请者的域名范围、时间等)，决定是否接受此服务。如果接受，则由代理服务器向内部网络转发这项请求，并把结果反馈给申请者，否则就拒绝其请求。根据其处理协议的功能，代理服务器可分为 FTP 网关型防火墙、Telenet 网关防火墙、WWW 网关型防火墙、Wais 网关型防火墙等。

代理服务技术能够将所有跨越防火墙的网络通信链路分为两段，使得网络内部的客户不直接与外部的服务器通信。防火墙内外计算机系统间应用层的连接由两个代理服务器之间的连接来实现。外部计算机的网络链路只能到达代理服务器，从而起到隔离防火墙内外计算机系统的作用。

代理型防火墙建立在与包过滤不同的安全概念的基础之上。代理服务器并不是用一张简单的访问控制列表来说明哪些报文或会话可以通过，哪些不允许通过，而是运行一个接受连接的程序。在确认连接前，先要求用户输入口令，以进行严格的用户认证。然后，向用户提示所连接的主机。因此从某种意义上说，代理服务器比包过滤网关能提供更高的安全性，因为它能进行严格的用户认证，以确保所连接的对方是否名副其实。使用代理服务适合于进行日志记录，这是因为代理服务懂得优先协议，允许日志服务以一种特殊且有效的方式来进行。

如果用户访问该站点得到许可，代理程序使用代理地址(因而隐藏了内部的网络地址)发送请求，当从 Internet 服务器上收到响应时，代理服务器会检查信息包的数据部分确信这个内容是所期望的回应。若有命令或数据可疑，代理服务器会放弃这个信息包。否则，就会用它自己的地址作为源地址来创建一个新的信息包，把结果送回到内部客户端。这里，代理应用程序不但检查信息包头信息，而且同时检查了 IP 信息包的数据部分。代理服务器通常都拥有一个高速缓存，存储用户经常访问的站点内容，当有用户要访问相同站点时，服务器将缓存内容发出，无须到达访问的站点，节省了时间和网络资源，使之成为内部网络与外部网络之间的防火墙，挡在内部用户和外界之间。从外部只能看到代理服务器而无法获知任何的内部资源，诸如用户的 IP 地址等。代理服务器担当了局域网与 Internet 之间的中转站，详细地记录所有的访问状态信息。受保护网络内部用户想访问外部网络时，也需先登录到防火墙上，再向外提出请求，这样从外部网向内就只能看到防火墙，由于外部系统与内部服务器之间没有直接的数据通道，外部的恶意侵害也就很难伤害到内部网络。

2) 代理服务器的分类

现在流行的代理服务器主要分为应用层代理服务器、传输层代理服务器和系统调用代理服务器三种。

(1) 应用层代理服务器：在应用层实现的代理服务器就相当于应用网关。工作在应用层的代理服务器主要有 Web 代理服务器、FTP 代理服务器等。对每一种特殊的应用层协议，代理服务器端都要对其进行特殊处理，这就使得代理服务器的结构非常复杂。

(2) 传输层代理服务器：工作在传输层的代理服务器通过对数据包的转发来完成代理功能。其实质就是一条传输管道，代理服务器对传输层以上的内容不做任何处理就传送到事先设置好的服务器中。这种代理服务器主要有 SMTP、ICQ 等。这种代理服务器的灵活性是很差的，每改变一个服务器的地址就要对代理服务器重新设置。

(3) 系统调用代理服务器：通过更改系统调用的方式实现代理功能，如微软的 Winsock 代理服务器等。

3) 构造代理服务器防火墙

利用代理服务器构造防火墙时可采用以下手段：

(1) 多层安全机制。可以在网络应用层、会话层和网络层设置多层的网络安全管理控制机制。除标准的 WWW、FTP、Gopher 等代理外，还可包括各种常用的定义和用户自定义的套接字的代理。

(2) 动态的数据分组过滤。在 IP 地址级设立安全网，屏蔽掉特定主机和子网的出、入访问。

(3) 访问追踪和报警。对于出入Internet的数据流量，代理服务器都有详细统计资料和缓存记录，管理员可随时掌握网络和代理服务器的运行状态。

(4) 逆向代理。代理服务器可以把Internet访问转到具体的Intranet服务器上，如WWW服务器、邮件服务器等，从而隐藏Intranet的内部细节。

4) 代理服务技术的优点

(1) 代理易于配置。因为代理是一个软件，所以它较过滤路由器更易配置，配置界面十分友好。如果代理实现得好，可以降低对配置协议的要求，从而避免了配置错误。

(2) 代理能生成各项记录。因代理工作在应用层，它检查各项数据，所以可以按一定准则，让代理生成各项日志、记录。这些日志、记录对于流量分析、安全检验是十分重要和宝贵的。当然，它也可以用于计费等应用。

(3) 代理能灵活、完全地控制进出流量和内容。通过采取一定的措施，按照一定的规则，可以借助代理实现一整套的安全策略，比如说可控制“谁”和“什么”，还有“时间”和“地点”。

(4) 代理能过滤数据内容。可以把一些过滤规则应用于代理，让它在高层实现过滤功能，如文本过滤、图像过滤(目前还未实现，但这是一个热点研究领域)、预防病毒或扫描病毒等。

(5) 代理能为用户提供透明的加密机制。用户通过代理进出数据，可以让代理完成加解密的功能，从而方便用户，确保数据的机密性。这点在虚拟专用网中特别重要。代理可以广泛地用于企业外部网中，提供较高安全性的数据通信。

(6) 代理可以方便地与其他安全手段集成。目前的安全问题解决方案很多，如认证(Authentication)、授权(Authorization)、账号(Accounting)、数据加密、安全协议(SSL)等。如果把代理与这些手段联合使用，将大大增加网络安全性。这也是目前网络安全的发展方向。

5) 代理服务技术的缺点

(1) 代理速度较路由器慢。路由器只是简单查看TCP/IP报头，检查特定的几个域，不做详细分析、记录。而代理工作于应用层，要检查数据包的内容，按特定的应用协议(如HTTP)审查、扫描数据包内容，并进行代理(转发请求或响应)，故其速度较慢。

(2) 代理对用户不透明。许多代理要求客户端作相应改动或安装定制客户端软件，这给用户增加了不透明度。由于硬件平台和操作系统都存在差异，所以为庞大的互异网络的每一台内部主机安装和配置特定的应用程序既耗费时间，又容易出错。

(3) 每项服务代理可能要求不同的服务器。用户可能需要为每项协议设置不同的代理服务器，因为代理服务器需要理解协议以便判断允许或不允许，并且还扮演一个对真实服务器来说是客户，对代理客户来说是服务器的角色。挑选、安装和配置所有这些不同的服务器也是一项较复杂的工作。

(4) 除了一些为代理而设计的服务外，代理服务器要求对客户或程序进行修改，每一种修改都有不足之处，人们无法按自己的步骤快捷地工作。由于这些修改，代理可能没有非代理运行得那样好，它们往往可能曲解协议的说明，并且一些客户和服务器相比非代理

服务要缺少一些灵活性。

(5) 代理服务不能保证免受所有协议弱点的限制。作为一个安全问题的解决方法，代理取决于对协议中安全操作的判断能力。每个应用层协议都或多或少存在一些安全问题，对于一个代理服务器来说，要彻底避免这些安全隐患几乎是不可能的，除非关掉这些服务。代理取决于在客户端和真实服务器之间插入代理服务器的能力，这要求两者之间交流的相对直接性，而且有些服务的代理是相当复杂的。

(6) 代理不能改进底层协议的安全性。因为代理工作于 TCP/IP 之上，属于应用层，所以难以防范基于底层通信协议的攻击，如 IP 欺骗、伪造 ICMP 消息和 SYN 泛洪等拒绝服务攻击，而这些方面对于一个网络的健壮性是相当重要的。

3. 状态检测技术

传统的包过滤防火墙只是通过检测 IP 包头的相关信息来决定数据流是通过还是拒绝，在遇到利用动态端口的协议时会发生困难。如 FTP，防火墙事先无法知道哪些端口需要打开，而如果采用原始的静态包过滤，又希望用到此服务，就需要将所有可能用到的端口打开，这往往是个非常大的范围，会给安全带来不必要的隐患。状态检测技术采用的是一种基于连接的状态检测机制，将属于同一连接的所有包作为一个整体的数据流看待，构成连接状态表，通过规则表与状态表的共同配合，对表中的各个连接状态因素加以识别，如图 5-9 所示。与传统包过滤防火墙相比，它具有更好的灵活性和安全性。

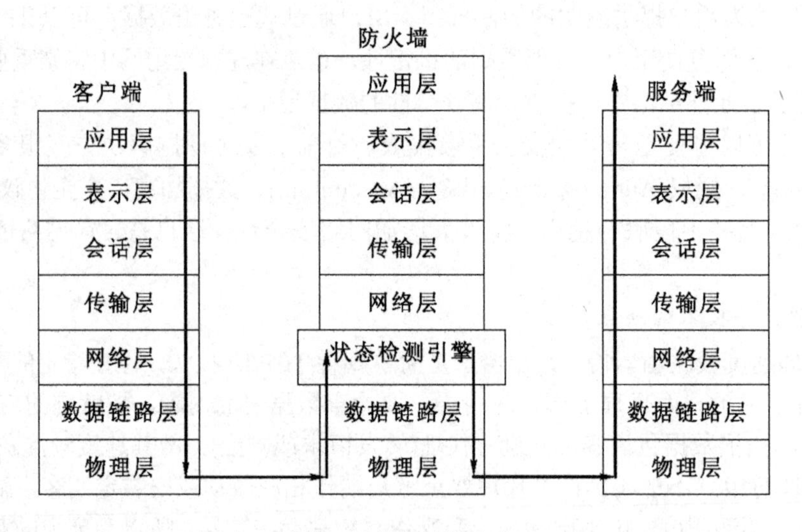

图 5-9　状态检测技术

1) 状态检测的原理

状态检测又称动态包过滤，是在传统包过滤上的功能扩展，最早由 checkpoint 提出。状态检测防火墙在网络层由一个检查引擎截获数据包并抽取出与应用层状态有关的信息，并以此作为依据，决定对该数据包是接受还是拒绝。检查引擎维护一个动态的状态信息表并对后续的数据包进行检查。一旦发现任何连接的参数有意外变化，该连接就被中止。这种防火墙的安全特性是非常好的，它采用了一个在网关上执行网络安全策略的软件引擎，被称为检测模块。检测模块在不影响网络正常工作的前提下，采用抽取相关数据的方法对网络通信的各层实施监测，抽取部分数据(即状态信息)并动态地保存起来作为以后制定安全决策的参考。检测模块支持多种协议和应用程序，并可以很容易地实现应用和服务的扩充。

状态检测包过滤流程如图 5-10 所示。

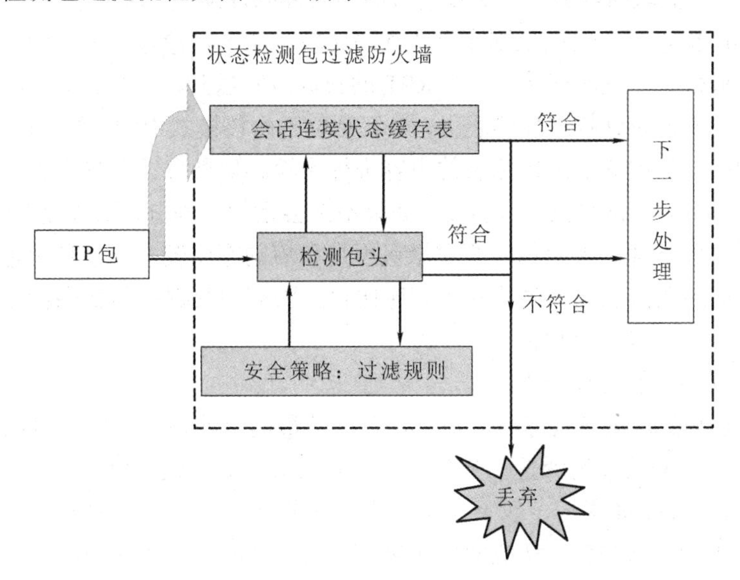

图 5-10　状态检测包过滤流程

先进的状态检测防火墙读取、分析和利用了全面的网络通信信息和状态，包括：

(1) 通信信息：所有 7 层协议的当前信息。防火墙的检测模块位于操作系统的内核，在网络层之下，能在数据包到达网关操作系统之前对它们进行分析。防火墙先在低协议层上检查数据包是否满足安全策略，对于满足的数据包，再从更高协议层上进行分析。它验证数据的源地址、目的地址和端口号、协议类型、应用信息等多层的标志，因此具有更全面的安全性。

(2) 通信状态：如前所述，对于简单的包过滤防火墙，如果要允许 FTP 通过，就必须作出让步而打开许多端口，这样就降低了安全性。状态检测防火墙在状态表中保存以前的通信信息，记录从受保护网络发出的数据包的状态信息，例如 FTP 请求的服务器地址和端口、客户端地址和为满足此次 FTP 临时打开的端口，然后，防火墙根据该表内容对返回受保护网络的数据包进行分析判断，这样，只有响应受保护网络请求的数据包才被放行。这里，对于 UDP 或 RPC 等无连接的协议，检测模块可创建虚会话信息用来进行跟踪。

(3) 应用状态：其他相关应用的信息。状态检测模块能够理解并学习各种协议和应用，以支持各种最新的应用，它比代理服务器支持的协议和应用要多很多。并且，它能从应用程序中收集状态信息存入状态表中，以供其他应用或协议制定检测策略。例如，已经通过防火墙认证的用户可以通过防火墙访问其他授权的服务。

(4) 操作信息：数据包中能执行逻辑或数学运算的信息。状态检测技术采用强大的面向对象的方法，基于通信信息、通信状态、应用状态等多方面因素，利用灵活的表达式形

式，结合安全规则、应用识别知识、状态关联信息以及通信数据，构造更复杂的、更灵活的、满足用户特定安全要求的策略规则。

2) 状态检测工作机制

无论何时，一个防火墙接收到一个初始化 TCP 连接的 SYN 包，这个带有 SYN 的数据包被防火墙的规则库检查。该包在规则库里依次序比较。如果在检查了所有的规则后，该包都没有被接受，那么拒绝该次连接。一个 RST 的数据包发送到远端的机器。如果该包被接受，那么本次会话被记录到状态检测表里，该表是位于内核模式中的。随后的数据包(没有带有一个 SYN 标志)就和该状态检测表的内容进行比较。如果会话在状态表内，而且该数据包是会话的一部分，则该数据包被接受；如果不是会话的一部分，则该数据包被丢弃。这种方式提高了系统的性能，因为每一个数据包不是和规则库比较，而是和状态检测表相比较，只有在 SYN 的数据包到来时才和规则库比较。所有的数据包与状态检测表的比较都在内核模式下进行，所以应该很快。

状态检测中主要环节的处理如下：

(1) 建立状态检测表。建立状态检测表时，首先从最简单的角度出发，可以使用源地址、目的地址和端口号来区分是否是一个会话。但如果防火墙的状态检测表使用 ACK 来建立会话，则是不正确的。如果一个包不在状态检测表中时，那么该包使用规则库来检查，而不考虑它是否是 SYN、ACK 或其他的什么包。如果规则库通过了这个数据包，则本次会话将被添加至状态检测表中。所有后续的包都会和状态检测表比较而被通过。因为在状态检测表中有入口，因此后续的数据包就没有进行规则检查。建立状态检测表项时，也需要考虑时间溢出的问题。使用这种方法，一些简单的 DOS 攻击将会非常有效地摧毁防火墙系统。

若通过使用一个 SYN 包来建立一个会话，则防火墙先将这个数据包和规则库进行比较。如果通过了这个数据连接请求，则它将被添加到状态检测表里。这时需要设置一个时间溢出值，参考 CHECK-POINT FW-1 的时间值，将其值设定为 60s。然后防火墙期待一个返回的确认连接的数据包，当接收到这样的包时，防火墙将连接的时间溢出值设定为 3600 s。对于返回的连接请求的数据包的类型需要做出判断，已确认其含有 SYN/ACK 标志(注：时间溢出值应该可以由用户自行设定)。在进行状态检测时，对于一个会话的确认可以只通过使用源地址、目的地址和端口号来区分，在性能设计上如果能满足要求，也应该考虑对于 TCP 连接的序列号的维护，虽然这样可能需要消耗比较多的资源。

(2) 连接超时与关闭连接。在状态检测中，需要对所有连接进行超时处理，以免由于通信双方某一方异常而使得防火墙资源被无端地浪费，同时可以避免恶意的拒绝服务攻击。其算法实现如下：

在连接被通信双方关闭后，状态检测表中的连接应该被维护一段时间。下面的处理方法可以作为在连接关闭后状态检测行为的参考。

当状态检测模块监测到一个 FIN 或一个 RST 包的时候，减少时间溢出值从缺省设定的值 3600s 减少到 50s。如果在这个周期内没有数据包交换，这个状态检测表项将会被删除，如果有数据包交换，这个周期会被重新设置到 50s。如果继续通信，这个连接状态会被继续以 50s 的周期维持下去。这种设计方式可以避免一些 DOS 攻击，例如，一些人有意地发送一些 FIN 或 RST 包来试图阻断这些连接。

(3) UDP 的连接维护。虽然 UDP 连接是无状态的，但是仍然可以用类似的方法来维护这些连接。当一个完成规则检查的数据包通过防火墙时，这次会话将被添加到状态检测表内，并设置一个时间溢出值，任何一个在这个时间值内返回的包都会被允许通过，当然它的 SRC/DST 的 IP 地址和 SRC/DST 的端口号是必须匹配的。

3) 状态检测的优、缺点

状态检测采用了动态规则技术，原先高端口的问题就可以解决了。其实现原理是：平时，防火墙可以过滤内部网络的所有端口(1～65535)，外部攻击者难以发现入侵的切入点，但是为了不影响正常的服务，防火墙一旦检测到服务必须开放高端口时，如 FTP(File Transfer Protocol，文件传输协议)、IRC(Internet Relay Chat，因特网中继聊天)等服务，防火墙在内存中就可以动态地添加一条规则打开相关的高端口。等服务完成后，这条规则就立即被防火墙删除。这样既保障了安全，又不影响正常服务，速度也快。

此外，状态检测防火墙克服了包过滤防火墙和应用代理服务器的局限性，能够根据协议、端口及源地址和目的地址的具体情况决定数据包是否可以通过。对于每个安全策略允许的请求，状态检测防火墙启动相应的进程，可以快速地确认符合授权流通标准的数据包，这使得本身的运行非常快速。

状态检测防火墙已经在国内外得到广泛应用，其唯一缺点是状态检测可能造成网络连接的某种迟滞，不过硬件运行速度越快，该问题就越不易察觉。

5.1.3　防火墙的功能与性能分析

目前市场上成熟的商业防火墙都综合采用了包过滤、代理服务和状态检测包过滤技术，在采用防火墙增强网络安全性能时，如何评价和选购防火墙，可以从防火墙提供的功能和性能两方面进行考虑。

1. 防火墙功能分析

防火墙的功能指标包括防火墙的接入方式、基本访问控制功能和 NAT 功能等。

1) 防火墙的接入方式

防火墙的接入方式包括透明接入、路由或 NAT 接入及混合接入三种，如图 5-11 所示。

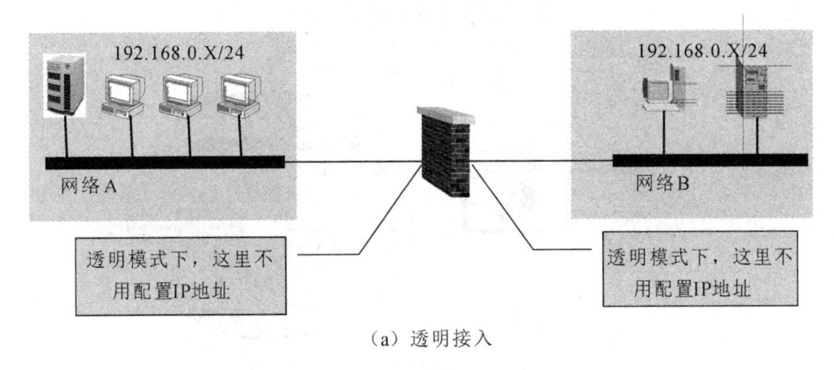

(a) 透明接入

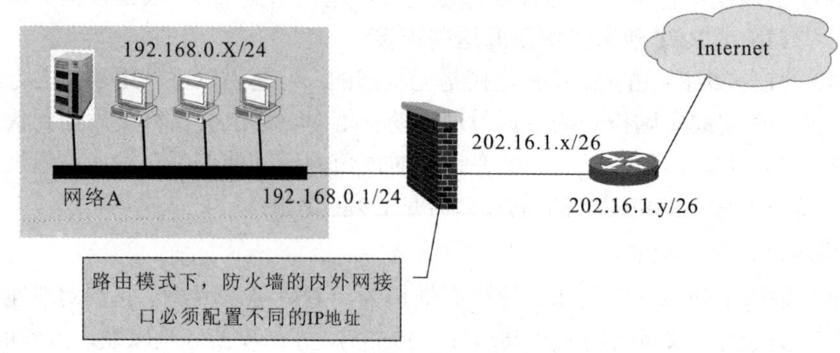

（b）路由或NAT接入

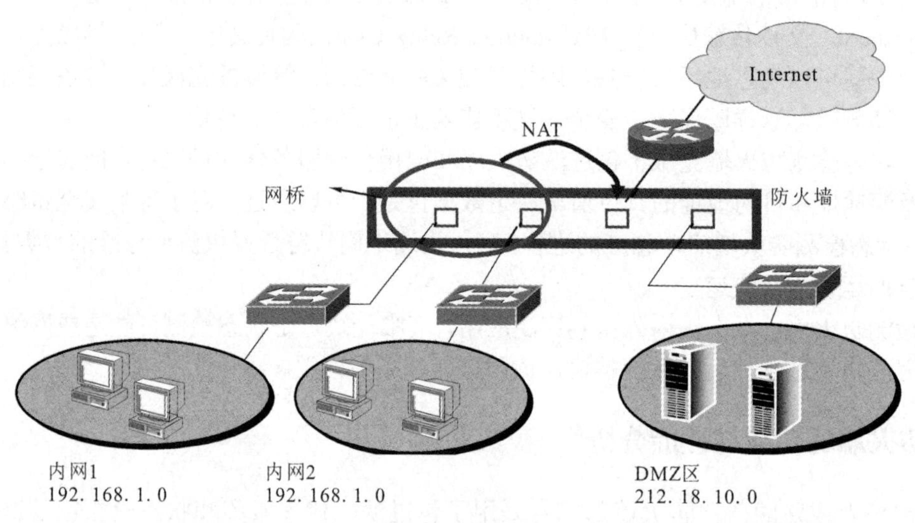

（c）混合接入

图 5-11　防火墙的接入方式

2) 基本访问控制功能

防火墙的基本功能就是访问控制，如图 5-12 所示。防火墙的访问控制策略包括基于源 IP 地址、基于目的 IP 地址、基于源端口、基于目的端口、基于时间、基于用户、基于流量、基于文件、基于网址和基于 MAC 地址。

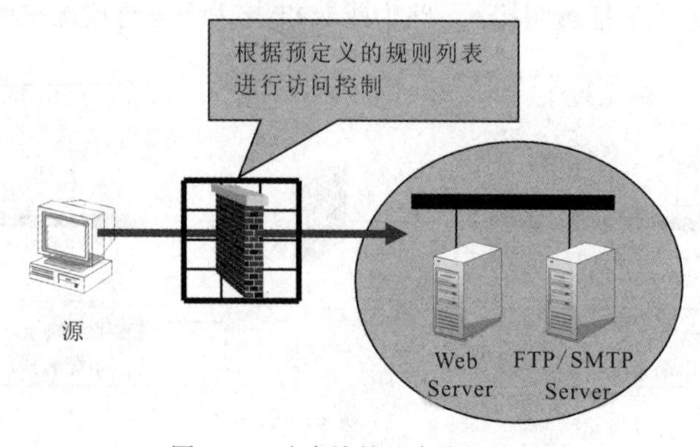

图 5-12　防火墙的基本访问控制

3) NAT功能

NAT是指将一个IP地址用另一个IP地址代替。防火墙的一个基本功能就是可以实现NAT，如图5-13所示。实现NAT时有两种选择：第一种选择是内部地址可以被转换成一个指定的全局地址，称为静态地址转换；第二种选择是在数据穿越防火墙时，将内部地址转换到一个全局地址池中的某个地址，称为动态地址转换。

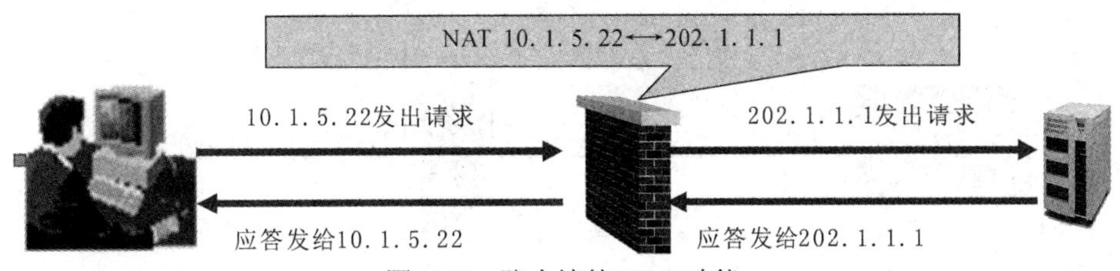

图5-13　防火墙的NAT功能

2．衡量防火墙的性能指标

用于衡量防火墙的性能指标包括并发连接数、吞吐量、时延和丢包率等。

1) 并发连接数

并发连接数指穿越防火墙的主机之间或主机与防火墙之间能同时建立的最大连接数，如图5-14所示。

并发连接数主要用来测试防火墙建立和维持TCP连接的性能，同时也能通过并发连接数的大小体现被测防火墙对来自客户端的TCP连接请求的响应能力。

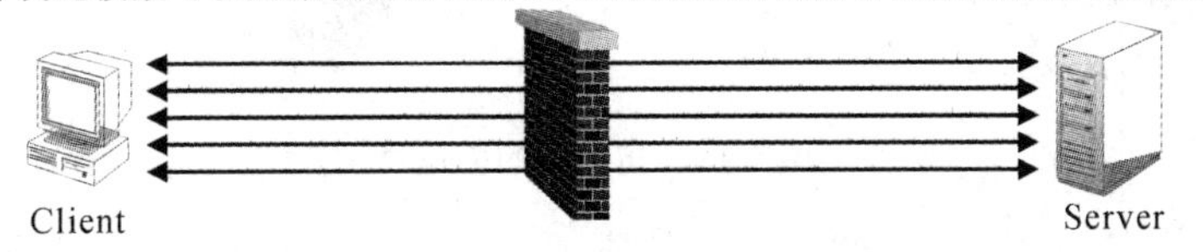

图5-14　防火墙的并发连接数

2) 吞吐量

吞吐量指在不丢包的情况下能够达到的最大速率，如图5-15所示。

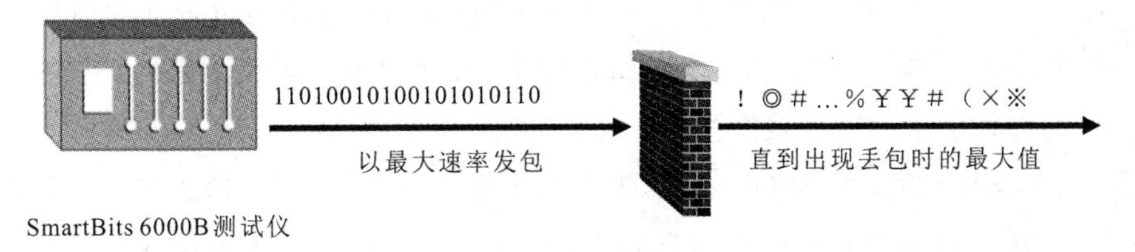

图5-15　防火墙的吞吐量

吞吐量是衡量防火墙性能的重要指标之一，吞吐量小就会造成网络的拥塞，进而影响网络的性能，如图5-16所示。

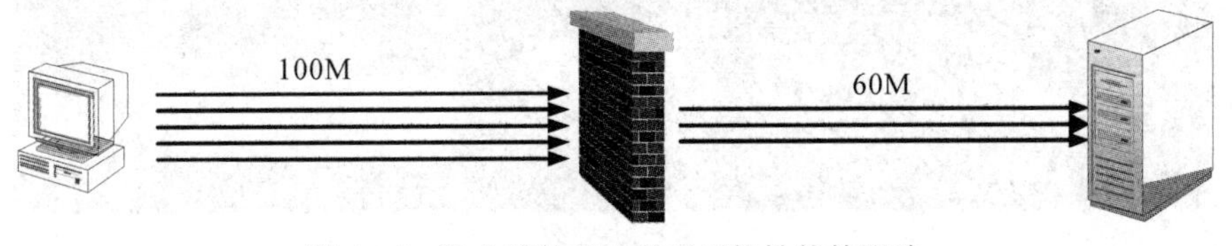

图5-16　防火墙的吞吐量对网络性能的影响

3) 时延

时延是指入口处输入帧最后一个比特到达出口处输出帧第一个比特输出所用的时间间隔，如图 5-17 所示。

防火墙的时延能够体现它处理数据的速度。

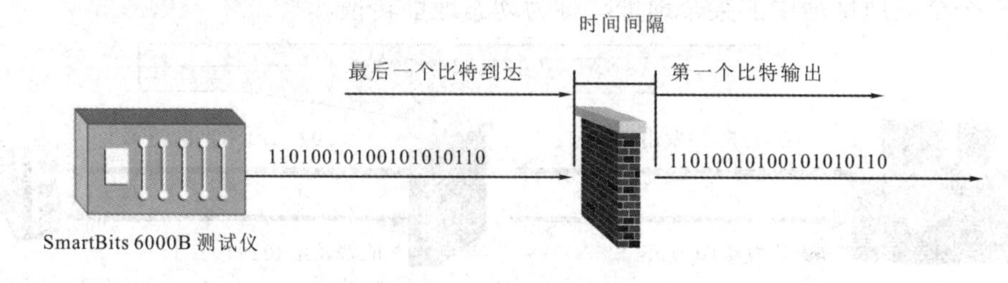

图 5-17　防火墙的时延

4) 丢包率

丢包率指在连续负载的情况下，防火墙设备由于资源不足应转发但却没转发的帧百分比，如图 5-18 所示。

防火墙的丢包率对其稳定性、可靠性有很大影响。

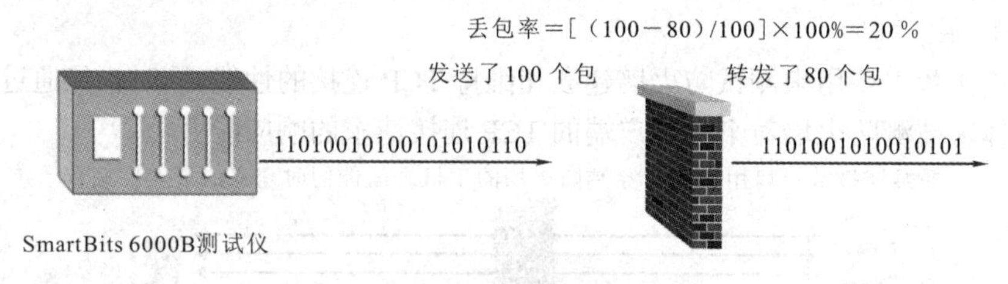

图 5-18　防火墙的丢包率

5.1.4　防火墙的典型应用及配置

目前商业级防火墙的功能、应用与配置都有许多相似之处，本节选用联想网御防火墙 Power V 为例进行应用及配置的介绍。联想网御 Power V 综合采用了状态检测包过滤技术与应用代理服务技术，在接入方式上支持透明接入、路由接入及混合接入三种接入方式，在配置上支持命令行及 Web 页面两种方式。

图 5-19 给出了联想网御 Power V 防火墙外观图，其中 FE1～FE3 为三个千兆以太网 RJ-45 口，FE4～FE7 为四个可选的千兆以太网光纤口。下面以 Web 配置模式为例介绍该防火墙的三种典型应用下的具体配置。

(a) 后面板

（b）侧视

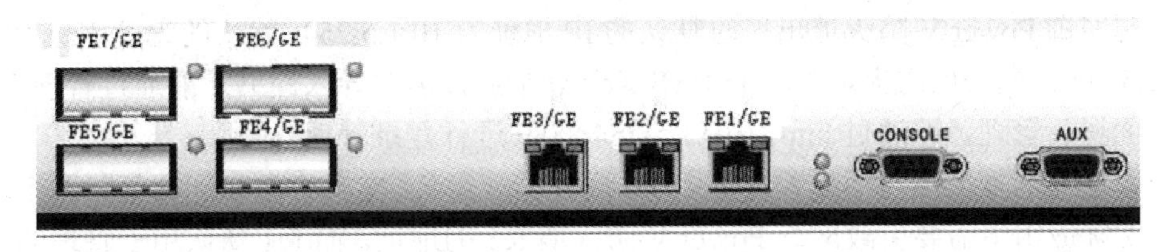

（c）前面板

图 5-19　联想网御 Power V 防火墙外观

1. 三网口纯路由模式

1) 需求描述

图 5-20 是一个具有三个区段的小型网络。Internet 区段的网络地址是 202.100.100.0，掩码是 255.255.255.0；DMZ 区段的网络地址是 172.16.1.0，掩码是 255.255.255.0；内部网络区段的网络地址是 192.168.1.0，掩码是 255.255.255.0。

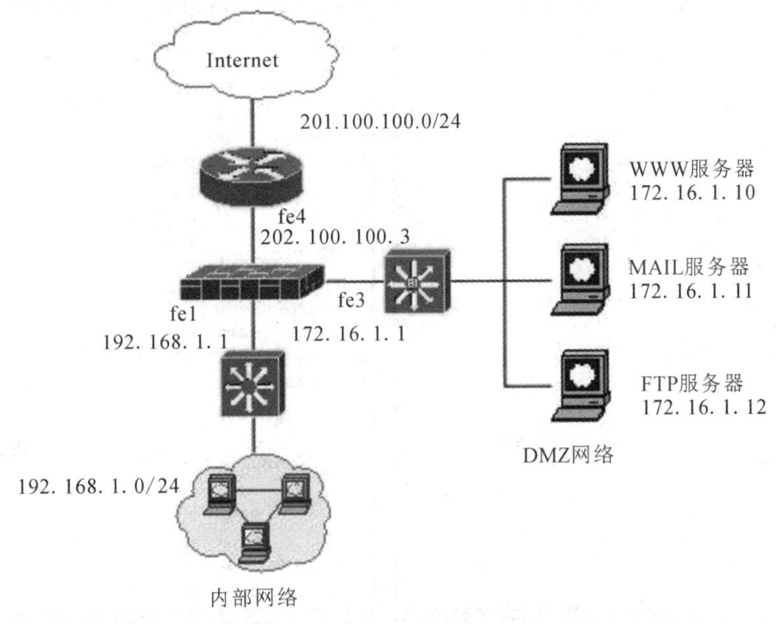

图 5-20　三网口纯路由模式网络结构

fe1 的 IP 地址是 192.168.1.1，掩码是 255.255.255.0；fe3 的 IP 地址是 172.16.1.1，掩码是 255.255.255.0；fe4 的 IP 地址是 202.100.100.3，掩码是 255.255.255.0。内部网络区段主机的缺省网关指向 fe1 的 IP 地址 192.168.1.1；DMZ 网络区段的主机的缺省网关指向 fe3 的 IP 地址 172.16.1.1；防火墙的缺省网关指向路由器的地址 202.100.100.1。

WWW 服务器的地址是 172.16.1.10，端口是 80；MAIL 服务器的地址是 172.16.1.11，端口是 25 和 110；FTP 服务器的地址是 172.16.1.12，端口是 21。

安全策略的缺省策略是禁止。允许内部网络区段访问 DMZ 网络区段和 Internet 区段的 HTTP、SMTP、POP3 和 FTP 服务，允许 Internet 区段访问 DMZ 网络区段的服务器。其他的访问都是禁止的。

2) 配置步骤

联想网御 Power V 防火墙出厂时默认的 IP 地址为 10.1.5.254，默认的管理主机 IP 地址是 10.1.5.200，当采用防火墙配套的 USB Key 登录后，需要导入证书才能通过管理主要的 Web 页面进行管理，即通过 https://10.1.5.254:8889 进行登录管理。

配置过程基本上都包括配置管理主机、配置物理设备、定义资源和配置策略四个环节。因为在实际应用中需要更改网御 Power V 防火墙 fe1 的地址，而 fe1 默认用于管理的设备，如果改变了它的地址，就不能用原来的地址管理了，所以第一步是按照修改后的地址增加一台相应地址段的管理主机。下面重点介绍其余三个配置环节。

(1) 配置物理设备。

· 进入“网络配置”→“网络设备”，编辑物理设备 fe1，将它的 IP 地址配置为 192.168.1.1，掩码是 255.255.255.0，如图 5-21(a)所示。

· 进入“网络配置”→“网络设备”，编辑物理设备 fe3，将 IP 地址配置为 172.16.1.1，掩码是 255.255.255.0，如图 5-21(b)所示。

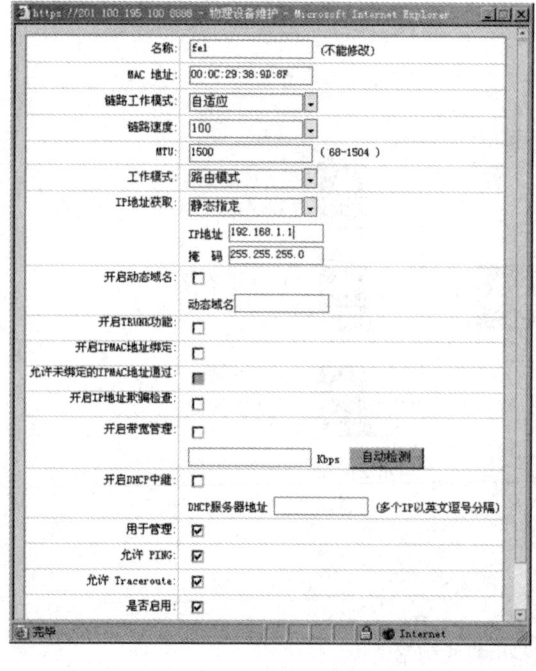

(a) 配置一

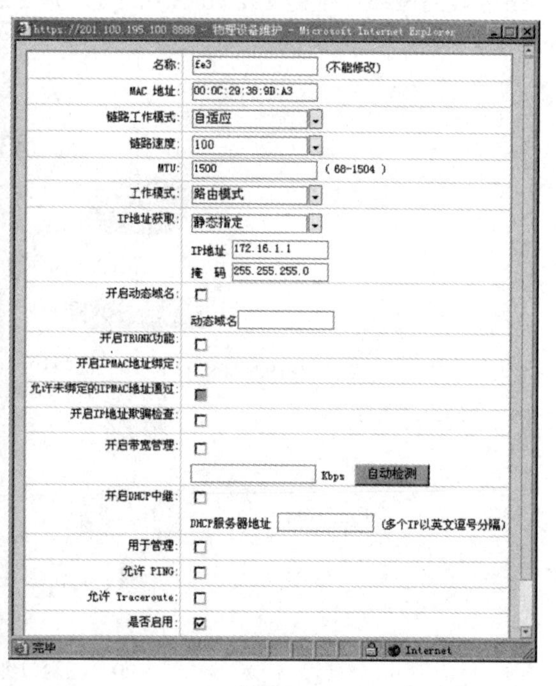

(b) 配置二

图 5-21　配置防火墙物理设备

· 进入“网络配置”→“网络设备”，编辑物理设备 fe4，将 IP 地址配置为 202.100.100.3，掩码是 255.255.255.0。

・ 进入“网络配置”→“默认路由”，添加下一跳地址是 202.100.100.1 的默认路由。目的地址、掩码都是 0.0.0.0，网络接口选择 fe4，如图 5-22 所示。

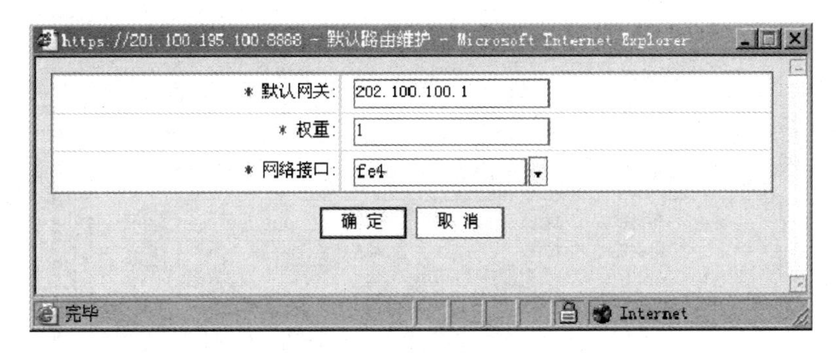

图 5-22　配置默认路由

(2) 定义资源。

在地址列表中配置如下：

・ LOCAL_NET：网络地址 192.168.1.0，掩码 255.255.255.0。

・ DMZ_NET：网络地址 172.16.1.0，掩码 255.255.255.0。

在服务器地址中配置如下：

・ WWW_SERVER：主机地址 172.16.1.10，掩码是 255.255.255.255。

・ MAIL_SERVER：主机地址 172.16.1.11，掩码是 255.255.255.255。

・ FTP_SERVER：主机地址 172.16.1.12，掩码是 255.255.255.255。

注意：网御 Power V 防火墙策略配置是基于资源的，所以在配置安全策略之前，先要定义地址的资源(如图 5-23 所示)。

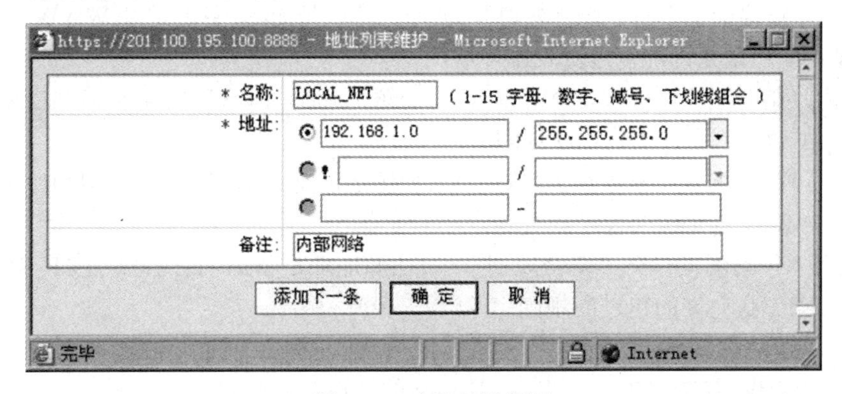

图 5-23　定义地址资源

(3) 配置安全策略。

・ 进入“策略配置”→“安全规则”，添加源地址是 LOCAL_NET，目的地址是 any，服务是 http，动作是允许的包过滤规则，如图 5-24 所示。

・ 进入“策略配置”→“安全规则”，添加源地址是 LOCAL_NET，目的地址是 any，服务是 smtp，动作是允许的包过率规则。

・ 进入“策略配置”→“安全规则”，添加源地址是 LOCAL_NET，目的地址是 any，服务是 pop3，动作是允许的包过滤规则。

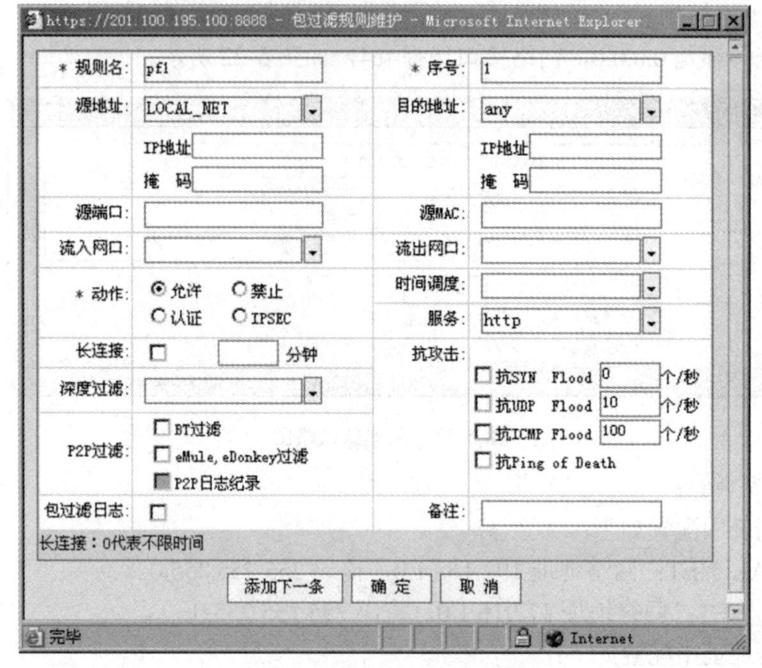

图 5-24　配置包过滤规则

• 进入“策略配置”→“安全规则”，添加源地址是 LOCAL_NET，目的地址是 any，服务是 ftp，动作是允许的包过滤规则。

• 进入“策略配置”→“安全规则”，添加源地址是 LOCAL_NET，目的地址是 any，服务是 any 的 NAT 规则。

• 进入“策略配置”→“安全规则”，添加源地址是 any，目的地址 WWW_SERVER，服务是 http，动作是允许的包过滤规则。

• 进入“策略配置”→“安全规则”，添加源地址是 any，目的地址 MAIL_SERVER，服务是 smtp，动作是允许的包过滤规则。

• 进入“策略配置”→“安全规则”，添加源地址是 any，目的地址 MAIL_SERVER，服务是 pop3，动作是允许的包过滤规则。

• 进入“策略配置”→“安全规则”，添加源地址是 any，目的地址 FTP_SERVER，服务是 ftp，动作是允许的包过滤规则。

• 进入“策略配置”→“安全规则”，添加公开地址是 202.100.100.3，对外服务是 http，内部地址是 WWW_SERVER，内部服务是 http 的端口映射规则。

• 进入“策略配置”→“安全规则”，添加公开地址是 202.100.100.3，对外服务是 smtp，内部地址是 MAIL_SERVER，内部服务是 smtp 的端口映射规则。

• 进入“策略配置”→“安全规则”，添加公开地址是 202.100.100.3，对外服务是 pop3，内部地址是 MAIL_SERVER，内部服务是 pop3 的端口映射规则。

• 进入“策略配置”→“安全规则”，添加公开地址是 202.100.100.3，对外服务是 ftp，内部地址是 FTP_SERVER，内部服务是 ftp 的端口映射规则。

配置好的安全规则如图 5-25 所示。

策略配置>>安全规则>>包过滤规则

代理规则　端口映射规则　IP 映射规则　包过滤规则　NAT 规则

序号	规则名	源地址	目的地址	服务	类型	选项	生效	操作	备注
1	pf1	LOCAL_NET	任意	http	包过滤		✔		
2	pf2	LOCAL_NET	任意	smtp	包过滤		✔		
3	pf3	LOCAL_NET	任意	pop3	包过滤		✔		
4	pf4	LOCAL_NET	任意	ftp	包过滤		✔		
5	pf6	任意	WWW_SERVER	http	包过滤		✔		
6	pf7	任意	MAIL_SERVER	smtp	包过滤		✔		
7	pf8	任意	MAIL_SERVER	pop3	包过滤		✔		
8	pf9	任意	FTP_SERVER	ftp	包过滤		✔		

添 加

第1页/1页 跳转到 1 页 Go 每页 20 行

(a) 配置好的包过滤规则

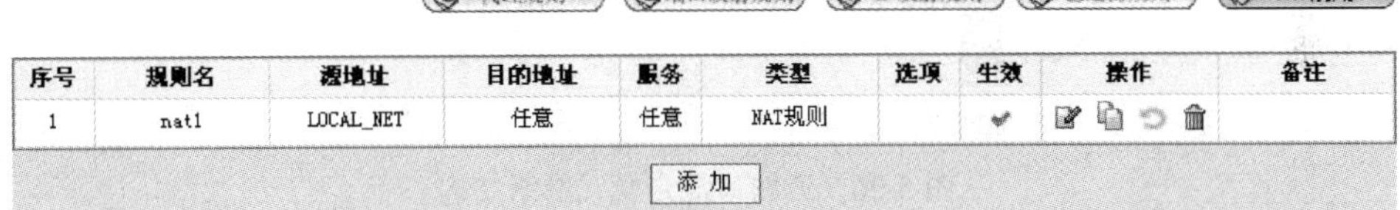

策略配置>>安全规则>>NAT规则

代理规则　端口映射规则　IP 映射规则　包过滤规则　NAT 规则

序号	规则名	源地址	目的地址	服务	类型	选项	生效	操作	备注
1	nat1	LOCAL_NET	任意	任意	NAT规则		✔		

添 加

第1页/1页 跳转到 1 页 Go 每页 20 行

(b) 配置好的 NAT 规则

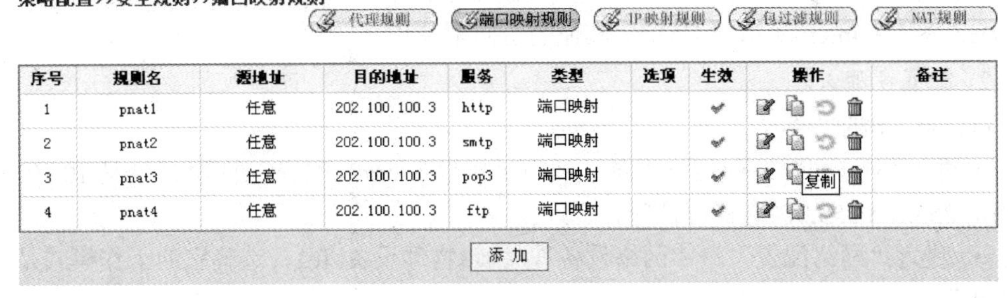

策略配置>>安全规则>>端口映射规则

代理规则　端口映射规则　IP 映射规则　包过滤规则　NAT 规则

序号	规则名	源地址	目的地址	服务	类型	选项	生效	操作	备注
1	pnat1	任意	202.100.100.3	http	端口映射		✔		
2	pnat2	任意	202.100.100.3	smtp	端口映射		✔		
3	pnat3	任意	202.100.100.3	pop3	端口映射		✔	复制	
4	pnat4	任意	202.100.100.3	ftp	端口映射		✔		

添 加

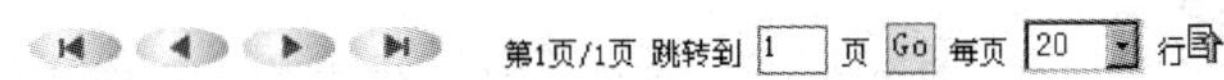

第1页/1页 跳转到 1 页 Go 每页 20 行

(c) 配置好的端口映射规则

图 5-25　配置好的安全规则

2. 三网口混合模式

1) 需求描述

图 5-26 所示是一个具有三个区段的小型网络。其中内部网络区段的 IP 地址是 10.10.10.2～10.10.10.50，掩码是 255.255.255.0。DMZ 网络区段的 IP 地址是 10.10.10.100～10.10.10.150，掩码是 255.255.255.0。WWW 服务器的 IP 地址是 10.10.10.100，开放端口是 80；MAIL 服务器的 IP 地址是 10.10.10.101，开放端口是 25 和 110；FTP 服务器的 IP 地址

是 10.10.10.102，开放端口是 21。Internet 区段的网络地址是 201.100.100.0，掩码是 255.255.255.0。

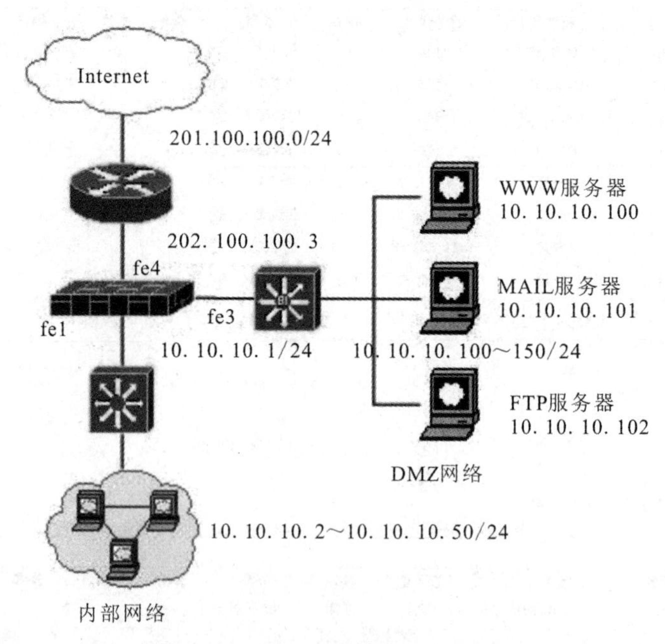

图 5-26　三网口混合模式网络结构

fe1、fe3 和 fe4 均工作在透明模式，IP 地址是 202.100.100.3，掩码是 255.255.255.0。桥接设备 brg0 的 IP 地址是 10.10.10.1，掩码是 255.255.255.0。内网网络区段的缺省网关是 10.10.10.1，DMZ 网络区段的缺省网关是 10.10.10.1。防火墙的缺省网关是 202.100.100.1。

防火墙的缺省安全策略是禁止。区段间的安全策略是：允许内网网络区段访问 Internet 和 DMZ，允许 Internet 访问 DMZ，其他的访问都禁止。

2) 配置步骤

(1) 配置物理设备。

· 进入“网络配置”→“网络设备”，编辑桥接设备 brg0，配置它的 IP 地址是 10.10.10.1，掩码是 255.255.255.0，选择可管理。

· 进入“网络配置”→“网络设备”，编辑物理设备 fe1，选择它的工作模式是“透明模式”。

注意：fe1 是缺省的可管理设备，将它的工作模式置为“透明模式”将导致防火墙不能使用原来的 IP 地址管理，但可以使用桥接设备 brg0 的 IP 地址继续管理。所以在设置物理设备 fe1 的工作模式前先确认 brg0 的 IP 地址与管理主机在同一网段，并且可管理。

· 进入“网络配置”→“网络设备”，编辑物理设备 fe3，选择它的工作模式是“透明模式”。

· 进入“网络配置”→“网络设备”，编辑物理设备 fe4，配置它的 IP 地址为 202.100.100.3，掩码是 255.255.255.0。

· 进入“网络配置”→“静态路由”，添加网关是 202.100.100.1 的缺省路由。

(2) 定义地址资源。

- LOCAL_NET：10.10.10.2～10.50.10.50，地址段。
- DMZ_NET：10.10.10.2～10.50.10.50，地址段。
- WWW_SERVER：10.10.10.100，掩码是 255.255.255.255，主机地址。
- MAIL_SERVER：10.10.10.101，掩码是 255.255.255.255，主机地址。
- FTP_SERVER：10.10.10.102，掩码是 255.255.255.255，主机地址。
- INTERNET：!10.10.10.0，掩码是 255.255.255.0，取反网络地址。

注意：在配置安全策略之前，先要定义地址资源。

(3) 配置安全策略。

- 进入“策略配置”→“安全规则”，添加源地址是 LOCAL_NET，目的地址是 any，服务是 http，动作是允许的包过滤规则。
- 进入“策略配置”→“安全规则”，添加源地址是 LOCAL_NET，目的地址是 any，服务是 smtp，动作是允许的包过滤规则。
- 进入“策略配置”→“安全规则”，添加源地址是 LOCAL_NET，目的地址是 any，服务是 pop3，动作是允许的包过滤规则。
- 进入“策略配置”→“安全规则”，添加源地址是 LOCAL_NET，目的地址是 any，服务是 ftp，动作是允许的包过滤规则。
- 进入“策略配置”→“安全规则”，添加源地址是 LOCAL_NET，目的地址是 INTERNET，服务是 any 的 NAT 规则。
- 进入“策略配置”→“安全规则”，添加源地址是 INTERNET，目的地址是 WWW_SERVER，服务是 http，动作是允许的包过滤规则。
- 进入“策略配置”→“安全规则”，添加源地址是 INTERNET，目的地址是 MAIL_SERVER，服务是 smtp，动作是允许的包过滤规则。
- 进入“策略配置”→“安全规则”，添加源地址是 INTERNET，目的地址是 MAIL_SERVER，服务是 pop3，动作是允许的包过滤规则。
- 进入“策略配置”→“安全规则”，添加源地址是 INTERNET，目的地址是 FTP_SERVER，服务是 ftp，动作是允许的包过滤规则。
- 进入“策略配置”→“安全规则”，添加源地址是 INTERNET，目的地址是 WWW_SERVER，服务是 http 的端口映射规则。
- 进入“策略配置”→“安全规则”，添加源地址是 INTERNET，目的地址是 MAIL_SERVER，服务是 smtp 的端口映射规则。
- 进入“策略配置”→“安全规则”，添加源地址是 INTERNET，目的地址是 MAIL_SERVER，服务是 pop3 的端口映射规则。
- 进入“策略配置”→“安全规则”，添加源地址是 INTERNET，目的地址是 FTP_SERVER，服务是 ftp 的端口映射规则。

3. 三网口透明模式

1) 需求描述

图 5-27 是一个具有三个区段的小型网络。其中内部网络区段的地址是 10.10.10.1～10.10.10.50，掩码是 255.255.255.0；DMZ 网络区段的地址是 10.10.10.100～10.10.10.150，

掩码是 255.255.255.0；fe4 所在网络区段的地址是 10.10.10.200～10.10.10.254，掩码是 255.255.255.0。WWW 服务器的地址是 10.10.10.100，开放端口是 80；MAIL 服务器的地址是 10.10.10.101，开放端口是 25 和 110；FTP 服务器的地址是 10.10.10.102，开放端口是 21。

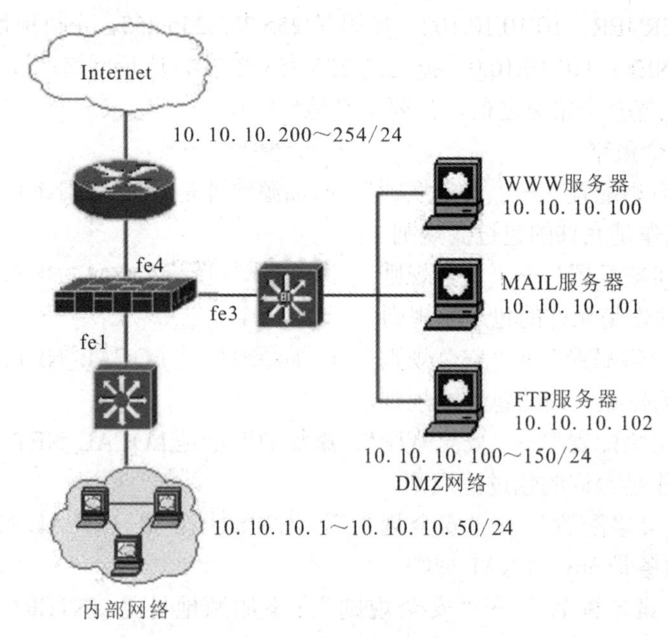

图 5-27　三网口透明模式网络结构

fe1、fe3 和 fe4 均工作在透明模式。桥接设备 brg0 的 IP 地址是 10.10.10.1，允许管理。

防火墙的缺省安全策略是禁止。区段间的安全策略是：允许内部网络区段访问 DMZ 区段和 INTERNET 的 HTTP、SMTP、POP3 和 FTP 服务，允许 INTERNET 区段访问 DMZ 网络的 HTTP、SMTP、POP3 和 FTP 服务。其他的访问都禁止。

2) 配置步骤

(1) 配置物理设备。

- 进入“网络配置”→“网络设备”，编辑桥接设备 brg0，将它的 IP 地址配置为 10.10.10.1，掩码是 255.255.255.0，允许管理，确定。
- 进入“网络配置”→“网络设备”，编辑物理设备 fe1，选择工作模式为“透明”，确定。
- 进入“网络配置”→“网络设备”，编辑物理设备 fe3，选择工作模式为“透明”，确定。
- 进入“网络配置”→“网络设备”，编辑物理设备 fe4，选择工作模式为“透明”，确定。

(2) 定义地址资源。

- LOCAL_NET：10.10.10.2～10.10.10.50，网络地址段。
- DMZ_NET：10.10.10.100～10.10.10.150，网络地址段。
- EXTERNAL_NET：10.10.10.200～10.10.10.254，网络地址段。

- INTERNET：地址是 10.10.10.0，掩码是 255.255.255.0，反网络地址。
- WWW_SERVER：地址是 10.10.10.100，掩码是 255.255.255.255。
- MAIL_SERVER：地址是 10.10.10.101，掩码是 255.255.255.255。
- FTP_SERVER：地址是 10.10.10.102，掩码是 255.255.255.255。

注意：在配置安全策略之前，先要定义地址资源。

(3) 配置安全策略。

- 进入“策略配置”→“安全规则”，添加源地址是 LOCAL_NET，目的地址是 any，服务是 http，动作是允许的包过滤规则。
- 进入“策略配置”→“安全规则”，添加源地址是 LOCAL_NET，目的地址是 any，服务是 smtp，动作是允许的包过滤规则。
- 进入“策略配置”→“安全规则”，添加源地址是 LOCAL_NET，目的地址是 any，服务是 pop3，动作是允许的包过滤规则。
- 进入“策略配置”→“安全规则”，添加源地址是 LOCAL_NET，目的地址是 any，服务是 ftp，动作是允许的包过滤规则。
- 进入“策略配置”→“安全规则”，添加源地址是 any，目的地址是 WWW_SERVER，服务是 http，动作是允许的包过滤规则。
- 进入“策略配置”→“安全规则”，添加源地址是 any，目的地址是 MAIL_SERVER，服务是 smtp，动作是允许的包过滤规则。
- 进入“策略配置”→“安全规则”，添加源地址是 any，目的地址是 MAIL_SERVER，服务是 pop3，动作是允许的包过滤规则。
- 进入“策略配置”→“安全规则”，添加源地址是 any，目的地址是 FTP_SERVER，服务是 ftp，动作是允许的包过滤规则。

5.2　入侵检测技术

传统的计算机安全技术已不能满足复杂系统的安全性要求。例如，防火墙等本身容易受到攻击，并且对于内部网络出现的问题经常束手无策。另外，防火墙采用的静态的、被动的策略是不可能满足安全需求的，因此很多组织采用更多、更强大的主动策略和方案来增强网络的安全性，其中一个有效的解决途径就是入侵检测(Intrusion Detection System，IDS)。

5.2.1　入侵检测系统概述

入侵检测已成为网络计算机系统中一个有效的防范检测手段，对正常和误用的系统行为提供了识别的技术，同时提供了对内部攻击、外部攻击和误操作的实时保护，也可以对网络中传输的信息进行监控，以发现存在的基于网络的攻击。

从目前网络安全系统来看，在设计防护系统时，一般只可能考虑已知的安全威胁和十分有限的未知威胁。大部分防护技术只能起到防护作用，而不能阻止各种攻击行为，现今

的系统多多少少存在着漏洞，需要在运行时通过检测来弥补。防火墙只是具有了防护的功能，难以做到主动检测，所以它需要与入侵检测相结合。入侵检测系统采用的是一种较为主动的技术，可以有效地弥补防火墙的不足，及时发现入侵行为和合法用户滥用特权的行为。

入侵是指任何企图危及资源的完整性、机密性和可用性的活动。顾名思义，入侵检测就是对入侵行为的发觉，它通过对计算机网络或计算机系统中的若干关键点收集信息并对收集到的信息进行分析，从中发现网络或系统中是否有违反安全策略的行为和被攻击的迹象。

入侵检测的软件与硬件组合便形成入侵检测系统。与其他安全产品不同的是，IDS 需要更多的职能，它必须可以对得到的数据进行分析，并得出有用的结果，一个合格的 IDS 能大大简化管理员的工作，保证网络安全地运行。

一个安全、完整的入侵检测系统必须具备以下特点：

(1) 可行性：入侵检测系统不能影响系统的正常运行，例如不能影响系统的效率等。

(2) 安全性：引入的入侵检测系统本身需要是安全的、可用的，如果系统所设计的入侵检测系统并不安全，而入侵检测系统是以特权模式运行的，将意味着这种不安全的入侵检测系统是无效的，而且极有可能会控制整个计算机系统。

(3) 实时性：入侵检测系统必须实时地检测到系统正在受到的攻击，才能在攻击引起破坏前及时处理。

(4) 扩展性：入侵检测系统必须是可扩展的，入侵检测系统在不改变机制的前提下能够检测到新的攻击，还需要预先对系统进行修改保证能够检测到未来的攻击，但是，这种修改要保证不对整个系统的整体结构进行修改。

1. 入侵检测系统的发展历史和现状

IDS 自 1980 年提出以来，在 40 年间得到了较快的发展。特别是近几年，由于非法入侵不断增多，网络与信息安全问题变得越来越突出。IDS 作为一种主动防御技术，越来越受到人们的关注。

1) 入侵检测系统的诞生

1980 年 4 月，Janes P. Anderson 的报告“Computer Security Threat Monitoring and Surveillance(计算机安全威胁的监察与监管) ”第一次详细阐述了入侵检测的概念，把计算机系统受到的威胁分为外部攻击、内部攻击和滥用行为三种，提出了利用审计系统日志监视入侵活动的思想。

1984 年至 1986 年，乔治敦大学的 Dorothy Denning 和 SRI/CSL(SRI 公司计算机科学实验室)的 Peter Neumann 一起开发了一个实时入侵检测系统——入侵检测专家系统(Intrusion Detection Expert System，IDES)。IDES 采用的是异常检测和专家系统的混合结构。入侵检测的相关研究已进行了 30 多年，而商业的入侵检测系统一直到了 20 世纪 80 年代后期才出现，到了 1994 年成立了著名的 ISS 公司，美国 1996 年成立了 NFR Security Inc 公司。目前，国内外有很多家研究机构在从事 IDS 的研究工作，不少厂家也开发出了 IDS 产品。如 Cisco 公司配合其硬件技术生产的 Cisco Secure IDS，以及 SRI 公司的 IDES (Intrusion Detection Expert System)和派生的 NIDES(Next Generation IDES)等。

2) 入侵检测系统的现状

入侵检测系统并不是万能的，入侵检测系统刚问世时非常受网络安全界的推崇，认为有了入侵检测系统，就不必再担心网络安全的问题了。但是，入侵检测系统存在着以下许多问题：

(1) IDS 产品的检测准确率比较低，漏报和误报比较多。即使是目前最先进的 IDS 也不可能检测所有的入侵事件。基于特征的检测对已知入侵行为有很好的检测效果，但对未知入侵却很难检测到。即使出现了一些能检测出所有入侵的入侵检测系统，那些黑客们也会设计出新的入侵攻击方法。

对正常行为产生的警报称为误报。误报是令 IDS 分析家们感到棘手的一个主要问题，误报会浪费 IDS 分析员的时间和资源。通过调整 IDS 反映网络的方式可以将误报降低到易于管理的水平。

漏报是误报的反向，它是指 IDS 未能检测出真正的攻击。对于 IDS 来说，宁可产生一些误报也不能漏过真正的攻击。因此，出于谨慎，最好调整 IDS，引起一些误报来避免漏报。

(2) 入侵检测系统不能对攻击做出响应。事实上所有的入侵检测系统 IDS 都不能对攻击做出相应的响应，它们只能进行对入侵行为的检测，并不能制止入侵和采取相应的措施。入侵检测系统只能报警，具体的问题还需要操作员采取行动来解决。

(3) IDS 维护比较难。因为当入侵检测系统检测到威胁时，需要操作员采取行动，所以 IDS 操作人员需要对系统和网络协议有比较好的了解，维护起来比较困难。

(4) IDS 产品的测评缺乏统一的标准和平台。入侵检测技术还不够成熟和完善，有很大的研究、发展空间，而现存的问题就是今后入侵检测技术的主要研究方向。

3) 入侵检测系统的发展

随着人们对入侵检测基于现状基础上的研究，以及近年来入侵检测系统的不断推广应用，入侵检测技术迎来了更加长远的发展，主要表现在体系结构、检测分析方法、响应策略以及和其他系统的结合等方向上。

(1) 体系结构的发展。现有入侵检测系统多采用单一体系结构，即所有的工作包括数据采集、分析都由单一主机上的单一程序来完成，而一些分布式的入侵检测系统只是在数据采集上实现了分布式，数据的分析、入侵的发现还是由单个程序来完成，造成系统的可扩展性较差、单点失效、系统缺乏灵活性和配置性等缺点。而且，不同的 IDS 之间没有很好的协同工作能力，因此，入侵检测系统需要分布入侵技术和通用检测架构相结合。所以，如何建立一个好的体系结构是当前入侵检测系统研究中的主要内容。

总之，具有多系统的、可以互相协同工作的、可重用的通用入侵检测体系结构是重要的研究方向。

(2) 入侵检测分析的智能化。入侵方法越来越多样化和综合化，传统的入侵检测分析方法无法完全实现检测功能，保证计算机的安全。所以入侵检测与智能代理、神经网络及遗传算法的结合是更深一层的研究，特别是智能代理的 IDS 需要加以进一步的研究，以解决自学习能力与适应能力的问题。

(3) 响应策略的研究。入侵检测系统只实现了检测功能，未能及时做出相应的响应，

所以入侵检测系统的响应策略是十分重要的。识别出入侵后的响应策略是IDS维护系统安全性、完整性的关键。IDS的响应包括向管理员和其他实体发出报警，进行紧急处理。IDS对攻击做出反应后，需要保证系统状态一致性。因此，入侵检测系统的响应策略是IDS的主要研究方向。

(4) 与网络安全技术相结合。结合防火墙、PKIX、安全电子交易(SET)等新的网络安全与电子商务技术，入侵检测系统能提供完整的网络安全保障。例如，基于网络和基于主机的入侵检测系统相结合，将把现在的基于网络和基于主机这两种检测技术很好地集成起来，相互补充，提供集成化的攻击签名、检测、报告和事件关联等功能。

2. 入侵检测系统的类型

从数据来源和系统结构可将入侵检测系统分为三类：基于主机的入侵检测系统(Host-Based IDS，HIDS)、基于网络的入侵检测系统(Network IDS，NIDS)和分布式入侵检测系统(Distributed IDS，DIDS)(混合型)。主机型IDS驻留在一台主机上，监控那些有入侵动作的机器；网络型IDS对流动在网络中的其他主机发送和接收的流量进行监控；分布式入侵检测系统是由多个部件组成的，分布在网络的各个部分，它们分别进行数据采集、分析等工作。根据分析引擎，可以将IDS划分为滥用检测系统和异常检测系统。从响应的角度来看，IDS可分为主动响应、被动响应和混合响应三种模式。

1) 基于主机的入侵检测系统（HIDS）

基于主机的入侵检测系统的输入数据来源于系统的审计日志，它只能检测发生在这个主机上的入侵行为。所以，这种检测系统一般应用在系统服务器、用户机器和工作站上。HIDS的检测过程如图5-28所示，其检测的目标主要是主机系统和系统本地用户。

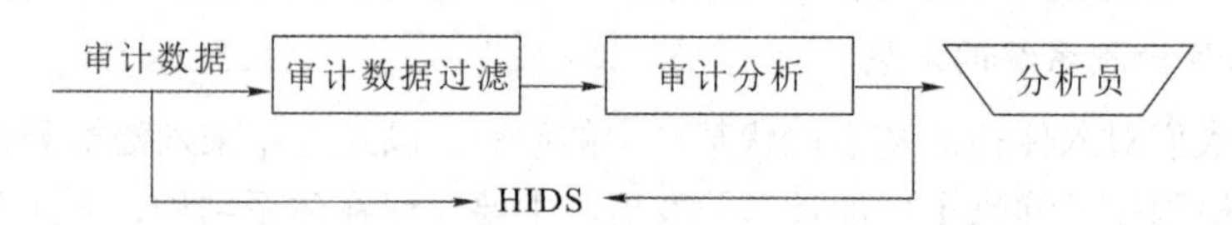

图5-28　HIDS的检测过程

HIDS检测的原理是根据主机的审计数据和系统的日志发现可疑事件，检测系统可以运行在被检测的主机或单独的主机上。此系统依赖于审计数据或系统日志的准确性、完整性及安全事件的定义。这些系统的实现不全在目标主机上，有些采用独立的外围处理机，也有的使用网络将主机的信息传送到中央分析单元。但这些系统全部是根据目标系统的审计记录工作，不一定能及时采集到审计记录，因此入侵者可能会将主机审计系统作为攻击目标以避开入侵检测系统。在现有的网络环境下，单独依靠主机审计信息进行入侵检测难以满足网络安全的需求，由于主机的审计数据的弱点(如易受攻击)，入侵者可以通过使用某些系统特权或调用比审计本身更低级的操作来逃避审计，因此不能仅仅通过分析主机的审计记录来检测网络攻击。

HIDS在操作系统、应用程序或内核层次上对攻击进行监控，监视和寻找操作系统的可疑事件。HIDS有权检查日志、错误消息、服务和应用程序权限，以及受监控主机的任何可用资源。HIDS借助它的访问特权，监控主机中不易被其他系统访问的特殊组件。因为HIDS具备着相当重要的特权，所以它对入侵的监测要达到一定的要求，要发现一些恶意事件，HIDS 需要和主机协调一致，被监控的主机系统深入的知识只能由入侵检测系统所掌握。要检测一些攻击，HIDS 必须具备主机的正常行为的知识。

基于主机的入侵检测系统也有一些重大缺点。HIDS 是基于主机的，它对整个网络的拓扑结构认识有限。针对未安装 HIDS 的主机的攻击，HIDS 不能检测出来。攻击者可以控制一台未安装 HIDS 的机器，然后对受保护的主机进行合法访问，这时 HIDS 检测不出攻击，使得入侵检测系统变得毫无用处。唯一的办法是在每一台可能遭受攻击的主机上安装 HIDS，这将导致成本过高，而且也未必能保证绝对的安全。

基于主机的 IDS 具有如下优点：

(1) 能够更加准确地判断攻击是否成功。由于使用已发生的事件信息，HIDS 可以做出比 NIDS 更加准确的判断。

(2) 监视特定的系统活动。HIDS 监视用户访问文件的活动，包括文件存取、改变文件权限、试图建立新的可执行文件以及试图访问特殊的设备。HIDS 还可监视只有管理员才能实施的非正常行为。操作系统记录了任何有关用户账号的增加、删除、更改的情况，只要改动发生，系统就能检测到这种不适当的改动，还能对可能影响系统记录的校验措施的改变进行审计。基于主机的系统可以监视主要系统文件和可执行文件的改变。

(3) HIDS 可以检测到那些基于网络的入侵检测系统察觉不到的攻击。例如，来自网络内部的攻击可以躲开 NIDS。

(4) 基于主机的系统安装在企业的各种主机上，它们更适用于交换和加密的环境。交换设备可将大型网络分成许多小型网络部件加以管理，所以从覆盖足够大的网络范围的角度出发，很难确定基于网络的 IDS 的最佳位置。而基于主机的入侵检测系统可安装在所需的重要主机上，在交换的环境中具有更高的能见度。

由于加密方式位于协议堆栈内，所以 NIDS 可能对某些攻击没有反应，而 HIDS 没有这方面的限制。

(1) 检测和响应及时。尽管基于主机的入侵检测系统不能提供真正实时的反应，但如果措施得当，其反应速度可以非常接近实时。

(2) 价格更加低廉。

2) 基于网络的入侵检测系统(NIDS)

基于网络的入侵检测系统在共享网段上对通信数据进行侦听，采集数据，分析可疑现象，系统根据网络流量、协议分析、简单网络管理协议信息等检测入侵。NIDS 放置在网络基础设施的关键区域，监控流向其他主机的流量。NIDS 的数据来源于网络的信息流，NIDS 被动地在网络上监听整个网络上的信息流，分析所截获的网络数据包，检测其是否发生网络入侵。

NIDS 与 HIDS 对比，前者对入侵者而言是透明的，入侵者不知道有入侵检测系统的存在，此类系统不需要主机提供严格的审计，因而对主机资源消耗少，而且由于网络协议是标准的，因此具体实现时往往基于主机和基于网络的入侵检测系统可构成统一集中的系统。随着网络系统结构的复杂化和大型化，系统的弱点和漏洞趋向分布式，入侵行为也不再表现为单一的行为，而是具有相互协作入侵的特点。NIDS 的成本比 HIDS 更低，因为它通过一个装置就能保护一大片网段。通过 NIDS，入侵分析员可以对网络内部和其周围

发生的情况有全方位的认识，对特殊主机或攻击者的监控力度可以相对容易地加强或减弱。

与 HIDS 相比，NIDS 更为安全也不易中断。运行在一台加固的主机上的 NIDS(主机只支持入侵检测相关的服务)会使得主机更为健壮。NIDS 并不依赖于受监控主机的完整性和可用性，因而它的监控不易被中断。但 NIDS 也易受到 IDS 逃避技术的攻击，现今黑客们已经发现了许多隐藏恶意流量以躲开 NIDS 检测的方法。

3) 分布式入侵检测系统(DIDS)

NIDS 与 HIDS 相比具有明显的优点，如部署数量少、能实时监测、具有操作系统独立性等，但同时也有较大的缺陷：只能检查一个广播型网段上的通信，难以处理加密的会话过程。由此看出，二者各有优势，且具有互补性，把二者结合起来使用有可能改善入侵检测系统的检测效果，这就是分布式入侵检测系统形成的原因。

DIDS 是入侵检测系统历史上一个里程碑式的产品。DIDS 综合了 HIDS 和 NIDS 的功能。它通过收集、合并来自多个主机的审计数据和检查网络通信，能够检测出多个主机发起的协同攻击。

DIDS 的分布性表现在两个方面：首先，数据包过滤的工作由分布在各网络设备(包括联网主机)上的探测代理完成；其次，探测代理认为可疑的数据包将被根据其类型交给专用的分析层设备处理。各探测代理不仅实现信息过滤，同时监视所在系统，而分析层和管理层则可对全局的信息进行关联性分析。这样对网络信息进行分流，提高了检测速度，解决了检测效率低的问题，使得 DIDS 本身抗击拒绝服务攻击的能力也得到了增强。

DIDS 由主机代理(Host Agent)、局域网代理(LAN Agent)和控制器(DIDS Director)三部分组成。主机代理负责监测某台主机的安全，依据搜集到这台主机活动的信息产生主机安全事件，并将这些安全事件传送到控制器。同样，局域网代理监测局域网的安全，依据搜集到的网络数据包信息产生局域网安全事件，再传给控制器。控制器根据安全专家的知识、主机安全事件和网络安全事件进行入侵检测分析，最后得出整个网络的安全状态结论。主机代理并不是安装在 LAN 中的所有主机上，而是按照特定的安全需求做出决定。控制器还提供了 DIDS 与安全管理人员的用户接口。

5.2.2　入侵检测系统的体系结构

1. 入侵检测系统体系结构的演变过程

早期的入侵检测系统采用了单一的体系结构，将在单独一台主机上收集到的数据送到中心节点进行分析，或在邻近收集的节点上进行分析。由于这种检测系统仅仅监视一台主机上的用户行为，因而无法发现涉及多台主机的攻击。后来出现的基于网络的入侵检测系统使用网络流量模型，从主机间传送的底层网络数据包中检测出异常或误用情况。NIDS 解决了基于主机的入侵检测系统许多性能和完整性方面的问题以及与审计日志相关的问题。

第一代入侵检测系统为二组件(收集组件和分析组件)的体系结构。收集进程从主机审计日志、内部接口或监视网络上的包搜索信息，然后将这些信息传给中央分析组件，中央分析组件可使用一种或多种不同的检测技术。这两个逻辑组件或者配置在一个主机上，或者分布在物理上。虽然此种体系对于监视少数主机是有效的，但是集中式分析限制了它扩展到检测较大规模系统的能力。于是，后面几代入侵检测系统就主要靠在收集组件和分析组件间引入中间组件构成分层来增强其扩展性，这些中间组件将从收集进程获得的信息预处理，并且合并起来输入到分析进程。

目前，随着网络规模的发展，大部分入侵检测系统都采用分布式结构。分布式结构采用分级组织模型、网状组织模型，或这两种组织模型的混合。

分级体系结构采用树形结构，命令和控制组件在上层，信息汇聚中间层，操作单元位于叶节点。操作单元可以是基于网络的 IDS、基于主机 IDS、防病毒及攻击响应系统。图 5-29 给出了分级体系结构，这是当前 IDS 主要采用的体系结构。

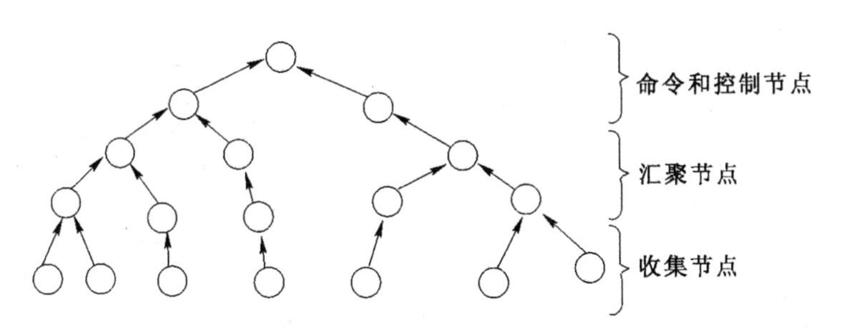

图 5-29　分级体系结构

图 5-29 中的圆表示网络中的单个节点，箭头表示不同类型节点间的信息流。信息收集发生在叶节点，叶节点为基于网络或基于主机的信息收集点。事件信息被传到中间节点，中间节点汇聚来自多个叶节点的信息。进一步的汇聚、抽象和数据精简发生在更高层的中间节点，直至根节点。根节点是一个命令和控制系统，它评估攻击状况并发起相应的响应。根节点通常向操作员控制台报告，管理员可在操作员控制台上人工估计攻击状态和发送命令。

分级体系结构带来了有效的通信，即在分级中上行的信息过滤和下行的控制，这便于扩展和减少交互的数据。分级体系结构对于创建可扩展的、具有中央管理点的分布 IDS 很有用。但是，这些结构要求较严格，因为需要和组件相关的功能和通信线路。

和分级体系相反，网状体系结构允许信息从任何节点流向其他节点，如图 5-30 所示。因此，网状结构的通信通常不是很有效，因为通信流没有限制 (即每个人都试图和其他人联系)。但是，它们功能的灵活性弥补了通信效率低的不足。这种体系结构将收集、汇聚和命令控制功能集成到一个驻留在每个监控系统上的组件中。在每个系统中，发生的任何源于另一系统的重要事件都由发生事件的系统的安全管理器向源系统的系统管理员报告。在连接的源系统是一个通信链中间节点的情况下，系统管理器向链中的下一个系统管理器报告。

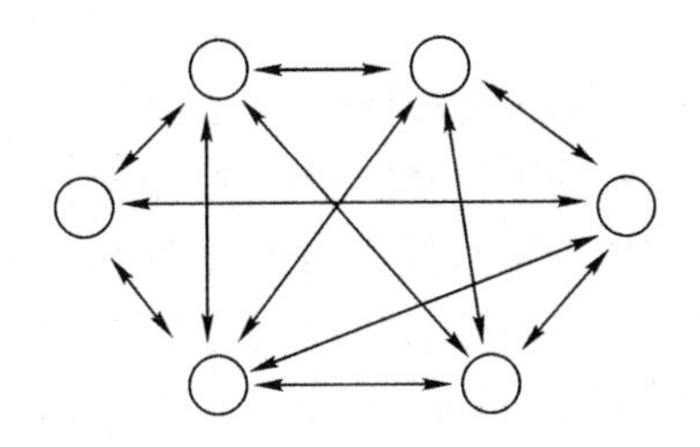

图 5-30　网状体系结构

一般 IDS 组件通常分层，但是趋势并不总是这样的，因为通常通信可发生在任何类型的组件之间，并不完全限于端到端或主/从模式。例如，收集单元可直接向命令和控制单元报告重要事件，而不是通过汇聚节点。

使用混合模型是一种综合了分级和网状体系结构最佳特征的方法。混合模型采用网状体系结构，它没有明确的根，但是保留整体的分级结构，并允许组件不按严格的分级结构灵活地通信。图 5-31 给出了这种体系结构的一个实例，其中表述了命令和控制组件的关系，收集单元和命令控制单元(如事件触发器)间的通信，以及汇聚单元和命令控制单元(如错误容忍)间冗余的通信。

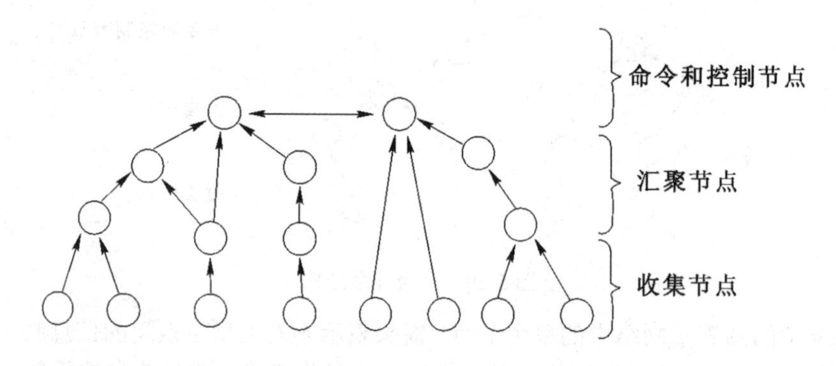

图 5-31　混合体系结构

使用移动代理可使收集节点、汇聚节点和命令控制节点并不总是驻留在一个物理机器上，即移动代理可作为汇聚节点，并移动到最适合的物理位置。实际上，移动代理体系结构对这种思想提供了额外的修改——功能不同，代理也不同。例如，它们可以是专门用于检测和响应病毒的移动代理的分层。需要病毒检测的汇聚节点和命令控制节点可能和内部审计需要的移动代理完全不同。因此，移动代理可能存在很多分层，每个分层检测不同的攻击，并分别处理不同的数据。

一般来说，层次化的体系结构通信效率较高。在此层次结构中，信息提炼和过滤向上，控制命令向下。此种体系结构对于中央控制管理的可扩展分布式入侵检测系统非常适合。但是，若需要建立完整的大规模分布式安全检测体系，目前并没有公认的体系结构，因为人们对大规模网络入侵检测的功能、覆盖范围和检测方法认识尚不统一，各个研究小组在研究 IDS 的体系结构时都有明显的单项技术侧重点。如互联网工程工作组(Internet Engineering Task Force，IETF)和入侵检测工作组(Intrusion Detection Working Group，IDWG)的目的是建立通用的安全检测信息交换方式。

2. 通用入侵检测框架

通用入侵检测框架(Common Intrusion Detection Framework，CIDF)定义了大多数 IDS 具有的基本组件。CIDF 是为了解决不同 IDS 的互操作性和共存问题而提出的，它试图建立通用的入侵检测体系结构。CIDF 可以提供 IDS 组件共享、数据共享，并完善互用性标准，最终建立一套开发接口和支持工具，以提高独立开发部分组件的能力。CIDF 定义的通用组件有事件生成器、事件分析器、事件数据库、响应单元和目录服务器，其体系结构如图 5-32 所示。

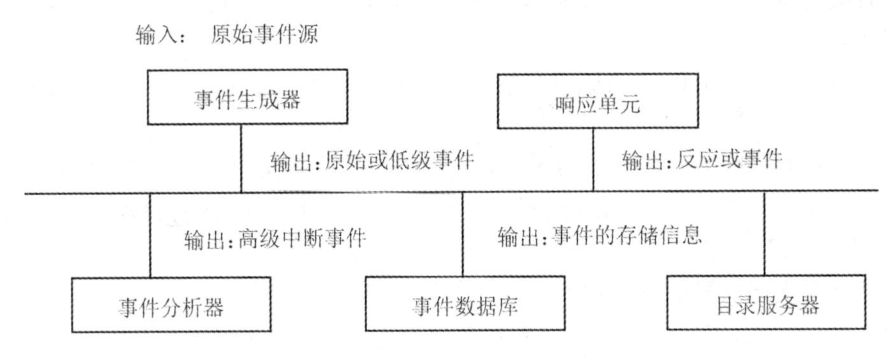

图 5-32　CIDF 定义的体系结构

其中，事件生成器是采集和过滤事件数据的程序或模块。例如，产生审计日志的程序为事件组件，对数据进行过滤的程序也是事件生成器。事件分析器分析事件数据和任何 CIDF 组件传送给它的各种数据。例如，对输入的事件进行分析，检测是否有入侵的迹象，或将描述对入侵响应的响应数据(如关闭进程的命令)发送给事件分析器进行分析。事件数据库是各种原始数据或已加工过数据的存储器。响应单元是针对分析组件产生的分析结果，根据响应策略采取相应的行为，发出命令响应攻击，如杀死进程或复位连接。目录服务器组件用于各组件定位其他组件，以及控制其他组件传递的数据并认证其他组件的使用，以防止 IDS 本身受到攻击。目录服务器组件可以管理和发布密钥，提供组件信息和用户组件的功能接口。以上划分是功能划分，而不是模块划分。在具体实现中事件组件可以是多个组件，而分析组件可能包括事件分析组件和指令分析组件。从功能的角度看，这种划分体现了 IDS 必须具有的体系结构，如数据获取、数据管理、数据分析、行为和响应，因此具有通用性。

从图 5-32 中可以看出，各组件之间采用松散的耦合方式，实现入侵检测系统功能的四个组件通过目录服务器组件进行定位、认证，即提供配置和目录服务的组件把其他组件连接到一起。匹配单元允许组件通过名称或服务协同组件。

组件可采用分级体系结构、网状体系结构或混合结构来组织。组件还支持接口的推风格或拉风格，推风格是指组件根据数据主动上报事件，而拉风格是指组件响应请求并上报事件。有些组件还可进一步分解。例如，分析器可使用完全不同的两个组件，即推断入侵的推断代理和公式化响应的决策或规划代理。同样，一个或多个组件可组合到一起，配置在同一节点上。

3. 现有 IDS 体系结构的局限性

如今的入侵检测系统不尽如人意，虽然开发者一直致力于通过改进和改良现有的技术克服这种局限性，然而有些局限性是固有的，是由现有 IDS 的体系结构造成的。其中，最常见的局限性如下：

(1) 缺乏有效性。虽然一些分布式 IDS 在数据收集上实现了分布式，但是数据的分析、入侵检测还是由单个程序完成的。当要求处理的事件非常多时，就无法对事件进行实时分析，从而导致 IDS 因来不及处理过量数据或丢失网络数据包而失效。这在如今的大型网络中非常多见。

(2) 有限的灵活性。如今的 IDS 是与操作系统相关的，且当进行升级或重新配置时，需要重新启动。

(3) 单点失效。当 IDS 自身因受到攻击或其他原因而不能正常工作时，其保护功能就会丧失。

(4) 有限的响应能力。传统的 IDS 将注意力集中在检测攻击上。虽然检测很有用，但系统管理员常常无法立即分析 IDS 的报告，并采取相应的行动。这就使攻击者在系统管理员采取行动前有机可乘。

(5) 缺乏对入侵检测关键组件的保护。入侵检测作为应用系统的防护措施，也要面对很多攻击。一般来说，IDS 并不能保证检测出所有的攻击，如果攻击把 IDS 某一组件攻破，那么 IDS 的检测能力就会大打折扣。

(6) 缺乏有效的协同。现有 IDS 大多只是针对特定网段、特定主机的数据进行分析，还不能将来自不同源的信息进行协同分析，这会影响对某些攻击的检测。

5.2.3　入侵检测系统的检测分析方法

入侵分析的任务就是根据提取到的大量数据检测入侵攻击事件。入侵分析过程需要将提取到的事件与入侵检测规则等进行比较，从而判断是否是入侵行为。一方面入侵检测系统需要尽可能多地提取数据以获得足够的入侵证据。另一方面由于入侵行为的千变万化而导致判定入侵的规则越来越复杂，为了保证入侵检测的效率和满足实时性的要求，入侵检测系统必须合理地设计分析策略，有时可能要牺牲部分检测能力来保证系统安全、稳定地运行以及保证系统较快的响应速度。目前，入侵检测分析还是一个边缘学科，学者们正着手在入侵检测系统中逐渐地引入人工智能、神经网络及统计学等技术。本节重点讨论入侵检测系统分析方法的原理和基本流程。

1. 基于异常的入侵检测方法

异常检测是目前入侵检测系统分析方法的重点，其特点是通过对系统异常行为的检测，归结出未知攻击模式。异常检测的关键问题在于正常使用模式(Normal Usage Profile)的建立，以及如何通过正常使用模式对当前的系统行为进行比较，从而判断出与正常模式的偏离程度。“模式”(Profile)通常由一系列的系统参量(Metrics)来定义。所谓“参量”是指系统行为在特定方面的衡量标准。每个参量都对应于一个门限值(Threshold)或对应于一个变化区间。异常检测 IDS 从用户的系统行为中收集数据，这些数据集就被视为“正常模式”，如果用户偏离了正常模式，就会被认为是异常行为，于是就产生报警。但事实上入侵活动集合并不等于异常活动集合，这有两种可能性：第一，将不是入侵的异常活动标识为入侵，这被称为伪肯定(False Positives)，会造成假报警；第二，将入侵活动误以为正常活动，这被称为伪否定(False Negative)，会造成漏判，其严重性比第一种情况大得多。

基于异常的入侵检测方法主要来源于这样的思想：任何人的正常行为都是有一定的规律的，并且可以通过分析这些行为产生的日志信息总结出这些规律，而入侵和滥用行为则通常和正常的行为存在严重的差异，通过检查出这些差异就可以检测出非法的入侵行为甚至是通过未知方法进行的入侵行为。异常检测可以检测出权限滥用。例如，一个正常用户试图去访问一个没有访问权限的很重要的文件，入侵检测系统就认为是一种破坏性攻击并发出报警。

异常检测 IDS 的优点在于它不依赖于已检测的入侵攻击行为。但它也有局限性，异常检测 IDS 的基准数据集(也就是正常模式所取的数据)必须是正确的、无恶意的正常行为。如果其中有一些恶意行为，那么将会产生漏报、误报，必然会带来严重的后果。

虽然异常检测也存在缺点，但它是极为有用的检测分析方法，可以说是极为重要的。以下介绍与其他技术相结合的异常检测方法。

1) 基于统计方法的异常检测方法

这种方法使用统计学的方法来学习和监测用户系统的行为。统计异常检测方法根据异常检测器观察用户行为，然后产生刻画这些行为的“正常模式”。每一个模式保存记录主体当前行为，并定时地将新的正常的行为数据加入到模式中，通过比较当前的行为与已存储的正常模式来判断异常行为，从而检测出入侵攻击。

统计异常检测方法具有一定的优势。使用该方法可以揭示某些我们感兴趣的、可疑的活动，从而发现违背安全策略的行为，维护比较方便。

统计方法也存在一些明显的缺陷。首先，使用统计方法的大多数系统是以批处理的方式对审计记录进行分析的，它无法提供对入侵行为的实时检测和自动响应的功能。另外，统计学的特性导致了它不能反映事件的时间顺序，因此事件发生的顺序通常不作为分析引擎所考察的系统属性。然而，许多预示着入侵行为的系统异常都依赖于事件的发生顺序，在这种情况下，使用统计方法进行异常检测就有了很大的局限性。最后，如何确定合适的门限值也是统计方法所面临的棘手问题。门限值如果选择得不恰当，就会导致系统出现大量的误报或漏报。

2) 基于数据挖掘技术的异常检测

数据挖掘也被称为知识发现技术。系统日志信息的数据量通常都非常大，如何从大量的数据中提取出一些行为作为系统正常行为的表示，通过与这些正常行为进行比较，并且对系统行为的异常进行分析和检测，可以结合数据挖掘的方法。

3) 基于神经网络的异常检测方法

利用神经网络检测入侵的基本思想是用一系列信息单元(命令)训练神经单元，这样在给定一个动作或一些命令后，就可能预测出下一个动作或下一个命令。当神经网络经过一段用户常用的动作或命令的学习后便可以根据已存在网络中的用户特征文件来匹配真实的动作或命令。

与统计理论相比，神经网络更好地表达了变量间的非线性关系，并且能自动学习和更新。用于检测的神经网络模块结构大致是这样的：当前命令和刚过去的 m 个命令组成了网络的输入，其中，m 是神经网络预测下一个命令时所包含的过去命令集的大小。根据相应用户的特征集，神经网络对下个事件的预测错误率在一定程度上反映了用户行为的异常程度，从而检测出入侵攻击行为。

基于神经网络的异常检测系统的优点是：能够很好地处理噪声数据，并不依赖于对所处理的数据统计假设，不用考虑选择哪些数据作为正常模式参量的问题，对于新的用户的加入而需产生的入侵检测系统比较容易适应。

基于神经网络的异常检测系统的缺点是：小的命令窗口(即 m 的大小)将造成伪肯定，即造成假报警，而大的命令窗口则造成许多小相关的数据，同时增加伪否定的机会，即造成漏报；神经网络的预测功能只有经过相当的训练后才能起作用；入侵者可能在网络学习阶段训练该网络。

2. 基于误用的入侵检测方法

误用(Misuse)在这里指“可以用某种规则、方式、模型表示的入侵攻击或其他安全相关行为”。基于误用的入侵检测技术的含义是：通过某种方式预先定义入侵行为，然后监视系统的运行，并根据所建立的这种入侵模式来检测入侵，从中找出符合预先定义规则的入侵行为。

基于误用的入侵检测技术的研究主要是从 20 世纪 90 年代中期开始的，当时主要的研究组织有 SRI、Purdue 大学等。最初的误用检测系统忽略了系统的初始状态，只对系统运行中各种状态变化的事件进行比较，并从中发现相应的攻击行为。这种不考虑系统初始状态的入侵信号标志有时无法发现所有的入侵行为。

基于误用的入侵检测系统通过使用某种模式或信号标志表示攻击，进而发现相同的攻击。显然，误用入侵检测依赖于模式库，如果没有构造好模式库，入侵检测系统就难以检测到入侵者。误用检测将所有攻击形式化存储在入侵模式库中。这种方法可以检测许多甚至全部已知的攻击行为，误用检测是检测已知攻击最好的、最为准确的检测技术，但是对于未知的攻击手段却无能为力，这一点和病毒检测系统类似。典型的系统模型如图 5-33 所示。

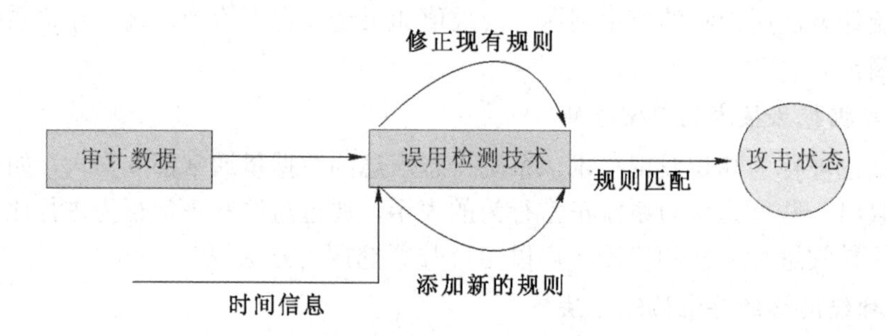

图 5-33　典型的基于误用技术的入侵检测系统模型

误用信号标识需要对入侵的特征、环境、次序以及完成入侵的事件相互间的关系进行详细的描述，这样误用信号标识不仅可以检测出入侵行为，还可以发现入侵的企图，误用信号标识的部分匹配就可能代表一个入侵的企图。目前来说，对于误用检测技术，最主要的技术问题包括：

(1) 如何全面描述攻击的特征以及覆盖在此基础上的变种方式。

(2) 如何排除其他带有干扰性质的行为，减少误报率。

基于误用的入侵检测方法包括模式匹配、基于专家系统的误用检测法、基于模型的误用入侵检测法和按键监视法等。

1) 模式匹配

基于模式匹配的入侵检测方式是最早使用的一种误用检测技术，该方式需要知道攻击行为的具体知识。基于模式匹配的入侵检测系统将已知的入侵特征编码成与审计记录相符合的模式，因而能够在审计记录中直接寻找相匹配的已知入侵模式。

模式匹配入侵检测系统有一些特点：模式的描述不包含对入侵攻击事件来源的描述，只要知道是什么样的数据，只规定需要匹配的事件是哪些，而且这些模式可以动态地产生。这种入侵模式很容易被移植，而且允许许多事件同时进行模式匹配，大大提高了检测效率。

基于模式匹配的入侵监测系统在具体应用中需要解决以下问题：

(1) 模式的提取：要使提取的模式具有很高的质量，能够充分表示入侵信号的特征，同时模式之间不能冲突。

(2) 匹配模式的动态增加和动态删除：为了适应不断变化的攻击手段，匹配模式必须具有动态变更的能力。

(3) 增量匹配和优先级匹配：在事件流对系统处理能力产生很大压力的时候，要求系统采取增量匹配的方法来提高系统效率，或者可以先对高优先级的事件先行处理，然后再对低优先级的事件进行处理。

(4) 完全匹配：匹配机制必须能够提供对所有模式进行匹配的能力。

基于匹配的入侵检测方法具有原理简单、扩展性好、检测效率高和实时性好等优点，但只适用于比较简单的攻击方式，并且误报警率较高。

2) 基于专家系统的误用检测法

专家系统是在基于知识的入侵检测中早期运用较多的方法。基于专家系统的误用检测法首先使用类似于 if then 的规则格式输入已有的攻击模式，然后输入审计事件记录，专家系统根据知识库中的内容对检测数据进行推理评估，判断是否存在入侵行为。利用专家系统进行检测的优点在于把系统的推理控制过程和问题的解决相分离，对用户是透明的，即用户不需要理解或干预专家系统内部的推理过程。当然，要达到这个目的和要求，用户必须把决策引擎和检测规则以编码的方式嵌入到专家系统中。专家系统中的攻击知识通常使用 if then 的语法规则表示。if 部分表示攻击发生的条件序列，当这些条件满足时，系统采取 then 部分所指明的动作。

当使用专家系统进行入侵检测时，存在一些实际问题：

① 效率问题，当处理的数据过大时效率低下；

② 缺乏处理序列数据的能力，即缺乏分析数据前后相关性的能力；

③ 专家系统的性能完全取决于设计者的知识和技能；

④ 和所有的误用检测方法一样只能检测到已知的入侵攻击事件；

⑤ 对于一些不确定的判断大部分都无法执行；

⑥ 规则库的维护同样是一项艰巨的任务，更改规则时必须考虑到对知识库中其他规则的影响；

⑦ 难以科学地从各种入侵攻击事件中抽象全面的知识。

因此，基于专家系统的误用检测法的入侵检测系统一般不用于商业产品中，在这些产品中运用较多的就是上面提到的模式匹配。

3) 基于模型的误用入侵检测法

基于模型入侵检测系统的原理是：特定的入侵模式可以由特定的可观察的活动推导出

来。通过观察，可以从特定入侵模式的一系列活动中推导、检测出入侵攻击。基于模型的入侵检测系统通常由以下三个模块组成：

(1) 预测(Anticipator)模块：使用活动模型和模式模型来预测模式库将会发生的一些事件，模式模型是从已知的入侵攻击事件提取的数据库。

(2) 预计(Planner)模块：将该预测的事件转化成所在审计日志中应表示的格式，预计模块利用预测模块所预测的信息来计划所需要的下一个数据。

(3) 解释(Interpreter)模块：在审计日志中查找数据。

按照上述原理，检测系统不断积累入侵企图的证据，直到达到一定范围，当这个事件达到该范围时就会产生入侵报警。

这种模型的特点在于：预计模块和解释模块都知道自己在每一步中该去搜索什么，这样审计日志中的大量误用数据中不必要的数据将会被过滤掉，因而能提高入侵检测的效率，而且系统可以根据入侵模式模型预测进攻者下一步将要采取的动作。

4) *按键监视法*

按键监视(Keystroke Monitor)是一种很简单的入侵检测方法，用来监视攻击模式的按键。这种系统很容易被突破。这种方法只监视用户的按键而不分析程序的运行，这样的入侵检测方法将很难检测出系统中恶意的程序。必须在按键发送之后到接收之前截获按键，可以采用目前比较流行的"钩子"技术——键盘 Hook 技术或采用 Sniff 网络监听等手段。监视按键的同时监视应用程序的系统调用，这样才可能分析应用程序的执行，从中检测出入侵行为。这种技术不能判断出有入侵攻击行为的恶意程序，所以按键监视方法应该进行改进，在监视按键动作的同时，监视程序的入侵行为，才能尽量少地产生漏报。

以上介绍了入侵检测的两种方法——异常检测和误用检测方法，下面对它们进行比较。

(1) 基于异常的入侵检测方法的特点是通过对系统异常行为的检测来发现未知的攻击模式。基于误用的入侵检测方法的特点是根据已知的入侵模式来检测入侵。

(2) 异常检测根据用户的规律性行为或资源使用状况来检测入侵攻击行为，而不依赖于具体行为是否出现来检测；误用检测系统大多数是通过对一些具体行为的判断和推理检测出入侵。

(3) 异常检测的主要缺陷在于误检率很高，尤其在用户数目众多或工作行为经常改变的环境中；误用检测系统由于依据具体特征库进行判断，因此准确度要高得多。

(4) 异常检测对具体系统的依赖性相对较小；误用检测对具体系统的依赖性太强，移植性不好。

3. 入侵检测系统常用的误用检测技术

目前主要的误用检测技术包括专家系统、模型推理、状态转移分析及模式匹配分析。其中最主要的就是模式匹配技术，目前的商业系统和应用研究多采用此技术。现将模式匹配技术以及能与其结合，产生更准确检测结果的协议分析技术介绍如下。

1) *模式匹配技术*

模式匹配检测是由入侵检测领域的大师 Kumar 在 1995 年提出的，他将入侵信号

(Intrusion Signature)分为四个层次，每一层对应一种匹配模式，如图 5-34 所示。

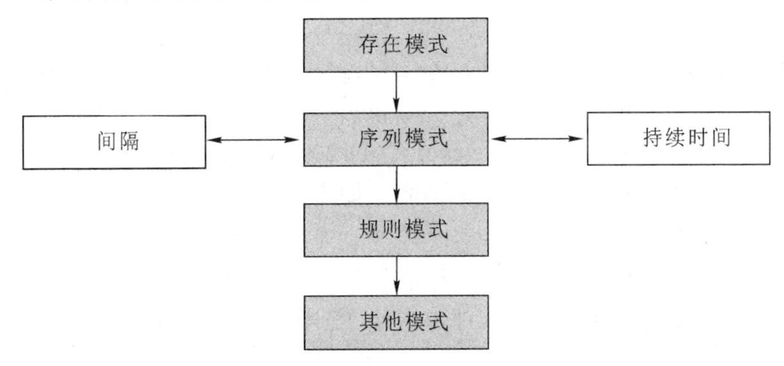

图 5-34　匹配模式的层次关系

在模式匹配中，Kumar 详细介绍了入侵信号，并对其进行了详细的分类，但是实际实现中却很难对所有的入侵信号都进行模式匹配，一般都是部分实现，比如著名的 Snort 采用的匹配模式大部分是存在模式。就目前来说，模式匹配技术都采用字符串匹配(String Matching)技术，而且字符串匹配技术在误用检测技术中占有越来越重要的地位，目前基于网络的入侵检测系统大多采用字符串匹配算法来进行模式匹配。学者们的研究重点之一是讨论目前流行的字符串匹配算法及其效率，并且通过实验数据来说明字符串匹配算法的优缺点，从而给出一种优化的动态字符串匹配算法的选择算法，以提高分布式入侵检测系统中误用检测算法的性能。

对于入侵检测系统来说，误用检测的模式匹配并不仅仅局限于字符串的匹配，它包括以下匹配类型：

(1) 协议匹配。通过协议分析模块，将数据包按照协议分析的结果对协议相应的部分进行检测，如 TCP 包的标志位、协议异常等。

这是 Snort 中的一条事件定义：alert tcp $EXTERNAL_NET any->$HOME_NET any(msg："SCAN NULL"；flags：0；seq：0；ack：0；reference：arachnids，4；classtype：attempted-recon；sid：623；rev:1；)。其中就对 TCP 的 flags、seq、ack 进行了协议位置的匹配。

协议匹配需要对特定协议进行分析，Snort 对 IP/TCP/UDP/ICMP 进行了分析，但是没有对应用协议分析。高层的应用协议分析可以显著地提高匹配的效率，如对 TDS 协议的分析能够准确地定位账号和密码位置。

(2) 字符串匹配。目前这是大多数 IDS 最主要的匹配方式，事件定义者根据某个攻击的数据包或攻击的原因，提取其中的数据包字符串特征。通常被检测数据经过协议分析后，进行字符串的匹配。

比如 Snort 中的一条事件定义：alert tcp $EXTERNAL_NET any->$HTTP_SERVERS $HTTP_PORTS(msg："WEB_ATTACKS ps command attempt"；flow：to_Server，etablished；uricontent："/bin/ps"；nocase；sid：1328；lasstype：web-application-attack；rev：4；)。该事件中要进行匹配的字符串就是"/bin/ps"。

(3) 长度匹配。多数情况下，这也应该属于字符串匹配的一种，不过，这种匹配方式对数据包中某段数据的长度而不是对具体的字符串进行匹配。比如，通过数据长度限制来

对缓冲区溢出攻击进行检测。

比如 Snort 中的一条事件定义：alert tcp $EXTERNAL_NET any->$HTTP_SERVERS $HTTP_PORTS(msg:"WEB-IIS ISAPI .ida attempt"; uficontent: ".ida?"; nocase; dsize: >239; low: to_server, established; reference: arachnids，552; classtype: web-application-attack; reference: bugtraq，1065; reference:cve, CAN-2000-0071; sid: 1243; rev: 6;)。其中的关键字 dsize 就是对数据包的负载进行匹配，如果请求的命令总长度大于 239，那么就检测出一条 "ida" 溢出企图的事件。

(4) 累积匹配或增量匹配。通过对某些事件出现的量(次数或单位时间次数)来产生新的事件。比如，某个 IP 在一分钟内报出了 100 条 CGI 事件，那么就属于一次 CGI 扫描事件。

(5) 逻辑匹配或集合匹配。一些有更强事件检测能力的 IDS，通过对不同类型的事件组合来进行判断，从而获得新的事件。少数 IDS 对多种事件的组合来构成逻辑推理，增强检测的智能化。

2) 协议分析技术

单纯的模式匹配检测方法的根本问题是它把网络数据包看作无序随意的字节流，对该网络数据包的内部结构完全不了解。比如 Snort 系统只对原始数据包进行简单的应用层以下的协议解析，然后对解析后的应用数据载荷进行盲目的特征匹配，这样往往会造成检测效率低下的问题，而网络通信协议是一个高度格式化的、具有明确含义和取值的数据流。如果将协议分析和模式匹配方法结合起来，可以获得更高的效率和更精确的结果。

为了减少匹配算法的计算量，提高分析效率，得到更准确的检测结果，应充分利用网络通信中标准的、层次化的、格式化的网络数据包。在攻击检测中，利用这种层次性对网络协议逐层分析，然后再使用模式匹配方法，以弥补模式匹配方法的不足，这就是协议分析技术。

单纯的字符串匹配算法虽然分析速度快、误报率小，但是已经不能满足现代入侵检测系统的要求，比如有如下从网络中捕获的数据包：

```
0020  DAD3  C580  5254  AB27  C004  0800  4500  0034  07BA  4000
4026  A0F6  CA72  A518  CA72  5816  040B  0050  23E5  241E  50BB
07B0  8010  9310  BD0A  0000  0101  080A  0002  259E  01A3  C881
```

对于攻击特征 GET/cgi-bin/../phf，根据以上数据，匹配算法需要比较多次，还没有匹配成功，比较次数为 594($18\times33=594$)，而且这仅仅是针对单字节的单一特征库而言。对于吉比特以太网来说，在网络流量高峰时期，每秒的统计流量为 100 000b 以上，而特征数据库中的规则在 3000b 以上，所以根据计算公式，每秒需要的最大比较次数约为 178 200 000 000 ($18\times33\times100\,000\times3000$)。字符串匹配算法的平均运行时间则为 34 715 676.6 s ($178\,200\,000\,000\times0.000\,194\,813$)。同时这种简单的模式匹配算法只能够检测到特征数据库中已有的内容，而不能识别未知攻击，即使是已知攻击的小的变形也不行。比如前面所说的攻击特征 GET/cgi-bin/../phf，如果变形为 GET/cgi-bin/phf，GET%00cgi-bin/phf 等，模式匹配就不能检测出来。所以误用检测算法将采用协议分析和字符串匹配算法结合的方式。

协议分析技术是观察特定协议中的通信，然后再进行验证，如果通信状态不如预期则发出警报。协议分析技术是针对网络协议进行的，而且网络协议的内容，特别是协议头部信息都有严格的规定，对于和协议相关的已知和未知攻击很有效果。下面举例说明协议分析过程，网络数据和攻击特征仍然采用之前使用过的例子，如图 5-35 所示。

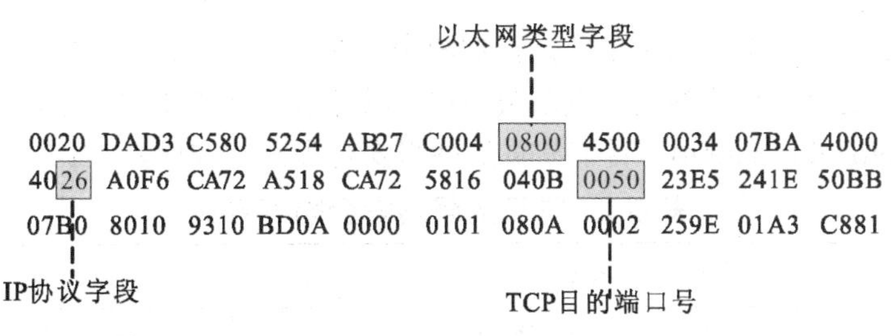

图 5-35　协议分析方法

首先得到第 13 和第 14 个字节为 0x0800，表示该数据包为 IP 协议数据包。然后跳到第 24 字节处直接读取传输层协议标识为 0x06，说明该数据包为 IP 数据包。这样直接跳到第 37 字节处读取端口号为 0x0050，也就是 80，说明该协议是 HTTP 协议。根据 HTTP 协议规定，可以知道数据包中第 55 字节处就是 URL 起始位置，此时只要将入侵特征 GET/cgi-bin/../phf 和该 URL 比较就可以检测出是否发生攻击。由此可以看出，采用协议分析技术可以大大减少模式匹配的计算量，从而降低模式匹配的时间，提高匹配的精确度，减少误报率。

误用检测中模式匹配包括五种匹配，分别是协议匹配、大小匹配、字符串匹配、累积匹配和逻辑匹配。协议分析技术不可能包括所有的匹配，它只包括了协议匹配和部分逻辑匹配，所以虽然协议分析技术是第三代检测技术，但还不足以具有全面的检测能力。如果将字符串匹配算法和协议分析技术结合起来则可以提高误用检测的性能。字符串匹配算法和协议分析的结合有两种方式，一种是在协议分析方法内部使用字符串匹配算法，另一种是在误用检测中同时使用协议分析方法和字符串匹配算法。

5.3　安全隔离技术

在不同安全等级的网络中进行信息交换时，由指定人员将需要转移的数据拷贝到软盘等移动存储介质上，经过查病毒、内容检查等安全处理后，再复制到目标网络中。这种解决方案可实现网络的安全隔离，但数据的交换通过人工来实现，工作效率低，安全性完全依赖于人的因素，可靠性无法保证。在数据量不大、交换不频繁的情况下，通过人工交换数据的确简单可行。然而，随着电子政务的开展，内外网交换数据的数量和频率呈几何量级增长，这种解决方案已经越来越无法满足用户的需要。

20 世纪 90 年代中期，俄罗斯人 Ry Jones 首先提出了“AirGap”隔离的概念，而后以色列首先研制成功物理隔离卡，实现网络之间的安全隔离。后来，美国 Whale Communications 公司和以色列 SpearHead 公司先后推出了 e-Gap 和 NetGap 产品，利用专有硬件实现两个网络在不连通的情况下数据的安全交换和资源共享，从而使安全隔离技术

从单纯实现“网络隔离禁止交换”的安全隔离发展到“安全隔离和可靠交换”的安全隔离。目前，美国军方、重要政府部门均采用隔离技术保障信息安全。

5.3.1 安全隔离的概念

网络隔离(Network Isolation)主要是指把两个或两个以上可路由的网络(如 TCP/IP)通过不可路由的协议进行数据交换而达到隔离目的。其原理主要是采用了不同的协议，通常也叫协议隔离(Protocol Isolation)。目前常见的网络安全隔离方式如表 5-1 所示。

表 5-1　常见的网络安全隔离方式

数据交换技术	安全性	适合场合
人工方式	安全性最好，物理隔离	适合临时的小数量的数据交换
数据交换网	物理上连接，采用完整安全保障体系的深层次防护(防护、监控和审计)，安全程度依赖当前安全技术	适合提供大数据服务或实时的网络服务，支持多业务平台建设
网闸	物理上不同时连接，对攻击防护好，但协议的代理对病毒防护依赖当前技术	适合定期的批量数据交换，但不适合多应用的穿透
安全网关	从网络层到应用层的防护	不适合涉密网络与非涉密网络数据交换，适合办公网络与互联网的隔离，也适合涉密网络之间的隔离

以实际应用为例，公安机关由于业务需要，需要定时与外单位进行业务数据交换，将采集到的数据存储在相应业务系统中。如仅通过防火墙保护公安网络安全，则安全性只能得到有限的保证。首先，防火墙的安全程度依赖于操作系统的安全，一旦防火墙被攻破，则被保护网络暴露在攻击者的视线之内。其次，防火墙采用 TCP/IP 协议，通用的网络协议存在大量的漏洞。最后，作为网关型的访问控制设备，缺乏对应用层的检测能力，只要网络提供相应的服务，就需要在防火墙上开放相应的端口，服务类型越多，潜在的威胁就越大。因此，防火墙并不是在高安全等级的网络间实现隔离的最佳选择。

当用户的网络需要保证高强度的安全，同时又与其他不信任网络进行信息交换时，如果采用物理隔离卡，信息交换的需求将无法满足。在这种情况下，隔离网闸既能够同时满足这两个要求，又克服了物理隔离卡和防火墙的不足之处，是物理隔离网络之间数据交换的最佳选择。

网闸在国内的叫法有很多，如安全隔离网闸、物理隔离网闸或安全隔离与信息交换系统，但都是为了在确保安全的前提下实现有限的数据交流。因为与防火墙“保证网络连通的前提下提供有限的安全策略”的设计理念截然不同，网闸并不适用于所有应用环境，而是只能在一些特定的领域进行应用。

5.3.2 安全隔离的原理

安全隔离的工作原理是模拟人工在两个隔离网络之间的信息交换。其本质在于：阻断两侧网络间直接协议连接，使之不能直接进行网络协议通信，对传递的数据内容进行检测，即实现“协议落地，内容检测”。

1. 安全隔离理论模型

安全隔离的安全思路来自“不同时连接”。如图 5-36 所示，不同时连接两个网络，近似于人工的“U 盘摆渡”方式，通过一个中间缓冲区来“摆渡”业务数据。安全隔离的安全性来自它摆渡的数据的内容清晰可见。安全隔离的设计是“代理＋摆渡”。代理不只是协议代理，还是数据的“拆卸”，把数据还原成原始的部分，拆除各种通信协议添加的包头和包尾，通信协议落地，用专用协议、单向通道技术、存储等方式阻断业务的连接，用代理方式支持上层业务。

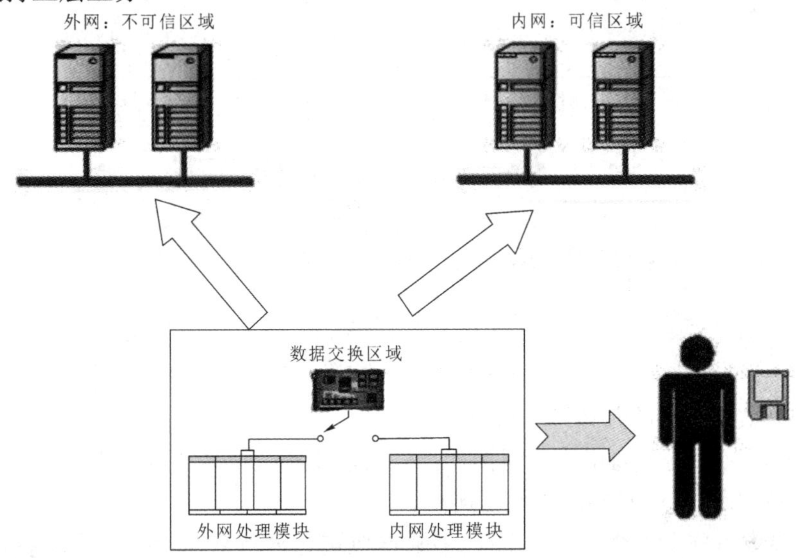

图 5-36　安全隔离模型图

(1) 摆渡：专有协议交换。安全隔离与信息交换系统只能按照专有的格式进行数据交换，任何数据必须经过分析和过滤，按照确定的方式进行交换。系统底层实现了专有信息传输，自动完成信息的转化和恢复。

(2) 拆卸：数据分片重组。由于实现了协议和数据的分离，系统只会传递静态纯数据，为了实现用户的透明访问，保障任意大小的数据块都能顺利传输，系统底层自动实现了数据文件按照交换区大小进行自动的分片传输，在系统另一侧，自动按照约定的专有协议进行数据重组，从而实现任意数据的交换。

2. 网闸工作原理

网闸是在两个不同安全域之间，通过协议转换的手段，以信息摆渡的方式实现数据交换，且只有被系统明确要求传输的信息才可以通过。其信息流一般为通用应用服务。在信息摆渡的过程中内外网(上下游)从不发生物理连接。

通常，网闸内部采用“2+1”模块结构设计，即包括外网主机模块、内网主机模块和隔离交换模块。内外网主机模块具有独立运算单元和存储单元，分别连接可信及不可信网络，对访问请求进行预处理，以实现安全应用数据的剥离。隔离交换模块采用专用的双通道隔离交换卡实现，通过内嵌的安全芯片完成内外网主机模块间安全的数据交换。内外网

主机模块间不存在任何网络连接，因此不存在基于网络协议的数据转发。隔离交换模块是内外网主机模块间数据交换的唯一通道，本身没有操作系统和应用编程接口，所有的控制逻辑和传输逻辑固化在安全芯片中，基于 ASIC 专用芯片技术及相应的时分多路隔离交换逻辑电路，不受主机系统控制，能独立完成应用数据的封包、摆渡、拆包，自主实现内外网数据的交换和验证。安全隔离网闸在完成常规的 IP 地址、协议类型、协议分析等检查后，还能在数据通过隔离交换矩阵封包之前进行数据内容的检查。在极端情况下，即使黑客攻破了外网主机模块，由于无从了解隔离交换模块的工作机制，也无法进行渗透，内网系统的安全仍然可以保障。

网闸的工作原理如图 5-37 所示。

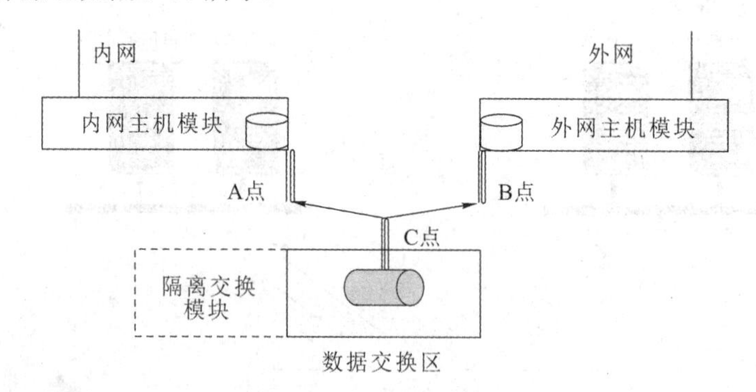

图 5-37　网闸的工作原理

网闸进行数据交换的具体过程如下：

(1) 切断网络之间的通用协议连接，当外网需要有数据到达内网时，外部处理单元发起对隔离设备的非 TCP/IP 协议的数据连接。

(2) 隔离设备将所有的协议剥离，将数据包进行分解或重组为静态数据，写入存储介质。

(3) 一旦数据完全写入隔离设备的存储介质，隔离设备立即中断与外部处理单元的连接，对静态数据进行安全审查，包括网络协议检查和代码扫描等。

(4) 数据确认安全后，隔离设备发起对内部处理单元的非 TCP/IP 协议的数据连接，将存储介质内的数据推向内部处理单元。

(5) 内部处理单元收到数据后，立即进行 TCP/IP 的封装和应用协议的封装，并交给应用系统。内部用户通过严格的身份认证机制获取所需数据。

3. 网闸的特点

(1) 采用双主机系统，内端机与需要保护的内部网络连接，外端机与外网连接。这种双系统模式彻底将内网保护起来，即使外网被黑客攻击甚至瘫痪，也无法对内网造成伤害。

(2) 采用自定义私有通信协议，避免了通用协议存在的漏洞。

(3) 采用专用硬件控制技术保证内外网之间没有实时连接。

(4) 对外网的任何响应都保证是内网合法用户发出的请求应答，即被动响应。

(5) 隔离网闸的重点是保护内部网络的安全。

(6) 隔离网闸通常布置在两个安全级别不同的网络之间，如信任网络和非信任网络，管理员可以从信任网络一方对安全隔离网闸进行管理。

4. 安全隔离网闸的应用

安全隔离网闸最初只支持文件交换功能(其工作原理是模拟人工拷盘)，目前已经发展到具有数据库同步、数据库访问、邮件访问、安全Web访问、FTP访问等多种功能，能对HTTP、FTP、SMTP、POP3等通用协议进行内容检查。

但安全隔离网闸存在无法对私有协议进行数据内容检查的问题，这是由于不少用户应用系统采用的都是自定义格式的私有协议，其数据格式、数据内容等都没有公开，导致安全隔离网闸厂商无法定义出相应的数据内容检查规则，也就无法实现高安全的隔离交换控制。如果不能对安全隔离网闸实施二次开发，就无法对交换的数据内容进行过滤。为了应对这一问题，网闸厂商、用户以及相关的主管部门都在积极寻找相应对策，目前，主要有以下两种技术路线：

(1) 实现物理层数据单向传输，并强化用户认证功能。如通过国家电力调度通信中心的检测认证、在电力行业广泛应用的"单向横向安全隔离装置"，以及国家保密局正在认证、可以部署在电子政务中的"安全隔离与信息单向导入系统"等，但部署这些单向安全隔离网闸时，也需要对应用系统进行改造。另外，这些单向安全隔离网闸应用扩展能力差，只适合在特定行业内强制推行，无法应用于双向数据交换和复杂的网络环境。

(2) 与用户的具体应用相结合，在双向数据交换的网络环境下实现对交换数据内容的检查。当前，由于绝大部分用户的应用都需要进行双向数据传输，因此第二种技术路线将是安全隔离网闸发展的必由之路，按照第一种技术路线发展的单向安全隔离网闸，则会发展成为一类独立的安全产品。例如某安全隔离网闸以自定义的、开放的ACI(Application Checking Interface，应用检查接口)为基础，不但支持内置的、面向通用应用协议(如HTTP、FTP等)的多种检查模块，还支持内容检查模块的扩展。其数据检查流程如图5-38所示。

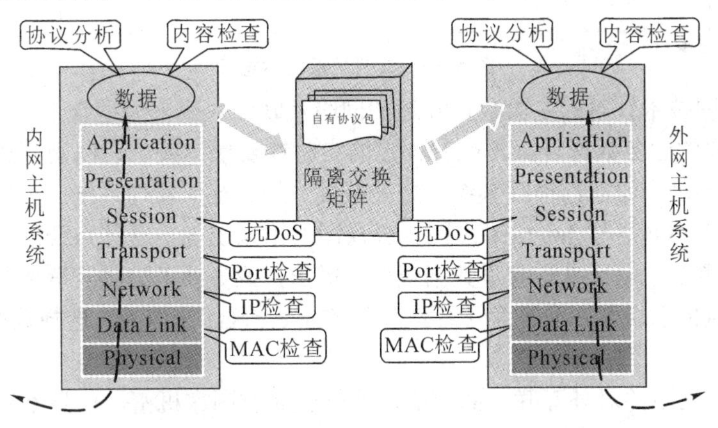

图5-38　某安全隔离网闸数据检查流程

用户可以根据需要自行开发内容检查模块，并通过安全隔离网闸的Web管理界面上传至操作系统，通过使用内容检查模块，用户可实现对基于私有协议的应用内容的数据格式、完整性、关键字、内容安全的检查。

5. 数据交换网

交换网络的模型来源于银行系统的Clark-Wilson模型，主要是通过业务代理与双人审计的思路保护数据的完整性。交换网络是在两个隔离的网络之间建立一个网络交换区域负

责数据的交换。交换网络的两端可以采用多重网关，也可以采用网闸。在交换网络内部采用监控、审计等安全技术，整体上形成一个立体的交换网安全防护体系。交换网络的核心是业务代理，客户业务要经过接入缓冲区的申请代理到业务缓冲区的业务代理才能进入生产网络。交换网络在防止内部网络数据泄密的同时，保证数据的完整性，即没有授权的人不能修改数据，防止授权用户错误的修改，以及保证内外数据的一致性。

数据交换网技术在结构上类似于 DMZ(非军事区)。如图 5-39 所示，在两个网络间建立一个缓冲地，让数据交换处于可控的范围之内。数据交换网技术与其他边界安全技术相比的显著优势有：

(1) 综合使用了安全网关与网闸，采用多层次安全防范。

(2) 有了缓冲空间可以增加安全监控与审计，用专家来对付黑客的入侵，边界处于可控制的范围内。

(3) 业务代理保证数据完整性，也让外来的访问者止步于网络的交换区，所有的需求由服务人员提供，就像是来访的人只能在固定的接待区洽谈业务，不能进入内部的办公区。

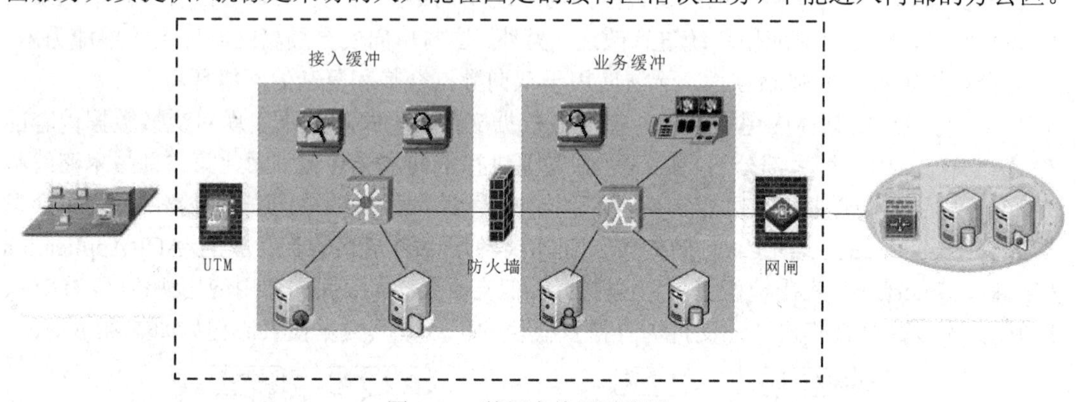

图 5-39　数据交换网示意图

数据交换网技术针对的是大数据互通的网络互联，一般来说适合于下面的场合：

(1) 要互通的业务数据量大，或有一定的实时性要求，人工、网闸方式效率低，网关方式的保护性不足，如银行银联系统、海关报关系统、社保管理系统、公安出入境管理系统、大型企业内部网络与 Internet 之间、公众图书馆系统等。这些系统的突出特点都是其数据中心极为重要，但又具有海量数据交换的需求，业务要求提供互联网的访问，在安全性与业务适应性的要求下，业务互联需要用完整的安全技术来保障，选择数据交换网方式是适合的。

(2) 高密级网络的对外互联。高密级网络一般涉及国家机密，信息不能泄密是第一要素，也就是绝对不允许非授权人员的入侵。然而出于对公众信息的需求或对大众网络与信息的监管，必须与非可信网络互联，若是监管之类的业务，业务流量也很大，并且实时性要求也高，在网络互联上选择数据交换网技术是适合的。

5.3.3　安全隔离技术的应用

1. 应用场景

国家保密局对安全隔离与信息交换类产品的应用做了规定，规定安全隔离与信息交换系统在以下四种网络环境下应用：

(1) 不同的涉密网络之间。

(2) 同一涉密网络的不同安全域之间。

(3) 与 Internet 物理隔离的网络与秘密级涉密网络之间。

(4) 未与涉密网络连接的网络与 Internet 之间。

因此，安全隔离系统适用于以下情况：

(1) 涉密网与非涉密网之间。

(2) 局域网与互联网之间。有些局域网络特别是政府办公网络涉及敏感信息，有时需要与互联网在物理上断开。

(3) 办公网与业务网之间。由于办公网络与业务网络的信息敏感程度不同，为了提高工作效率，办公网络有时需要与业务网络交换信息。为保障业务网络的安全，比较好的办法就是在办公网与业务网之间实现安全隔离。

(4) 电子政务的内网与专网之间。在电子政务系统建设中，要求政府内网与外网之间用逻辑隔离，在政府专网与内网之间实现物理隔离。

(5) 业务网与互联网之间。电子商务网络一边连接着业务网络服务器，一边通过互联网连接着广大民众。为了保障业务网络服务器的安全，在业务网络与互联网之间应实现物理隔离。

2. 主要功能

1) 内容安全过滤功能

安全隔离系统应该能提供多种内容安全过滤与内容访问控制功能，既能有效地防止外部恶意软件进入内网，又能控制内网用户对外部资源不良内容的访问及敏感信息的泄露，具体包括以下功能：

(1) URL/域名过滤：可对用户访问的 Web 站点的域名及 URL 等进行基于正则表达式的过滤，禁止用户访问暴力、色情、反动的主页或站点中的特定目录或文件。

(2) 黑/白名单关键字过滤：可对邮件标题和内容以及传输的文件等进行黑/白名单关键字过滤，进行单词及短句的智能匹配，禁止包含特定关键字的敏感信息泄露，或只允许包含相应关键字的文件通过网闸传递。

(3) Cookie 过滤：可对 Cookie 进行过滤，通过对 Cookie 进行过滤，可以防止敏感信息的泄露，同时还可以防止用户进行浏览论坛、上网聊天等违反安全策略的操作。

(4) 文件类型检查：可对传输的文件进行类型检查，只允许符合安全策略的文件通过网闸传递，避免传输二进制文件可能带来的病毒和敏感信息泄露等问题。

(5) 病毒及恶意软件检查：系统可内嵌杀病毒引擎，对允许传输的文件进行病毒的检查，确保进入可信网络的文件不包含病毒及 Java/JavaScript/Active-X 等恶意软件。

2) 管理和审计功能

典型的安全隔离系统应能够提供以下管理和审计功能：

(1) 提供基于全中文 Web 方式的远程管理系统，方便用户移动管理，同时对管理员身份进行严格认证，支持基于 HTTPS 的数字证书安全访问，对用户密码进行严格检查，防止出现弱密码，并对输入错误次数进行限定，保护管理员身份安全。

(2) 提供本地串口登录管理功能，在远程管理失效或遭受非法攻击等情况下，通过物理上接近系统，能够及时地进入并管理配置系统。

(3) 提供强大的日志和设计功能，支持 SysLog 等标准日志服务，支持对所有访问的日志记录功能，提供对本地日志信息的浏览、查询、排序、下载等多种审计手段，还支持对指定事件的多种报警方式，包括界面报警、邮件报警、手机短信报警等。

5.4 蜜罐与蜜网

蜜罐(Honeypot)是一种其价值在于被探测、攻击、破坏的系统，是一种网络管理员可以监视、观察攻击者行为的系统。蜜罐的设计目的是将攻击者的注意从更有价值的系统上引开，以及提供对网络入侵的及时预警。蜜罐是一个资源，它的价值在于它会受到攻击或威胁，这意味着一个蜜罐希望受到探测、攻击和潜在地被利用。蜜罐并不修正任何问题，它仅为我们提供额外的、有价值的信息。蜜罐是收集情报的系统，是一个用来观测黑客如何探测并最终入侵系统的系统，也意味着它包含一些并不威胁系统(部门)机密的数据或应用程序，但对黑客来说却具有很大的诱惑及捕杀能力。

5.4.1 蜜罐的关键技术

蜜罐系统的主要技术有网络欺骗技术、数据控制技术、数据收集技术、报警技术和入侵行为重定向技术等。

1. 网络欺骗技术

为了使蜜罐对入侵者更具有吸引力，就要采用各种欺骗手段，例如在欺骗主机上模拟一些操作系统或各种漏洞，在一台计算机上模拟整个网络，在系统中产生仿真网络流量等。通过这些方法，使蜜罐更像一个真实的工作系统，诱骗入侵者上当。

2. 数据控制技术

数据控制就是对黑客的行为进行牵制，规定他们能做或不能做某些事情。当系统被侵入时，应该保证蜜罐不会对其他的系统造成危害。一个系统一旦被入侵成功，黑客往往会请求建立因特网连接，如传回工具包、建立 IRC 连接或发送 E-mail 等。为此，要在不让攻击者产生怀疑的前提下，保证攻击者不能用入侵成功的系统作为跳板来攻击其他的非蜜罐系统。

3. 数据收集技术

数据收集技术是设置蜜罐的另一项技术挑战，蜜罐监控者只要记录下进、出系统的每个数据包，就能够对黑客的所作所为一清二楚。蜜罐本身的日志文件也是很好的数据来源，但日志文件很容易被攻击者删除，所以通常的办法就是让蜜罐向在同一网络上但防御机制更为完善的远程系统日志服务器(Log Sever)发送日志备份。

4. 报警技术

要避免入侵检测系统产生大量的警报，因为这些警报中有很多是试探行为，并没有实现真正的攻击，所以报警系统需要不断升级，需要增强与其他安全工具和网管系统的集成能力。

5．入侵行为重定向技术

所有的监控操作必须被控制，就是说如果 IDS 或嗅探器检测到某个访问可能是攻击行为，接下来其操作不是禁止，而是将此数据复制一份，同时将入侵行为重定向到预先配置好的蜜罐机器上。这样就不会攻击到人们要保护的真正的资源，这就要求诱骗环境和真实环境之间的切换不但要快而且要真实再现。

5.4.2　蜜罐的分类

蜜罐可以从应用层面和技术层面进行分类。

1．从应用层面上分

蜜罐从应用层面上可分为产品型蜜罐和研究型蜜罐。

1) 产品型蜜罐

产品型蜜罐指由网络安全厂商开发的商用蜜罐，一般用来作为诱饵把黑客的攻击尽可能长时间地捆绑在蜜罐上，赢得时间保护实际网络环境，有时也用来搜集证据作为起诉黑客的依据，但这种应用在法律方面仍然具有争议。

2) 研究型蜜罐

研究型蜜罐主要应用于研究活动，吸引攻击，搜集信息，探测新型攻击和新型黑客工具以及了解黑客和黑客团体的背景、目的、活动规律等，在编写新的特征库、发现系统漏洞、分析分布式拒绝服务攻击等方面是很有价值的。

2．从技术层面上分

蜜罐从技术层面上可分为低交互蜜罐、中交互蜜罐和高交互蜜罐。蜜罐的交互程度(Level of Involvement)指攻击者与蜜罐相互作用的程度。

1) 低交互蜜罐

低交互蜜罐只是运行于现有系统上的一个仿真服务，在特定的端口监听记录所有进入的数据包，提供少量的交互功能，黑客只能在仿真服务预设的范围内动作。低交互蜜罐上没有真正的操作系统和服务，结构简单、部署容易、风险低，所能收集的信息也是有限的。

2) 中交互蜜罐

中交互蜜罐也不提供真实的操作系统，而是应用脚本或小程序来模拟服务行为，提供的功能主要取决于脚本。在不同的端口进行监听，通过更多和更复杂的互动，让攻击者产生其是一个真正操作系统的错觉，能够收集更多数据。开发中交互蜜罐要确保在模拟服务和漏洞时并不产生新的真实漏洞，不给黑客渗透和攻击真实系统的机会。

3) 高交互蜜罐

高交互蜜罐由真实的操作系统来构建，提供给黑客的是真实的系统和服务。给黑客提供一个真实的操作系统可以学习黑客运行的全部动作，获得大量的有用信息，包括完全不了解的新的网络攻击方式。高交互蜜罐提供了完全开放的系统给黑客，也就带来了更高的

风险，即黑客可能通过这个开放的系统去攻击其他的系统。

5.4.3　蜜网

蜜网(Honeynet)是一个网络系统，而并非某台单一的主机，这一网络系统是隐藏在防火墙后面的，所有进出的数据都受到关注、捕获及控制。这些被捕获的数据可供我们研究分析入侵者使用的工具、方法及动机。

蜜罐物理上是一个单独的机器，可以运行多个虚拟操作系统。控制外出的流量通常是不可能的，因为通信会直接流动到网络上。限制外出通信流的唯一的可能性是使用一个初级的防火墙。这样一个更复杂的环境通常被称为蜜网。

一个蜜罐并不需要一个特定的支撑环境，因为它是一个没有特殊要求的标准服务器。一个蜜罐可以放置在一个服务器可以放置的任何地方，如图 5-40 所示。在一个蜜罐或多个蜜罐前面放置一个防火墙减少了蜜罐的风险，同时可以控制网络流量和进出的连接，而且可以使所有蜜罐在一个集中的位置实现日志功能，从而使记录网络数据流量容易得多。被捕获的数据并不需要放置在蜜罐自身上，这就消除了攻击者检测到该数据的风险。

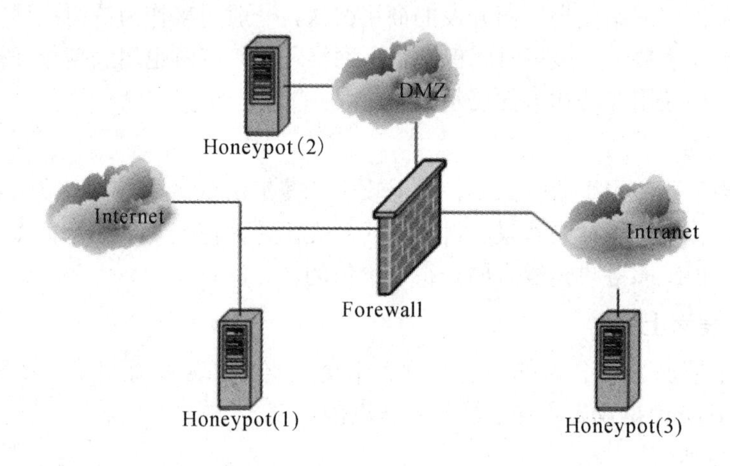

图 5-40　蜜罐的部署

设计一个有效的蜜网要考虑以下四个关键因素：

(1) 有效地收集尽可能多的入侵者信息及攻击行为数据。

(2) 收集到的信息能存放在安全的地方。

(3) 信息的收集过程不被入侵者发觉。

(4) 蜜网中的计算机不能被入侵者作为攻击蜜网外的计算机的跳板。

首先要把 Honeynet 设置成一个末节网络(Stub Network)，在出口处放置一个防火墙就可以捕获所有进出网络的数据包，在蜜网内部安全的地方放置一个入侵检测系统，它的功能是捕获网内的所有信息。同时，设置一台日志服务器，用于对蜜网中机器的系统日志进行实时备份，从而得知任一时刻蜜网中的计算机系统内部所发生的事情。

为了使防火墙和入侵检测系统对入侵者透明，可以把入侵检测系统放在防火墙的停火区，再在防火墙和蜜网之间加上一个路由器，或在防火墙处给蜜网中的主机开设 5～15 个活动连接，再或在路由器处设置访问控制表。

习　题

1. 试述网络安全的特性。
2. 什么是包过滤防火墙？简述它的工作原理。
3. 调查一款防火墙产品，通过实际应用理解其安全策略。
4. 简述入侵检测系统的工作原理。
5. 入侵检测监测系统实施的具体检测方法有哪些？
6. 简述入侵检测目前面临的挑战。
7. 什么是网闸？简述网闸的工作原理。
8. 安全隔离技术的应用有哪些？
9. 什么是蜜罐？蜜罐的关键技术有哪些？
10. 蜜罐如何进行分类？
11. 什么是蜜网？如何设计一个有效的蜜网？

第 6 章　网络安全协议

协议是两个或两个以上的参与者为完成某项特定的任务而采取的一系列步骤。通信协议是通信各方关于通信如何进行所达成的一致性规则，即由参与通信的各方按确定的步骤做出一系列动作。安全协议是指通过信息的安全交换来实现某种安全目的所共同约定的逻辑操作规则。当前网络中应用的安全协议很多，企图将之严格分类是很困难的，因为从不同的角度出发，就会有不同的分类方法。本章将网络安全协议划分为安全认证协议、安全通信协议和安全应用协议进行介绍。安全认证协议主要解决网络中通信各实体间的身份鉴别，安全通信协议主要解决网络通信中信息的机密性、完整性问题，安全应用协议是针对具体应用的安全需求所设计的。

6.1　安全认证协议

Kerberos 认证和 X.509 认证是目前使用最广的两种认证协议。本节对这两种认证协议分别加以介绍。

6.1.1　Kerberos 认证

1. 概述

Kerberos 是一种网络身份认证协议，其设计目的是通过密钥密码学技术为客户端/服务器应用提供一种强身份认证的功能(Kerberos 这个词来源于希腊神话中看守冥府大门的三首地狱犬)。

这个协议的免费版本可以从麻省理工学院获得，许多商业产品也提供了 Kerberos 的实现版本。

Kerberos 是一种基于可信第三方的认证系统，提供了一种在开放式不安全的网络环境下进行身份认证的方法，能够使网络上的用户与服务器相互证明各自的身份。Kerberos 主要解决的问题可以描述为：在一个开放分布式环境下，工作站上的用户希望访问分布在网络中服务器上的服务，希望服务器能限制授权用户的访问，并能对用户的服务请求进行认证。在不安全的网络环境下，对网络用户的身份认证存在以下威胁：

(1) 用户假冒其他合法用户。

(2) 用户可能会更改工作站的网络地址，假冒工作站。

(3) 用户与服务器之间的认证报文被截获，进行重放攻击进入服务器或打断正在进行的操作。

Kerberos 通过提供集中的认证服务器实现用户与服务器间的双向认证。这个过程不依赖主机的操作系统，无需基于主机 IP 地址的信任，同时不要求网络上所有主机的物理安全，并假定网络上传送的数据包可以被任意读取、修改和插入数据。Kerberos 依赖于常规的加密体制，而没有使用公钥密码体制。Kerberos 采用对称密码体制对信息进行加密，并假定能够对加密后的信息正确解密的用户就是合法用户。

Kerberos 由用户、服务器、认证服务器(AS)和票据颁发服务器(TGS)等部分构成。Kerberos 在认证过程中需用到两类凭证：票据和认证符。这两种许可证都需要加密，但是加密的密钥不同。票据是认证服务器对用户请求服务的身份许可，认证符则是提供用户的信息与票据中的信息进行比较以验证票据中的用户就是它所声称的用户。Kerberos 的认证结构如图 6-1 所示。

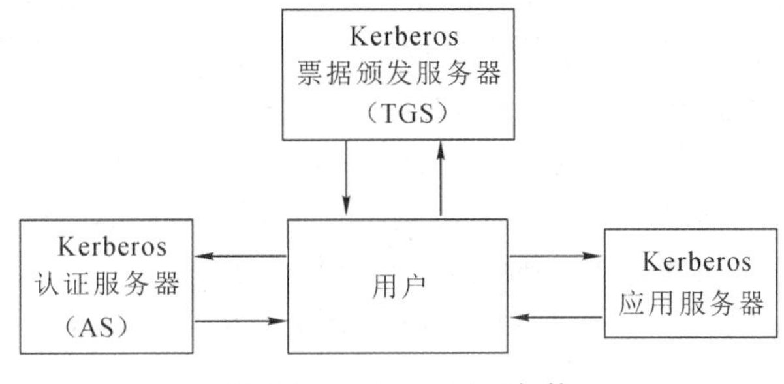

图 6-1　Kerberos 认证架构

2. 认证流程

Kerberos 认证的具体流程如下：

(1) 用户以明文方式向认证服务器发出请求，要求获得访问 Kerberos 应用服务器的票据。

(2) AS 以证书作为响应，证书包括访问 TGS 的票据和与 TGS 会话的密钥，会话密钥用用户的密钥加密之后传输。

(3) 用户解密 AS 证书，利用 TGS 的票据向 TGS 申请应用服务器访问票据，该申请包括 TGS 的票据和一个带有时间戳的认证符，该认证符用 TGS 与用户的会话密钥加密。

(4) TGS 收到用户申请后，从中得到解密认证符，并验证认证符中时间戳的有效性，从而确定用户申请是否合法。对于合法的请求，将进一步生成所要求的应用服务器的访问票据，同样以包含票据和用户与应用服务器间会话密钥的证书作为响应发送给用户。

(5) 用户向应用服务器提交从 TGS 得到的访问票据和认证符。

(6) 应用服务器解密认证符，取出时间戳，并检查其有效性，向合法用户返回一个带有时间戳的认证符。该认证符用用户与应用服务器间的会话密钥进行加密，用户依据此认证符确认应用服务器的身份。

通过上述 6 个步骤可以实现用户与服务器之间的双向认证，并且建立彼此间的会话密钥，可用该密钥加密其后所传递的数据。

3. Kerberos 存在的问题

Kerberos 的认证协议仍然存在一定的局限性，主要表现为以下几点：

(1) Kerberos 服务器是整个系统的关键，其一旦损坏将导致整个系统无法工作。

(2) 容易遭受口令猜测攻击。用户联机时通过平台输入用户口令，获得与服务器间共享的会话密钥，但是口令容易被窃听和截取，攻击者可以通过记录用户与服务器间的联机会话进行口令猜测，进一步获取会话密钥。

(3) Kerberos 使用了时间戳，存在时间同步问题。

6.1.2 X.509 认证

1. 概述

X.509 协议是国际电信联盟电信标准化部门(ITU-T)制定的数字证书标准。为了提供公用网络用户目录信息服务，ITU 于 1988 年制定了 X.500 系列标准，该标准是一套被国际标准化组织接收的目录服务系统标准，定义了一个机构如何在全局范围内共享其名字和与之相关的对象。X.500 定义了一种区别命名规则，以命名树确保用户名称的唯一性。在此基础上，X.509 为 X.500 用户名称提供了通信实体鉴别机制，并规定了实体鉴别过程中广泛适用的证书语法和数据接口，X.509 称之为证书。

X.509 证书是一些标准字段的集合，这些字段包含用户的标识符和用户的公共密钥，此外还包括了版本号、证书序列号、CA 标示符、签名算法标识、签发者名称和证书有效期等信息。目前所使用的 X.509 证书经历了四个不同的版本。

1988 年，ITU-T 组织发布了 X.509 的第一个版本 V1，该版本主要定义了集中鉴别框架的主要内容，主要包括以下四个方面：

(1) 目录拥有的认证信息的形式。

(2) 如何从目录中获取认证信息。

(3) 如何在目录中构成和存放认证信息的假设。

(4) 各种应用如何使用认证信息执行认证功能。

该版本定义了一种强认证模式，采用公开密钥体系实现认证功能，包括使用密码技术形成证书以及提供安全服务的基础。除了详细定义了证书的具体格式，V1 版本还定义了用于发布证书作废的证书撤销列表(CRL)格式。

1993 年发布的 V2 版本定义了新的证书格式和 CRL 格式，相较于 V1 版证书，V2 版本增加了两个可选的选项：证书颁发者的唯一标识符和证书持有者的唯一标识符。CRL 增加了用户黑名单签发机构，向用户提供下一次更新黑名单文件的时间，并取消了 Issuer Name 和 Signature 等信息。

1997 年发布 V3 版本的证书格式，证书和黑名单的格式没有变化，但是增加了可选扩展项(Extensions)，有利于证书颁发者根据自身需要对证书的内容加以扩展并增加自身信息。

2000 年发布 V4 版本，重点对以公开密钥算法和公钥证书为基础的认证体系加以详细描述。和 V3 版本一样，证书和黑名单的格式没有变化，增加了新的扩展项，对属性证书和特权管理基础设施(Privilege Management Infrastructure，PMI)的控制模型、授权模型和角色模型进行了详细描述，同时对权限认证、目录结构和匹配机制等进行了阐述。

2. 证书的格式

尽管 X.509 证书出现了上述不同版本，但是作为一种通用的证书格式，所有的 X.509

证书都会包含以下信息：

(1) X.509 版本号：用来区分 X.509 的不同版本。

(2) 证书持有人的公钥：包括证书持有人的公钥、算法(指明密钥属于哪种密码系统)的标识符和其他相关的密钥参数。

(3) 证书序列号：由 CA 给每一个证书分配的唯一编号，以区别于该实体发布的其他证书。

(4) 签名算法标识符：指明 CA 产生证书所使用的算法及一切参数(即签名算法)。

(5) 证书持有人唯一的标识符：证书持有人的姓名和服务处所等信息，这个标识在互联网上应唯一。

(6) 证书的有效期：证书起始日期和时间及终止日期和时间，指明证书何时失效。

(7) 发布者的数字签名：这是使用发布者私钥生成的签名。

(8) 认证机构的数字签名。

所有的证书都符合 ITU-T X.509 国际标准，理论上为一种应用创建的证书可以用于其他符合 X.509 标准的应用。在实际使用过程中，许多公司对 X.509 证书进行了不同的扩展，并不是所有的证书都可以彼此兼容。

3. X.509 的鉴别框架

X.509 给出的鉴别框架是一种基于公开密钥体制的鉴别业务密钥管理。在该鉴别框架下，用户拥有两个密钥，一个是专用密钥(即私钥)，另一个是可以公开的密钥(即公钥)。这对密钥具备这种特性：两个密钥中的任何一个密钥作为私钥用于信息加密时，另外一个密钥可以作为公钥用于信息解密。在该鉴别框架下没有强制使用某种特殊的加密体制，它适用于任何公开密钥体制，能够支持日后新的密码技术和计算能力的更新。但是，两个相互鉴别的用户必须支持相同的密码算法。

在该鉴别框架下，通过用户所持有的私钥区别不同的用户，通信双方可以通过判断对方是否持有该私钥以判断它是否是所声称的授权用户。通常，用户使用私钥对信息进行加密，然后用接收者的公钥对信息加密密钥进行加密，并将其附在密文之后。这样，接收者可以用自身的私钥解密所获得的加密密钥，并进一步解密信息。在该鉴别框架中，用户可以将其公钥存放在它的目录款项中，一个用户如果想与另一个用户交换私密信息，就可以直接从对方的目录款项中获得相应的公钥，进而用于各种安全服务。使用 X.509 数字证书的鉴别过程如图 6-2 所示。

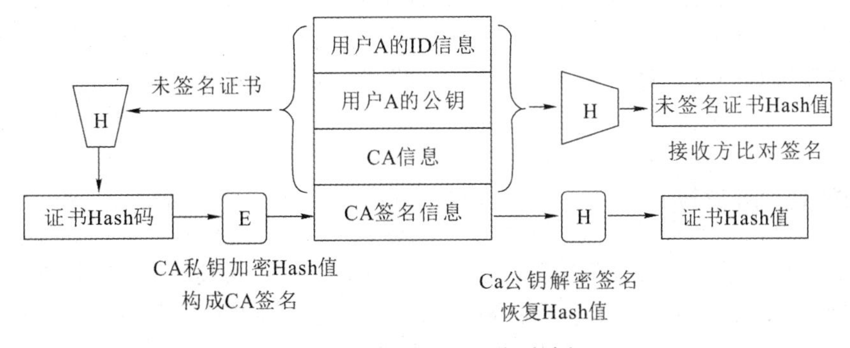

图 6-2　X.509 的认证鉴别过程

CA 是整个系统中被所有用户所信任的第三方，用户凭其公钥可以向认证机构申请一个 X.509 数字证书，然后由用户发行其证书，需要与这个用户通信的任何人可以通过证书目录获得证书，并通过附加的 CA 可信签名验证证书的有效性。通过使用证书，CA 可以为证书接收者提供一种方法，使其不仅信任证书主体的公钥，而且还信任有关证书主体的其他信息。其他信息可以包括电子邮件地址、授权对具有某种价值的文档进行签名和授权成为 CA 并为其他证书签名等。

X.509 证书定义了证书的有效期限，证书在期满后就会失效。同时，用户或 CA 可能因一些安全原因需要撤销证书，CA 提供了证书撤销列表(CRL)用于保存和分发已撤销的证书。用户可以通过访问 CRL 确定证书的有效性。

基于 X.509 PKI 的构建促进了 PKI 由小变大，由原来网络封闭环境向分布式开放环境的发展。X.509 提出的证书概念使公钥技术变得可行，并被许多应用系统和众多生产厂商所采用，凭借其通用性和灵活性，X.509 标准已成为有效的国际标准。许多与 PKI 相关的协议标准，如 IP 安全、公钥基础设施、安全/多功能互联网邮件扩展、安全套接层和传输层安全等都是在 X.509 基础上发展起来的。

6.2 安全通信协议

最初设计 TCP/IP 协议簇时，人们并没有过多地考虑它的安全性问题(不包括后来制定的 IPv6)。1994 年 IETF 发布了 RFC1636“关于 Internet 体系结构的安全性”，明确提出了对 Internet 安全的一些关键领域的设想和建议。

以 IPv4 为代表的 TCP/IP 协议簇存在的安全缺陷概括起来主要有以下四点：

(1) IP 协议没有为通信提供良好的数据源认证机制。仅采用基于 IP 地址的身份认证机制，用户通过简单的 IP 地址伪造就可以冒充他人。即在 IP 网络上传输的数据，其声称的发送者可能不是真正的发送者。因此，需要为 IP 层通信提供数据源认证。

(2) IP 协议没有为数据提供强的完整性保护机制。虽然通过 IP 头的校验和为 IP 分组提供了一定程度的完整性保护，但这远远不够，蓄意攻击者可以在修改分组以后重新计算校验和。因此，需要在 IP 层对分组提供一种强的完整性保护机制。

(3) IP 协议没有为数据提供任何形式的机密性保护。网络上的任何信息都以明文传输，无任何机密可言，这已成为电子商务等应用的瓶颈问题。因此，对 IP 网络的通信数据的机密性保护势在必行。

(4) 协议本身的设计存在一些细节上的缺陷和实现上的安全漏洞，使各种安全攻击有机可乘。

6.2.1 IPSec 协议簇

IPSec 正是为了弥补 TCP/IP 协议簇的安全缺陷，为 IP 层及其上层协议提供保护而设计的。它是由 IETF IPSec 工作组于 1998 年制定的一组基于密码学的安全的开放网络安全协议，总称为 IP 安全(IP Security)体系结构，简称 IPSec。

1. IPSec 的设计目标及体系结构

IPSec 的设计目标是为 IPv4 和 IPv6 提供可互操作的、高质量的、基于密码学的安全性保护。它工作在 IP 层，提供访问控制、无连接的完整性、数据源认证、机密性保护、有限的数据流机密性保护以及抗重放攻击等安全服务。在 IP 层上提供安全服务，具有较好的安全一致性、共享性及应用范围。这是因为 IP 层可为上层协议无缝地提供安全保障，各种应用程序可以享用 IP 层提供的安全服务和密钥管理，而不必设计自己的安全机制，因此减少了密钥协商的开销，也降低了产生安全漏洞的可能性。

IPSec 主要由鉴别头(AH)协议、封装安全载荷(ESP)协议以及负责密钥管理的 Internet 密钥交换(IKE)协议组成，各协议之间的关系如图 6-3 所示。

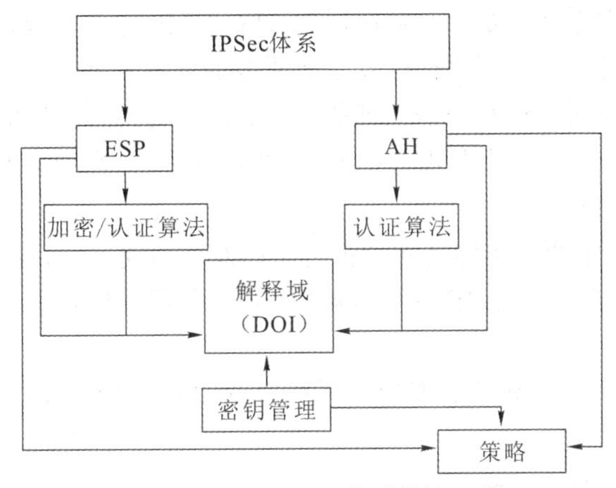

图 6-3　IPSec 体系结构

通过使用两种安全通信协议(AH 协议和 ESP 协议)以及 Internet 密钥交换协议等密钥管理协议，IPSec 实现了其设计目标。安全通信协议部分定义了对通信的各种保护方式。密钥管理协部分定义了如何为安全协议协商保护参数，以及如何认证通信实体的身份。

IPSec 体系结构的现用文档是 RFC2401，体系结构文档系统描述了 IPSec 的工作原理、系统组成以及各组件是如何协同工作提供上述安全服务的，是关于 IPSec 协议簇的概述。

对图 6-3 所示的 IPSec 体系结构介绍如下：

(1) IPSec 体系。它包含了一般的概念、安全需求、定义和定义 IPSec 的技术机制。

(2) AH 协议和 ESP 协议。它们是 IPSec 用于保护传输数据安全的两个主要协议。AH 和 ESP 都能用于访问控制、数据源认证、无连接完整性保护和抗重放攻击。同时 ESP 还可用于机密性保护和有限流的机密性保护。

(3) 解释域(DOI)。为了使 IPSec 通信双方能够进行交互，通信双方应该理解 AH 协议和 ESP 协议载荷中各字段的取值，因此通信双方必须保持对通信消息相同的解释规则，即应持有相同的解释域(Interpretation of Domain，DOI)。IPSec 至少已给出了两个解释域：IPSec DOI 和 ISAKMP DOI(Internet Security Association and Key Management Protocol DOI，Internet+安全关联和密钥管理协议 DOI)，它们各有不同的使用范围。解释域定义了协议用来确定安全服务的信息、通信双方必须支持的安全策略、规定所提议的安全服务时采用的句法、命名相关安全服务信息时的方案，包括加密算法、密钥交换算法、安全策略特性和认证机构等。

(4) 加密算法和认证算法。ESP 涉及这两种算法，AH 涉及认证算法。加密算法和认证算法在协商过程中，通过使用共同的 DOI，具有相同的解释规则。ESP 和 AH 所使用的各种加密算法和认证算法由一系列 RFC 文档规定，而且随着密码技术的发展，不断有新的加密和认证算法可以用于 IPSec。因此，有关 IPSec 中加密算法和认证算法的文档也在不断增加和发展。

(5) 密钥管理。IPSec 密钥管理主要由 IKE 协议完成。准确地说 IKE 用于动态建立安全关联 SA 及提供所需要的经过认证的密钥材料。IKE 的基础是 Internet 安全关联和密钥管理协议、Oakley 和 SKEME 等三个协议。它沿用了 ISAKMP 的基础、Oakley 的模式以及 SKEME 的共享和密钥更新技术。需要强调的是，虽然 ISAKMP 被称为 Internet 安全关联和密钥管理协议，但它定义的是一个管理框架。ISAKMP 定义了双方如何沟通，如何构建彼此间的沟通信息，还定义了保障通信安全所需要的状态变换。

ISAKMP 提供了对对方进行身份认证的方法、密钥交换时交换信息的方法以及对安全服务进行协商的方法。然而，它既没有定义一次特定的验证密钥交换如何完成，又没有定义建立安全关联所需的属性。

(6) 策略。策略决定两个实体之间能否通信以及如何通信。目前策略部分尚未成为标准组件。现在 IETF 专门成立了 IP 安全策略(IPSP)工作组，但目前只是提出了一些草案，尚未形成标准。

因此，从目前 IPSec 安全协议簇发展的现状来看，AH、ESP 和 IKE 是 IPSec 保护 TCP/IP 协议簇安全的主要协议。

2. IPSec 实现方式与工作模式

IPSec 可以在主机、安全网关(指实现 IPSec 协议的中间系统，如实现 IPSec 的路由器或防火墙就是一个安全网关)或在两者中同时实施和部署。用户可以根据对安全服务的需要决定到底在什么地方实施。常用的实现方式有集成方式、bitS 方式和 bitW 方式三种。

(1) 集成方式：把 IPSec 集成到 IP 协议的原始实现中，需要处理 IP 源码，适用于在主机和安全网关中实现。

(2) 堆栈中的块 bitS 方式：把 IPSec 作为一个“楔子”插入原来的 IP 协议栈和链路层之间，不需要处理 IP 源码，适用于对原有系统升级，通常在主机中实现。

(3) 线缆中的块 bitW 方式：在一个直接接入路由器或主机的设备中实现 IPSec，通常用于军事和商业目的。当用于支持主机时，实现与 bitS 类似，但用于支持路由器或防火墙时，必须起到安全网关的作用。

IPSec 协议(AH 和 ESP)支持传输模式和隧道模式。AH 和 ESP 头在传输模式和隧道模式中不会发生变化，两种模式的区别在于它们保护的数据不同，一个是 IP 包，一个是 IP 的有效载荷。对两种模式介绍如下。

1) 传输模式

传输模式中，AH 和 ESP 保护的是 IP 包的有效载荷，或者说是上层协议，如图 6-4 所示。在这种模式中，AH 和 ESP 会拦截从传输层到网络层的数据包，流入 IPSec 组件，由 IPSec 组件增加 AH 或 ESP 头，或者两个头都增加。随后，调用网络层的一部分，为其增加网络层的头。

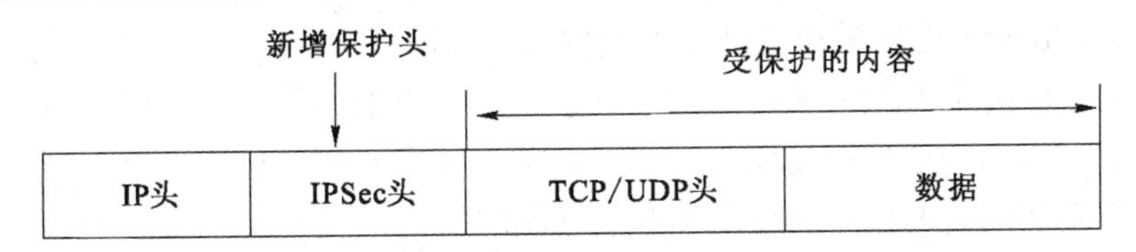

图 6-4　传输模式数据包格式

下面来看一个传输模式的典型应用。如图 6-5 所示，如果要求主机 A 和主机 B 之间流通的所有传输层数据包都要加密，则采用 ESP 的传输模式，但如果只需要对传输层的数据包进行认证，则也可以使用 AH 的传输模式。这种模式中，IPSec 模块安装于 A、B 两个端主机上。

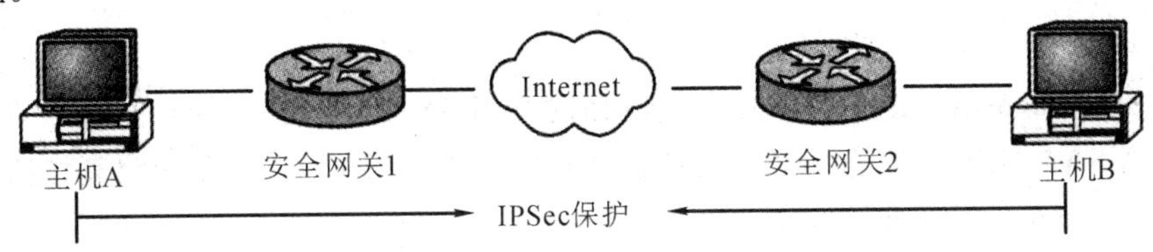

图 6-5　传输模式的实现

这种模式的优点：即使是内网中的其他用户，也不能理解在主机 A 和主机 B 之间传输的数据的内容；各主机分担了 IPSec 处理负荷，避免了 IPSec 处理的瓶颈问题。

这种模式的缺点：内网中的各个主机只能使用公有 IP 地址，而不能使用私有 IP 地址；由于每一个需要实现传输模式的主机都必须安装并实现 IPSec 协议，因此不能实现对端用户的透明服务，用户为了获得 IPSec 提供的安全服务，必须消耗内存、花费处理时间；暴露了子网内部的拓扑结构。

2) 隧道模式

隧道模式中，AH 和 ESP 保护的是整个 IP 包，如图 6-6 所示。隧道模式首先为原始的 IP 包增加一个 IPSec 头，然后再在外部增加一个新的 IP 头。所以 IPSec 隧道模式的数据包有两个 IP 头：内部头和外部头。其中，内部头由主机创建，而外部头由提供安全服务的设备添加。原始 IP 包通过隧道从 IP 网的一端传递到另一端，沿途的路由器只检查最外面的 IP 头。

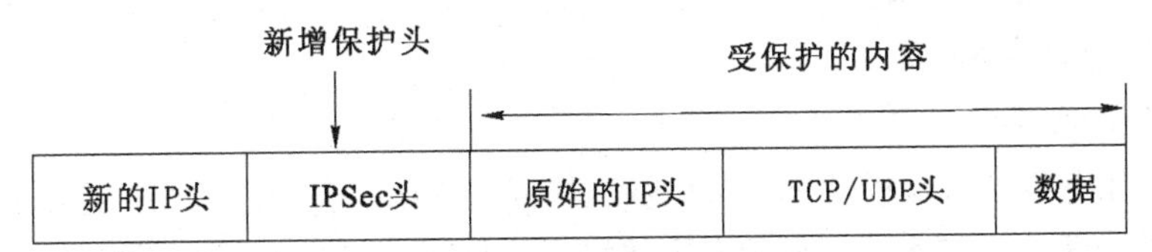

图 6-6　隧道模式数据包格式

当安全保护能力需要由一个设备来提供，而该设备又不是数据包的始发点时，或者数据包需要保密传输到与实际目的地不同的另一个目的地时，需要采用隧道模式。图 6-7 是隧道模式的一个典型应用。

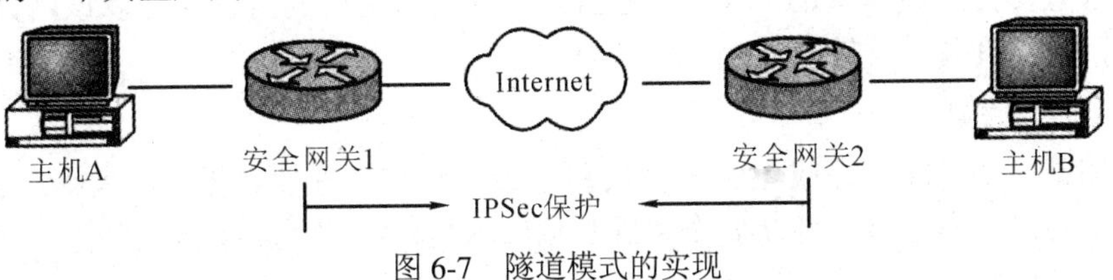

图 6-7　隧道模式的实现

该模式中，IPSec 处理模块安装于安全网关 1 和安全网关 2 上，由它们来实现 IPSec 处理，此时位于这两个安全网关之后的子网被认为是内部可信的，被称为相应网关的保护子网。保护子网内部的通信都是明文的形式，但当两个子网之间的数据包经过安全网关 1 和安全网关 2 之间的公网时，将受到 IPSec 机制的安全保护。

这种模式的优点：保护子网内的所有用户都可以透明地享受安全网关提供的安全保护；保护了子网内部的拓扑结构；子网内部的各个主机可以使用私有的 IP 地址，而无需公有的 IP 地址。

这种模式的缺点：因为子网内部通信都以明文的方式进行，所以无法控制内部发生的安全问题；IPSec 主要集中在安全网关，增加了安全网关的处理负担，容易造成通信瓶颈。

3. 安全关联

安全关联(Security Association，SA)的概念是 IPSec 的基础。IPSec 使用的 AH 和 ESP 协议均使用 SA，IKE 协议的一个主要功能就是动态建立 SA。所以在介绍具体协议之前，首先介绍一下 SA 的相关概念。

1) SA 的定义

所谓 SA 是指通信对等方之间为了给需要受保护的数据流提供安全服务而对某些要素的一种协定，如 IPSec 协议(AH 或 ESP 协议)、协议的操作模式(传输模式或隧道模式)、密码算法、密钥以及用于保护它们之间数据流的密钥的生存期。

2) SA 的单向性

IPSec SA 是单向的，所谓 IPSec SA 是指使用 IPSec 协议保护一个数据流时建立的 SA，也是为了同 ISAKMP SA 和 IKE SA 的概念相区别。A、B 两台主机通信时，主机 A 和主机 B 都需要一个处理外出包的输出 SA，还需要一个处理进入包的输入 SA。

3) SA 的组合

一个 SA 不能同时对 IP 数据包提供 AH 和 ESP 保护，如果需要提供多种安全保护，就需要使用多个 SA。当把一系列 SA 应用于 IP 数据包时，称这些 SA 为 SA 集束。SA 集束中各个 SA 应用于始自或者到达特定主机的数据。多个 SA 可以用传输邻接和嵌套隧道两种方式联合起来组成 SA 集束。

4) SA 的两种类型

SA 的两种类型是传输模式的 SA 和隧道模式的 SA。定义用于 AH 或 ESP 的隧道操作模式的 SA 为隧道模式 SA，而定义用于传输操作模式的 SA 为传输模式 SA。传输模式的 SA 是两台主机之间的安全关联，隧道模式的 SA 主要应用于 IP 隧道，当通信的任何一方是安全网关时，SA 必须是隧道模式，因此两个安全网关之间或一台主机和一个安全网关之间的 SA 总是隧道模式。总之，主机既支持传输模式的 SA，又支持隧道模式的 SA。安全网关要求只支持隧道模式的 SA，但是当安全网关以主机的身份参与以该网关为目的地的通信时，也允许使用传输模式的 SA。

5) SA 的生存期

生存期是一个时间间隔或 IPSec 协议利用该 SA 来处理的数据量的大小。当一个 SA 的生存期结束时，要么终止并从安全关联数据库(SAD)中删除该 SA，要么用一个新的 SA

来替换该 SA。

SA 用一个<安全参数索引(Security Parameters Index，SPI)，目的 IP 地址，安全协议(AH 或 ESP)>的三元组唯一标识。原则上，IP 地址可以是一个单播地址、IP 广播地址或组播地址，但是目前 IPSec SA 管理机制只定义了单播 SA，因此，本书中讨论的 SA 都是指点对点的通信。SPI 是为了唯一标识 SA 而生成的一个整数，在 AH 和 ESP 头中传输。因此，IPSec 数据包的接收方很容易识别出 SPI，组合成三元组来搜索 SAD，以确定与该数据包相关联的 SA 或 SA 集束。

4．安全关联数据库

处理 IPSec 数据流必须维护两个与 SA 相关的数据库：安全策略数据库(SPD)和安全关联数据库(SAD)。SPD 指定了用于到达或来自某特定主机或者网络的数据流的策略。SAD 包含每一个 SA 的参数信息。对于外出包，SPD 决定对一个特定的数据包使用什么 SA。对于进入包，SAD 决定怎样对特定的数据包做处理。

1) SPD

SPD 负责维护 IPSec 策略。IPSec 协议要求进入或离开 IP 堆栈的每个包都必须查询 SPD。由 SPD 区分通信流，哪些需要应用 IPSec 保护，哪些允许绕过 IPSec，哪些是需要丢弃的。其中“丢弃”表示不让这个包进入或离开；“绕过”表示不对这个包应用安全服务；“应用”表示对外出的包应用安全服务，同时要求进入的包已应用了安全服务。SPD 中包含一个策略条目的有序列表，那些定义了“应用”行为的 SPD 条目均会指向一个 SA 或 SA 集束。

通过使用一个或多个选择符来确定每一个条目。SA 的选择符是从网络头和传输头中提取出来的，可以是细粒度的，也可以是粗粒度的。例如，两台主机之间可以通过单个 SA 携带所有的通信流，或者可以将通信流扩展到多个 SA 上，由不同的 SA 提供不同的安全服务。为了简化 SA 的粒度控制，SA 管理当前允许的选择符如下：

(1) 目的 IP 地址：可以是一个 32 位的 IPv4 地址或 128 位的 IPv6 地址。该地址可以是一个单独的 IP 地址、组播地址、地址范围或通配符地址。这里的目的 IP 地址和标识 SA 的三元组中的目的 IP 地址在概念上是不一样的。对于隧道模式下的 IP 包，用作选择符的目的地址字段和用于查找 SA 的目的地址不同，但目的网关中的策略是根据实际的目的地址设置的，所以检索 SPD 时要使用这一地址。

(2) 源 IP 地址：和目的 IP 地址一样，源 IP 地址可以是一个 32 位的 IPv4 地址或 128 位的 IPv6 地址。该地址可以是一个单独的 IP 地址、组播地址、地址范围或通配符地址。

(3) 名字：可以是用户 ID，也可以是系统名。其表示形式可以是完整的 DNS、X.500 DN 或在 IPSec DOI 中定义的其他名字类型。

(4) 传输层协议：传输层协议可以从 IPv4 协议或 IPv6 协议的“下一个头”域获得。

(5) 数据敏感级：对于所有提供信息流安全性的系统是必需的，而对其他系统是可选的。

(6) 源和目的端口：可以是 TCP 或 UDP 的端口值，也可以是一个通配符。

表 6-1 所示为一个典型的安全策略数据库，该 SPD 说明所有从主机 25.0.0.76 发送到主机 66.168.0.88，来自任何端口、任何协议(如 TCP、ICMP)的分组都将利用 3DES 对数据

进行加密，用 HMAC-SHA 对数据进行完整性保护。

表 6-1　一个典型的 SPD

源 IP 地址	目的 IP 地址	协议	端口	策略
25.0.0.76	66.168.0.88	*	*	使用 3DES-HMAC-SHA-96

2) SAD

SAD 中包含现有的 SA 条目，每一个条目定义了与 SA 相关的一系列参数。“外出”处理时，SPD 中每个条目都隐含了一个指向 SAD 中 SA 条目的指针，如果该指针为空，则表明该进入数据包所需的 SA 还没有建立，IPSec 会通过策略引擎调用密钥协商模块(如 IKE)，按照策略的安全要求协商 SA，然后将新协商的 SA 写入 SAD，并建立好 SPD 条目到 SAD 条目的连接。“进入”处理时，SAD 中的每一个条目由一个包含 SPI、目的 IP 地址和一个 IPSec 协议类型的三元组索引。此外，一个 SAD 条目还包含以下字段：

(1) 序列号计数器：32 位整数，用于生成 AH 或 ESP 协议头中的序列号域。

(2) 序列号计数器溢出：标志位，标识是否对序列号溢出进行审核，以及是否阻止额外通信流的传输。

(3) 抗重放窗口：用一个 32 位计数器和位图确定进入的 AH 或 ESP 数据包是否是一个重放包。

(4) AH 认证算法和所需密钥等。

(5) ESP 认证算法和所需密钥等，如果没有选择认证服务，则该字段为空。

(6) ESP 加密算法、所需密钥、初始化向量 IV 的模式以及 IV 值。

(7) SA 的生存期：包含一个时间间隔以及过了这个时间间隔后该 SA 是被替代还是被终止的标识。

(8) IPSec 协议模式：表明对通信采用 AH 和 ESP 协议的何种操作模式(传输模式、隧道模式或通配符)。

(9) 路径最大传输单元：表明 IP 数据包从源主机到目的主机的过程中，无须分段的 IP 数据包的最大长度。

表 6-2 所示为一个典型的 SAD，它表示从 25.0.0.76 到主机 66.168.0.88 的数据将受到 SA 记录中给出的安全参数的保护。

表 6-2　一个典型的 SAD

源 IP 地址	目的 IP 地址	协议	SPI	SA 记录			
				密钥	序列号	生存期	……
25.0.0.76	66.168.0.88	ESP	135	*****	***	****	……

5. AH 协议

设计 AH 协议的主要目的是用来增加 IP 数据包完整性的认证机制。尽管 IP 头中的校验和字段用于保证 IP 数据包的完整性，但这种完整性保护非常弱，因为 IP 头很容易被修改。AH 就是要为 IP 数据流提供高强度的密码认证，以确保被修改过的数据包可以被检查出来。

1) AH 头格式

AH 头由 5 个固定长度字段和 1 个变长字段组成。图 6-8 所示为 AH 头结构示意图。

0　　　7	8　　　15	16　　　31
下一个头	载荷长度	保留
安全参数索引（SPI）		
序列号		
认证数据		

图 6-8　AH 头结构

其中：

(1) 下一个头(Next Header)：8 位。标识 AH 后的下一个载荷的类型，其取值在 RFC 1700 中定义。例如，如果 AH 后面是一个 ESP，则这个字段将包含值 50。

(2) 载荷长度(Payload Length)：8 位。它表示以 32 位为单位的 AH 头的长度减 2。例如，如果认证数据的长度为 3 个字节，则载荷长度的值应为 3 + 3 − 2 = 4。减 2 是因为 AH 是一个 IPv6 的扩展头，RFC l883 中规定，计算 IPv6 扩展头长度时应首先从头长度中减去一个 64 位的字，相当于 2 个 32 位的字。

(3) 保留(Reserved)：16 位，供将来使用。AH 规范 RFC 2402 规定这个字段应被置为 0。

(4) 安全参数索引：是一个 32 位的整数值，其中 0 被保留，1～255 被 IANA 留作将来使用，所以目前有效的 SPI 值为 256～$2^{32}-1$，SPI 和外部头的目的地址、AH 协议一起，用以唯一标识对这个包进行 AH 保护的 SA。

(5) 序列号(Sequence Number)：是一个单调增加的 32 位无符号整数计数值。其主要作用是提供抗重放攻击服务。通信双方每使用一个特定的 SA 发出一个数据包，就将它们的相应序列号加 1。AH 规范强制发送者必须发送序列号给接收者，而接收者可以选择不使用抗重放特性，这时不理会进入数据包的序列号，如果接收者启用抗重放特性，则使用滑动窗口机制检测重放包。

(6) 认证数据(Authentication Data)：变长字段。它包含数据包的认证数据，该认证数据被称为数据包的完整性校验值(ICV)。AH 使用消息认证码对 IP 数据包进行认证，MAC 是一种算法，它接收一个任意长的消息和一个密钥，生成一个固定长度的输出，被称为消息摘要。MAC 不同于散列函数，因为它需要密钥来产生消息摘要，而散列函数不需要密钥。如果一个 IPv4 数据包的 ICV 字段的长度不是 32 的整数倍，或一个 IPv6 数据包的 ICV 字段的长度不是 64 的整数倍，必须添加填充 bit 使 ICV 字段达到所需要的长度。

2) AH 的外出处理过程

当一个 IPSec 从 IP 协议栈中收到外出的数据包时，其处理过程大致可分为以下几步：

(1) 检索 SPD，查找应用于该数据包的策略。以选择符(源 IP 地址、目的 IP 地址、传输协议、源端口和目的端口等)为索引，对 SPD 进行检索，确认哪些策略适用于该数据包。

(2) 查找对应的SA。如果需要对数据包进行IPSec处理，并且到目的主机的SA或SA束已经建立，那么符合数据包选择符的SPD将通过指针SPI指向SAD中一个相应的SA，从SA中得到应实施于该包的有关安全参数。如果到目的主机的SA还没有建立，那么IPSec实现将调用IKE协商一个SA，并将该SA连接到SPD条目上。

(3) 构造AH载荷。按照SA条目给出的处理模式，填充AH载荷的各个字段：

① IP头的协议字段被复制到AH头的下一个头字段。

② 按照前文描述的方法计算载荷长度。

③ SPI字段来源于用来对此数据包进行处理的SA的SPI标识符的值。

④ 产生或增加序列号值：当新建一个SA时，发送者将序列号计数器初始化为0，然后发送者每发送一个包，就将序列号加1并将结果填入序列号字段。

⑤ 计算完整性校验值(ICV)，并填入认证数据字段。

(4) 为AH载荷添加IP头。对于传输模式，待添加的IP头为原IP头。对隧道模式，需要构造一个新的IP头加到AH载荷之前。

(5) 其他处理。对处理后的AH数据包重新计算外部IP头校验和。如果处理后的分组长度大于本地的MTU，则进行IP分段。处理完毕的IPSec数据包交给数据链路层(对传输模式)发送或IP层(对隧道模式)重新路由。

3) AH的进入处理过程

AH机制对进入的IPSec数据包的处理过程如下：

(1) 分段重组。当一个设置了MF = 1的数据包到达一个IPSec目的节点时，表明还有分段没有到达。IPSec应用等待直到一个有相同序列号但MF = 0的分段到达，然后重组这些分段。

(2) 查找SA。使用外部IP头中的<SPI，目的IP地址，协议号>三元组作为索引检索SAD，以找到处理该分组的SA。如果查找失败，则丢弃该数据包并将此事件记录在日志中。每一个SA条目也指向一条SPD策略条目，这主要是为了在进入数据包处理完后，对保护策略进行核查，以确认数据包所受到的安全保护与应受到的安全保护是否一致。因此SPD条目和SAD条目之间构成了一个双向链表。

(3) 抗重放处理。如果启用了抗重放功能，则使用SA的抗重放窗口检查数据包是否是重放包。如果是，则丢弃该数据包，并将此事件记录于日志中；否则进行后续处理。

(4) 完整性检查。使用SA指定的MAC算法计算数据包的ICV，并将它和认证数据字段中的值比较。如果相同，则通过完整性检查；否则丢弃该数据包，并记录此事件。

(5) 嵌套处理。如果是嵌套包，则返回步骤(2)查找SA，循环处理即可。

(6) 检验策略的一致性。使用IP头(隧道模式中是内部头)中的选择符进入SPD，查找一条与选择符匹配的策略，检查该策略是否与步骤(2)查到的SA指向的SPD条目的安全策略匹配。如果不匹配，则丢弃。

经过这些步骤之后，将仍未被丢弃的数据包发送到IP协议栈的传输层或转发到指定的节点。

6. ESP协议

设计ESP协议的主要目的是提高IP数据包的安全性。ESP的作用是提供机密性保护、有限的流机密性保护、无连接的完整性保护、数据源认证和抗重放攻击等安全服务。和AH一样，通过ESP的进入和外出处理还可提供访问控制服务。实际上，ESP提供和AH类似的安全服务，但增加了数据机密性保护和有限的流机密性保护两个额外的安全服务。机密性保护服务通过使用密码算法加密IP数据包的相关部分来实现，流机密性保护服务由隧道模式下的机密性保护服务提供。

1) ESP 包格式

ESP数据包由四个固定长度的字段和三个变长字段组成，ESP包格式如图6-9所示。

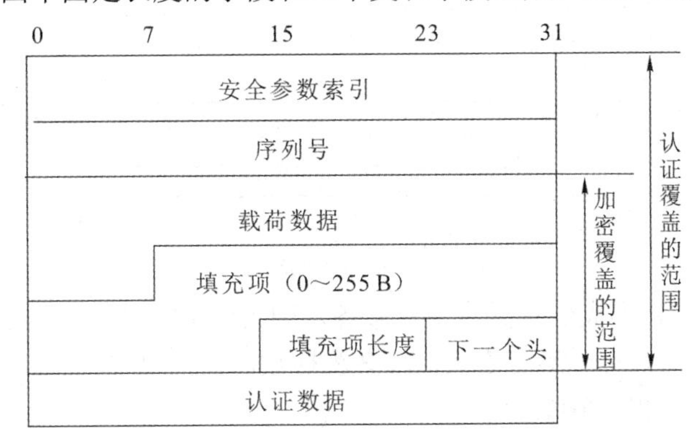

图 6-9　ESP 包格式

其中：

(1) 安全参数索引：32位的整数。目前有效的SPI取值范围是256～2^{32}−1，它和IP头的目的地址、ESP协议一起，用以唯一标识对这个包进行ESP保护的SA。

(2) 序列号：32位的单调增加的无符号整数。同AH协议一样，序列号的主要作用是提供抗重放攻击服务。

(3) 载荷数据：长度不固定，所包含的是由下一个头字段所指示的数据(如整个IP数据包、上层协议TCP或UDP报文等)。如果使用机密性保护服务，该字段就包含所要保护的实际载荷即数据包中需要加密部分的数据，然后和填充项、填充项长度以及下一个头等字段一起被加密。如果采用的加密算法需要初始化向量IV，则它也将在载荷数据字段中传输，并由算法确定IV的长度和位置。

(4) 填充项：0～255字节。使用填充项的原因主要有：分组加密算法中长度必须是分组的整数倍(载荷数据||填充项)，长度必须是4字节的整数倍(载荷数据||填充项||填充项长度||下一个头)，以及隐藏载荷的真实长度以防流量分析。如果有填充项，填充项一般填充一些有规律的数据，如1，2，3，…在接收端收到该数据包时，解密以后还可用以检验解密是否成功。

(5) 填充项长度：8位，表明填充项字段中填充以字节为单位的长度。

(6) 下一个头：8位，指示载荷中封装的数据类型。

(7) 认证数据：长度不固定，存放的是ICV，它是对除认证数据字段以外的ESP包进行计算获得的。这个字段的实际长度由采用的认证算法决定。

2) ESP 操作模式

ESP有两种操作模式：传输模式和隧道模式。和AH一样，ESP在数据包中的位置取

决于 ESP 的操作模式。

(1) ESP 传输模式。ESP 用于传输模式时，ESP 头插在原始的 IP 头之后，但在 IP 数据包封装的上层协议(如 TCP、UDP、ICMP 等协议)之前，或其他 IPSec 协议头之前，如图 6-10 所示。ESP 的头部由 SPI 和序列号字段组成，而 ESP 尾部由填充项、填充项长度和下一个头字段组成，并且标明了数据包被加密和认证的部分。关于 ESP 的认证服务，需要强调的是，ESP 不对整个 IP 数据包进行认证，这一点与 AH 不同。

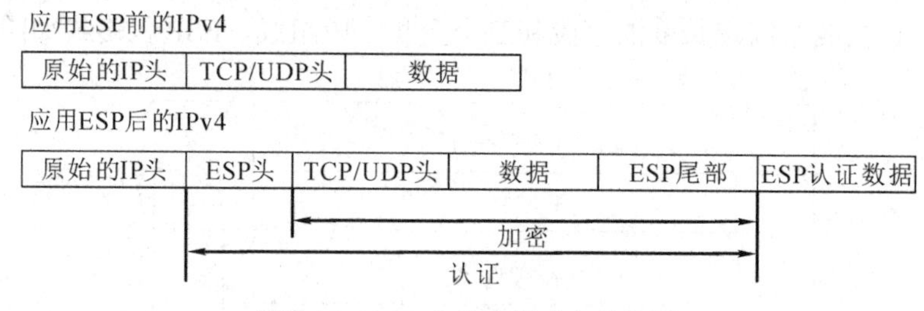

图 6-10　ESP 在传输模式中的位置

传输模式下的 ESP 不提供数据流保密服务，因为源 IP 地址和目的 IP 地址未被加密。

(2) ESP 隧道模式。对于隧道模式，ESP 头插在原始的 IP 头之前，重新生成一个新的 IP 头放在 ESP 之前，如图 6-11 所示。

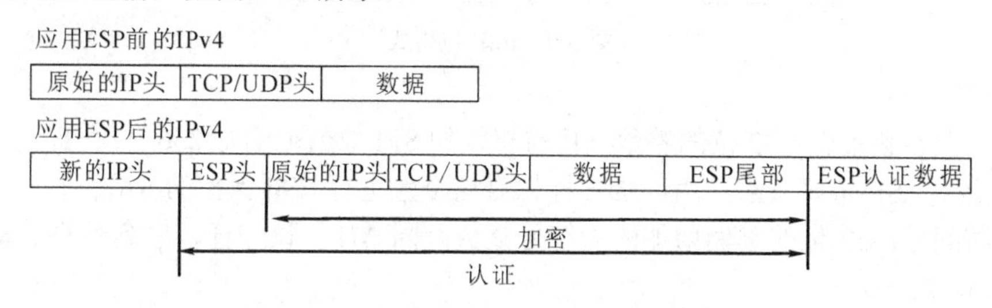

图 6-11　ESP 在隧道模式中的位置

3) ESP 的外出处理过程

当一个 IPSec 从 IP 协议栈中收到外出的数据包时，其处理过程大致包括以下步骤：

(1) 检索 SPD，查找应用于该数据包的策略。以选择符(源 IP 地址、目的 IP 地址、传输协议、源端口和目的端口等)为索引，对 SPD 进行检索，确认哪些策略适用于该数据包。

(2) 查找对应的 SA。如果需要对数据包进行 IPSec 处理，并且到目的主机的 SA 或 SA 束已经建立，那么符合数据包选择符的 SPD 将指向外出 SA 数据库中一个相应的 SA。如果到目的主机的 SA 还没有建立，那么 IPSec 实现将调用 IKE 协商一个 SA，并将该 SA 连接到 SPD 条目上。

(3) 构造 ESP 载荷。按照 SA 条目给出的处理模式，填充 ESP 载荷的各个字段：

① IP 头的协议字段被复制到 ESP 头的下一个头字段。

② SPI 字段来源于用来对此数据包进行处理的 SA 的 SPI 标识符的值。

③ 产生或增加序列号值：当新建一个 SA 时，发送者将序列号计数器初始化为 0，然后发送者每发送一个包，就将序列号加 1 并将结果填入序列号字段。

④ 如果需要，把按 DOI 的描述规则计算出的 IV 填入 ESP 载荷数据的起始部分。

⑤ 对于传输模式，原 IP 数据包除去 IP 头或其他扩展头后的部分紧接初始向量填入 ESP 的载荷数据字段。对于隧道模式，初始向量后紧接整个原 IP 数据包。

⑥ 依据载荷数据的长度，按相应的填充规则，对载荷数据进行填充。

⑦ 填充的长度(以字节为单位)填入填充长度字段。

⑧ 计算完整性校验值(ICV)，并填入认证数据字段。

(4) 为 ESP 载荷添加 IP 头。对于传输模式，待添加的 IP 头为原 IP 头。对于隧道模式，需要构造一个新的 IP 头加到 ESP 载荷之前。

(5) 对 ESP 进行加密和认证处理。如果 SA 要求加密保护，则利用 SA 给出的加密算法和加密密钥，对从 IV 之后到下一个头字段之间的数据进行加密处理，并以输出的密文代替原来的明文，当需要加密服务时，在计算 ICV 之前必须加密数据包。如果还要求认证功能，则利用 SA 给出的认证算法和认证密钥对从 ESP 头开始(包括密文部分)到 ESP 尾的整个 ESP 载荷进行计算，并将计算结果填入认证数据字段。

(6) 其他处理。对处理后的 ESP 数据包，重新计算外部 IP 头校验和。如果处理后的分组长度大于本地的 MTU，则进行 IP 分段。处理完毕的 IPSec 数据包交给数据链路层(传输模式)发送或 IP 层(隧道模式)重新路由。

4) ESP 的进入处理过程

ESP 机制对进入的 IPSec 数据包的处理过程如下：

(1) 分段重组。当一个设置 MF =1 的数据包到达一个 IPSec 目的节点时，表明还有分段没有到达。IPSec 应用等待直到一个有相同序列号但 MF = 0 的分段到达，然后重组这些分段。

(2) 查找 SA。使用外部 IP 头中的<SPI，目的 IP 地址，协议号>三元组检索 SAD，找到处理该分组的 SA。如果查找失败，则丢弃该数据包并将此事件记录在日志中。

(3) 防重放处理。如果启用了抗重放功能，则使用 SA 的抗重放窗口检查数据包是否是重放包。如果是，则丢弃该数据包，并将此事件记录于日志中；否则进行后续处理。

(4) 完整性检查。使用 SA 指定的 MAC 算法计算数据包的 ICV，并将它和认证数据字段中的值比较。如果相同，则通过完整性检查；否则丢弃该数据包，并记录此事件。

(5) 解密数据包。如果 SA 指定需要加密服务，则应用 SA 指定的密码算法和密钥对 ESP 载荷的数据部分进行解密，受解密的范围包括初始向量之后直到下一个头的全部数据。接收方可以通过检查解密结果的填充内容的合法性以判断解密是否成功。若成功，则继续处理；否则丢弃此数据包并记录此事件。因为解密处理需要大量占用 CPU 和内存，所以需要加解密时，只有在数据包被成功认证后才进行加解密。

(6) 恢复 IP 数据包。对传输模式，将 ESP 载荷的下一个头字段值赋予 IP 头的协议字段，去掉 ESP 头、ESP 尾、IV 以及 ICV 字段，对得到的 IP 数据包重新计算 IP 头校验和。对隧道模式，内部 IP 头即原 IP 头，因此恢复时只需要去掉外部 IP 头、ESP 头、ESP 尾和 ICV 即得到原来的 IP 数据包。

(7) 检验策略的一致性。对恢复出的明文 IP 数据包，根据源 IP 地址、目的 IP 地址、上层协议和端口号等构造选择符，将 SA 指向的 SPD 条目所对应的选择符与构造出来的选择符进行比较，并比较该 SPD 的安全策略与事实上保护此数据包的安全策略是否相符，不

相符则丢弃数据包并记录该事件。

经过这些步骤之后，将仍未被丢弃的数据包发送到 IP 协议栈的传输层或转发到指定的节点。

7. IKE 协议

用 IPSec 保护一个 IP 数据流之前，必须先建立一个 SA。SA 可以手工或动态创建。当用户数量不多，而且密钥的更新频率不高时，可以选择使用手工建立的方式。但当用户较多，网络规模较大时，就应该选择自动方式。IKE 就是 IPSec 规定的一种用于动态管理和维护 SA 的协议。它包括两个交换阶段，定义了四种交换模式，允许使用四种认证方法(也有的文献认为是三种)。

1) 交换阶段与交换模式

IKE 的基础是 ISAKMP、Oakley 和 SKEME 三个协议，它在 ISAKMP 的基础上采用了 Oakley 的模式以及 SKEME 的共享和密钥更新技术。由于 IKE 以 ISAKMP 为框架，所以它使用了两个交换阶段：第一个阶段(即下述阶段 1)用于建立 IKE SA，第二个阶段(即下述阶段 2)利用已建立的 IKE SA 为 IPSec 协商具体的一个或多个安全关联，即建立 IPSec SA。同时，IKE 定义了四种交换模式，即主模式(Main Mode)、野蛮模式(Aggressive Mode)、快速模式(Quick Mode)以及新群模式(New Group Mode)。

在不同的交换阶段可以采用的交换模式不同，具体情况如下。

在阶段 1，主要任务是创建一个 IKE SA，为阶段 2 交换提供安全保护。阶段 1 交换包括主模式交换和野蛮模式交换：主模式将 SA 的建立和对端身份的认证以及密钥协商相结合，使得这种模式能抵抗中间人攻击；野蛮模式简化了协商过程，但抵抗攻击的能力较差，也不能提供身份保护。它们均在其他任何交换之前完成，用于建立一个 IKE SA 及验证过的密钥。其主要工作包括：协商保护套件、执行 Diffie-Hellman 交换、认证 Diffie-Hellman 交换及认证 IKE SA。

与 IPSec SA 不同的是，IKE SA 是一种双向的关联：IKE 是一个请求-响应协议，一方是发起者(Initiator)，另一方是响应者(Responder)。一旦建立了 IKE SA，将同时对进入和外出业务进行保护。IKE SA 提供了各种各样的参数，它们是由通信实体双方协商制定的。这些参数被称为一个“保护套件”，包括散列算法、认证算法、Diffie-Hellman 组和加密算法等。

在阶段 2，主要任务是在 IKE SA 的保护下，创建 IPSec SA。一个阶段 1 的 SA 可以用于为 IPSec 建立一个或多个 SA。这样，通过协商适当的 IPSec SA，建立了通信对等方，如安全网关之间的安全关联。由于阶段 2 交换受阶段 1 协商好的 IKE SA 的保护，所以在阶段 2 中使用快速模式。在快速模式下交换的载荷都是加密的。

新群模式用于为 Diffie-Hellman 密钥交换协商一个新的群。新群模式是在 ISAKMP 阶段 1 交换中建立的 SA 的保护之下进行的，同快速模式一样，在新群模式下交换的载荷也都是加密的。

IKE 规定，在上述两个阶段、四种模式下，阶段 1 主模式和阶段 2 快速模式必须实现。

2) 认证方法

在上述两个交换阶段中，阶段 2 交换是在阶段 1 建立的 IKE SA 的保护下进行的，而阶段 1 交换是在没有任何安全保护的情况下进行的，所以 IKE 允许使用四种认证方法。这四种认证方法分别是数字签名、公钥加密、修订的公钥加密和预共享密钥等。

(1) 基于数字签名的认证。该交换使用协商好的数字签名算法做散列，交换过程中可能需要提供数字证书。

(2) 基于公钥加密的认证。该交换使用对方的公开密钥加密身份，然后检查对方发来的该散列值。正确的散列值证明对方能够解密用它自己的公钥加密的数据。使用公钥加密的计算量相对较大，因为每一方都需要做两次公钥的加密和解密。该交换可能需要提供数字证书。

(3) 基于修订的公钥加密的认证。修订的公钥加密的认证具有之前描述的认证的绝大多数优点，它用对称密钥替换了一些代价很大的公钥。该交换可能需要提供数字证书。

(4) 基于预共享密钥的认证。该交换通过使用安全的带外方式获得的预共享密钥来进行身份认证。IKE 的实现都必须支持这种认证方式。

6.2.2 SSL 协议

SSL 位于运输层和应用层之间，为应用层提供安全的服务，其目标是保证两个应用之间通信的保密性和可靠性，可在服务器和客户机两端同时实现支持。目前，SSL 协议已成为 Internet 上保密通信的行业标准。现行 Web 浏览器普遍将 HTTP 和 SSL 相结合，从而实现安全通信。此外，SSL 也常常被应用在电子商务领域，虽然 SSL 在设计之初并不是用于电子商务，但由于它运行简单且容易，目前已成为电子商务方面应用最为广泛的安全协议。

1. SSL 协议和 TLS 协议概述

SSL 是 1994 年由 Netscape 公司开发的安全协议，到现在为止，SSL 已有三个版本：

(1) SSL 1.0：只在 Netscape 公司内部应用。此版本因有严重的缺陷而没有公开发行。

(2) SSL 2.0：SSL 协议真正发展起来是从 SSL 2.0 开始的。Netscape 公司将它加入产品并投放市场，不久，别的公司也开始在自己的产品中加入 SSL，SSL 2.0 已经成为实际上的行业标准。

(3) SSL 3.0：1996 年，Netscape 针对 SSL 2.0 中的一些缺陷，对 SSL 2.0 进行了修改，推出了 SSL 3.0。SSL 3.0 解决了 SSL 2.0 中存在的许多问题，改进了它的许多局限性，并且支持更多的加密算法。

1995 年，Netscape 公司把 SSL 转交给 IETF，希望能够把 SSL 进行标准化。于是 IETF 在 SSL 3.0 的基础上设计了 TLS 协议，为所有基于 TCP 的网络应用提供安全数据传输服务。为了应对网络安全的变化，IETF 及时地对 TLS 的版本进行升级，如 2008 年 8 月的互联网建议标准为 TLS1.2[RFC 5246]，到 2015 年 10 月就有了 8 个更新文档。

现在很多浏览器都已经使用了 SSL 和 TLS。例如，在 IE 11.0 中，打开“工具”菜单，选择“Internet 选项”项目，弹出“Internet 选项”对话框，再选择“高级”选项，在“安全”组中就可看见“使用 SSL 2.0”“使用 SSL 3.0”“使用 TLS 1.0”“使用 TLS 1.1”以及

“使用 TLS 1.2”等选项，如图 6-12 所示。

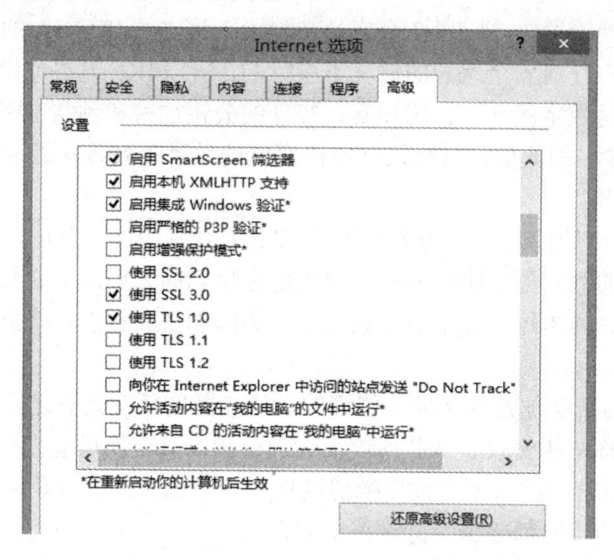

图 6-12　在 IE 浏览器中使用 SSL 和 TLS

由于 SSL 和 TLS 的渊源，在很多地方都认为 SSL 3.0 和 TLS 1.0 是等价的，所以在下面的讨论中，为简单起见，我们用 SSL 表示 SSL/TLS。

我们知道，在未使用 SSL 时，应用层的应用程序的数据是通过 TCP 套接字与运输层进行交互的，这一概念如图 6-13(a)所示。使用 SSL 后的情况有些特殊，因为 SSL 增强了 TCP 的服务，即更加安全了，因此，SSL 应该是运输层协议。然而实际上，需要使用安全运输的应用程序(如 HTTP)把 SSL 驻留在应用层。结果如图 6-13(b)所示，应用层扩大了。在应用程序下面多了一个 SSL 子层，而在应用程序和 SSL 子层之间，还有一个 SSL 套接字，其作用和 TCP 套接字类似，是应用程序和 SSL 子层的应用编程接口(API)。

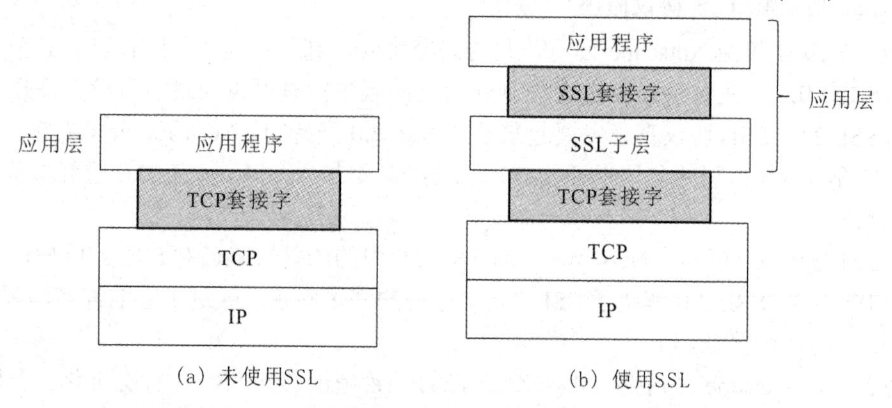

图 6-13　应用层未使用安全协议和使用安全协议的示意图

SSL(TLS)协议提供的服务可以归纳为如下三个方面：

(1) 用户和服务器的合法性认证。这使得用户和服务器能够确信数据将被发送到正确的客户机和服务器上。客户机和服务器都有各自的识别号。为了验证用户的合法性，SSL 协议要求在握手交换数据中进行数字认证。

(2) 加密数据以隐藏被传送的数据。它采用的加密技术既有对称密钥，又有公开密钥。

具体来说，就是客户机与服务器交换数据之前，先交换初始握手信息，在握手信息中采用了各种加密技术，以保证其机密性和数据的完整性，并且经数字证书认证，这样就可以防止非法用户破译。

(3) 维护数据的完整性。采用散列函数和机密共享的方法，提供信息完整性服务，建立客户机与服务器之间的安全通道，使所有经过协议处理的业务在传输过程中都能完整、准确无误地到达目的地。

2. SSL 协议规范

SSL 协议要求建立在可靠的传输层协议如 TCP 协议之上，它与应用层协议无关，高层的应用层协议，例如 HTTP、FTP、Telnet 等，能透明地建立于 SSL 协议之上。为了得到 SSL 的安全保护，客户和服务器必须保证另一方也在用 SSL。

SSL 协议分为两层，低层是 SSL 记录协议层(SSL Record Protocol Layer)，高层是 SSL 握手协议层(SSL Handshake Protocol Layer)。握手层允许通信双方在应用协议传送数据之前相互验证，协商加密算法，生成密钥、Secrets、初始向量(IV)等。记录层封装各种高层协议，具体实施压缩/解压缩、加密/解密、计算/校验 MAC 等与安全有关的操作。

如图 6-14 所示，SSL 协议主要有两部分：SSL 记录协议和记录协议之上的几个 SSL 子协议，通常被称为 SSL 记录协议层和 SSL 握手协议层。其中：

(1) SSL 记录协议建立在可靠的传输层协议，如 TCP 之上，提供消息源认证、数据加密以及数据完整服务，包括重放保护。

(2) 在 SSL 记录协议之上的 SSL 各子协议对 SSL 的会话和管理提供支持。

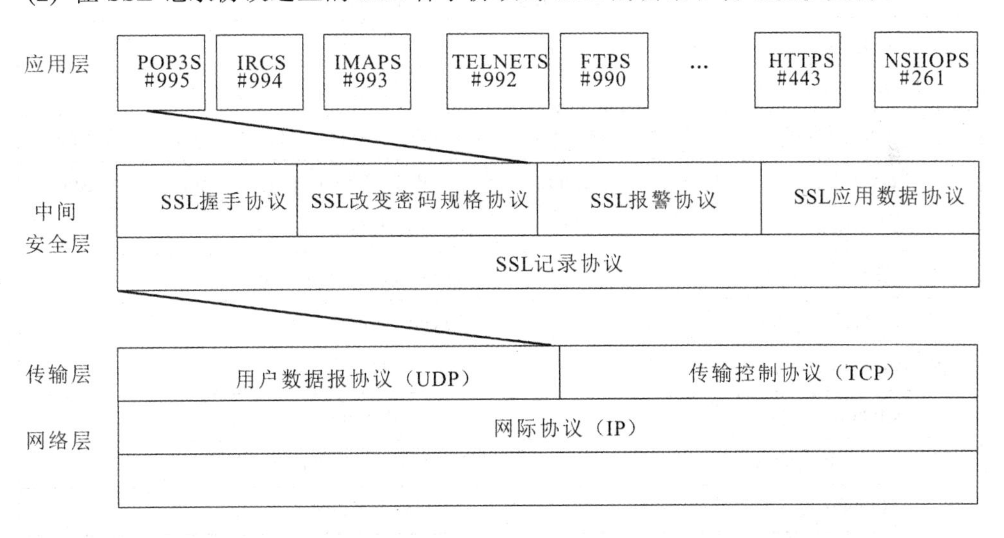

图 6-14　协议栈中 SSL 所处的位置

在 SSL 子协议中，最重要的是 SSL 握手协议。它是认证、交换协议，也对在 SSL 会话连接的任一端的安全参数以及相应的状态信息进行协商、初始化和同步。握手协议执行后，应用数据就根据协商好的状态参数信息通过 SSL 记录协议发送。

SSL 协议定义了两个通信主体：客户和服务器。其中客户是协议的发起者。

SSL 协议中有两个重要的概念：连接和会话。

连接是指提供一种合适服务的传输，一个 SSL 连接是瞬时的，每个 SSL 连接与一个

SSL 会话关联。连接状态包括的元素为：服务器随机数和客户随机数、服务器写 MAC Secret、客户写 MAC Secret、服务器写密钥、客户写密钥、初始向量以及序列号。

会话是指客户和服务器间的关联。会话由握手协议创建，它定义了一套安全加密参数，这套加密参数可以被多个连接共享。会话状态包含标识会话特征的信息和握手协议的协商结果等，它包括的元素为：会话 ID、同等实体证书、压缩算法、密码规格(Cipher-Spec)、主密码(Master Secret)以及是否可恢复标志(即用于确定会话是否可用于初始化新连接的标志)。

3. 握手协议

SSL 握手协议是位于 SSL 记录协议之上的最重要的子协议，也是 SSL 协议中最复杂的部分。

该协议允许服务器和客户机相互验证，并协商加密算法、MAC 算法及保密密钥，以用来保护在 SSL 记录中发送的数据。握手协议是在任何应用程序的数据传输之前使用的。

1) 握手协议的消息

握手协议由一系列客户机与服务器的交换消息组成，每个消息都有三个字段：

(1) 类型(1 字节)：表示消息的类型，SSL 握手协议中规定了 10 种消息。

(2) 长度(3 字节)：消息的字节长度。

(3) 内容(≥1 字节)：与该消息有关的参数。

握手消息共有 10 种类型，表 6-3 列出了各种消息的参数。

表 6-3　SSL 握手协议消息类型

消息类型	参　数
Hello_Request	Null
Client_Hello	Version，Random，SessionId，CipherSuite，Compression Method
Server_Hello	Version，Random，SessionId，CipherSuite，Compression Method
Certificate	一连串的 X.509 V3 证书
Server_Key_Exchange	Parameters，Signature
Certificate_Request	Type，Authorities
Server_Hello_Done	Null
Certificate_Verify	Signature
Client_Key_Exchange	Parameters，Signature
Finished	Hash Value

下面对每一种消息的作用进行分析：

(1) Hello-Request 消息：利用 Hello-Request 消息可以在客户端和服务器端之间交换涉及安全的属性内容。当一个新的会话开始时，加密规则中的加密算法、散列算法以及压缩算法均初始化为空。

(2) Client-Hello 消息：当客户端第一次与服务器连接时，第一个发送的消息即为 Client-Hello 消息，该消息也可能是在初始化的同时发送的，其目的是为一个已存在的连接设置相应的安全属性。Client-Hello 消息包括了客户端支持的加密算法，优先级高的算法排列在表头以便于选择，其结构如下：

```
struct{
    ProtocolVersion client-version:          //客户端采用的协议版本
    Random random;                           //随机结构
    SessionID session-id;                    //会话标识
    CipherSuite cipher-suites<2..2^16-1>:    //密码组表
    CompressionMethod compression-methods<1.. 2^8-1>;    //压缩算法
}ClientHello;
```

客户端在发送了 Client-Hello 消息后，将等待服务器的回应，仅当服务器返回相应的 Hello 消息才能连接成功，除此之外接收到服务器的任何响应都会被认为连接不成功。

(3) Server-Hello 消息：服务器在处理客户端 Hello 消息之后，可能有两种结果：连接错误或返回服务器端 Hello 消息。服务器端 Hello 消息的结构类似客户端 Hello 消息：

```
struct{
    ProtocolVersion server-version;          //服务器端采用的协议版本
    Random random;                           //随机结构
    SessionID session-id;                    //会话标识
    CipherSuite cipher-suites<2..2^16-1>: //密码组表
    CompressionMethod cornpression-methods<1..2^8-1>; //压缩算法
}ServerHello;
```

(4) Certificate 消息：一般来说，服务器总能得到确认，在此情况下，服务器会在发送了 Hello 消息后立即发出其证书。证书类型必须与所选择的密码组中密钥交换算法相一致，证书通常为 X.509 V3 类型。客户在响应服务器发出的 Certificate-Request 消息时也会使用这种类型的证书。

(5) Server_Key_Exchange 消息：若服务器没有证书或有一个仅用于签名的证书，它将发送服务器密钥交换消息，如未匿名、短暂的 Diffie-Hellman 或仅用于签名的 RSA 证书等。如果服务器用固定的 Diffie-Hellman 参数已经发送了证书或未用到 RSA 交换则不需要此消息。

(6) Certificate-Request 消息：没有使用匿名 Diffie-Hellman 的服务器要从客户机请求证书。该消息包含两个参数：证书类型和证书权威机构。证书类型指出了公钥的算法及其用途，第二个参数则是可接受的证书权威机构列表。

(7) Server_Hello_Done 消息：服务器端发出 Hello 完成消息以标识服务器端对 Hello 及相关消息处理完毕，其后的工作就是等待客户端的响应。

(8) Certificate_verify 消息：客户机有可能需要为了验证客户机的证书而发送 Certificate_Verify 消息。其目的是为了验证客户机私钥的所有权。

(9) Client_Key_Exchange 消息：客户端发出的密钥交换消息，具体的实现取决于所选择的公共密钥算法。

(10) Finished 消息：如果更改密码规格消息(在更改密码规格协议中)已经证实密钥交换以及认证过程成功，客户端将立即发送完成消息，并由刚刚改变后得到的算法、密钥及

保密密钥确保其安全性，完成消息不需要回应，通信双方将在此消息发送后直接开始交换数据。

2) 握手协议工作过程

一般情况下，我们将握手协议中客户机和服务器之间建立连接的过程分为4个阶段：建立安全能力、服务器身份认证和密钥交换、客户机认证和密钥交换以及完成。图6-15所示就是握手协议消息交换的过程。

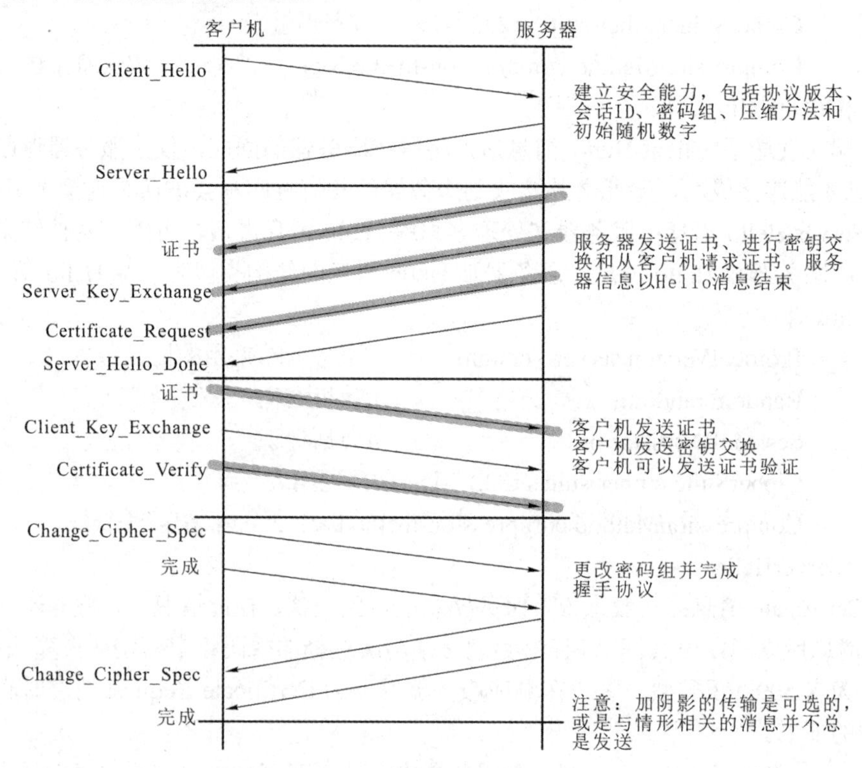

图6-15　握手协议过程

下面对这4个阶段进行详细分析：

(1) 阶段一：建立安全能力。该阶段用来初始化逻辑连接，并建立与之相关的安全能力。交换由客户机发起，客户机首先发送Client_Hello消息。之后，客户机将等待包含与Client_Hello消息参数一样的Server_Hello消息。在Server_Hello消息中，Version字段包含客户机支持的较低版本和服务器支持的较高版本。Random字段由服务器生成，不依赖于客户机的Random字段。如果客户机的SessionID字段为非零，服务器也用同样的值；否则，服务器的SessionID字段包含一个新的会话ID。CipherSuite字段里含有服务器从客户机请求的密码组中选择的单个密码组。Compression字段包含有服务器从客户机请求的压缩模式中选择的压缩模式。

CipherSuite字段中的第一个元素密钥交换模式所支持的密钥交换模式如下：

• RSA：保密密钥使用接收方的RSA公钥加密。公钥对接收方的证书必须是可用的。

• 固定的Diffie-Hellman：服务器的证书包含有CA的Diffie-Hellman公用参数时，就是固定的Diffie-Hellman密钥交换。如果需要客户机身份认证，客户机需要在证书中提供 Diffie-Hellman 公钥参数，或在密钥交换消息中提供。该模式基于利用固定公钥的 Diffie-Hellman 计算，在两个对等实体之间生成固定的保密密钥。

• 短暂的 Diffie-Hellman：该技术用来生成短暂的保密密钥。这种情况下，发送方使用私有的 RSA 或 DSS 密钥进行签署，接收方可以用相应公钥验证签名。验证公钥要使用证书。

• 匿名的 Diffie-Hellman：使用基本的 Diffie-Hellman 算法，但没有验证。每一方都给对方发送公用的未授权的 Diffie-Hellman 参数。这种方案容易受到中间者的攻击。

• Fortezza：该技术是为了 Fortezza 定义的。

(2) 阶段二：服务器身份认证和密钥交换。其过程如下：

① 服务器以发送证书开始本阶段，此步骤是可选的，如对于匿名的 Diffie-Hellman 模式则不需要证书消息。证书消息中包含一个或一系列的 X.509 证书。对于固定的 Diffie-Hellman 模式，因为它包含了服务器的公用 Diffie-Hellman 参数，所以证书消息必须作为服务器的密钥交换消息。

② 服务器发送 Server_Key_Exchange 消息。在如下情况下服务器需要发送 Server_Key_Exchange 消息：

• 匿名 Diffie-Hellman：消息内容中包含两个全局的 Diffie-Hellman 值，再加上该服务器的公共 Diffie-Hellman 密钥。

• 短暂 Diffie-Hellman：消息内容中包含为匿名 Diffie-Hellman 提供的 3 个 Diffie-Hellman 参数和这些参数的签名。

• RSA 密钥交换：在使用 RSA 算法且只使用签名密钥的服务器中使用。由于客户机不能简单地发送用服务器的公钥加密的保密密钥，所以服务器必须生成临时 RSA 的公钥/私钥对，并使用 Server_Key_Exchange 消息发送公钥。消息目录包含两个临时的 RSA 公钥参数和这些参数的签名。

③ 非匿名的服务器要从客户机请求证书，即发送 Certificate_Request 消息。该步骤也为可选。

④ 服务器发送 Server_Hello_Done 消息，该消息是必需的，用来确定服务器呼叫和相关消息的结束。发送了此消息之后，服务器将等待客户机的响应。该消息没有参数。

(3) 阶段三：客户机认证和密钥交换。在接到服务器发送来的 Server_Hello_Done 消息之后，如果需要，客户机必须验证服务器提供了正确的证书，并检查 Server_Hello 消息参数是否可接受。如果这些都满足，则客户机将向服务器发送消息。其过程如下：

① 如果服务器已经请求证书，则客户机将发送一个证书消息，如果没有合适的证书，客户机将发送 No_Certificate 警告。

② 客户机发送 Client_Key_Exchange 消息，该消息是必需的。消息的内容取决于密钥交换的类型：

• RSA：客户机生成一个 48 字节的预主密码(Pre-Master Secret)，并用从服务器证书中得到的公钥，或用从 Server_Key_Exchange 消息中得到的临时 RSA 密钥来进行加密。

• 暂时或匿名 Diffie_Hellman：发送客户机的公共 Diffie_Hellman 参数。

• 固定 Diffie_Hellman：在证书消息中发送客户机的公共 Diffie_Hellman 参数，所以该消息的目录是空的。

- Fortezza：发送客户机的 Fortezza 参数。

③ 客户机可能需要为了向服务器验证自己的证书而发送 Certificate_Verrfy 消息。该消息只能在有签署能力的客户机证书之后发送。该消息在以前消息的基础上生成散列值，定义如下：

CertificateVerify.signature.md5_hash

MD5(master_secret || pad_2 || MD5(handshake_messages || master_secret || pad_1));

Certificate.Signature.sha_hash

SHA(master_secret || pad_2 || SHA(handshake_messages || master_secret || pad_1));

pad_1 和 pad_2 是早先为 MAC 定义的值；handshake_messages 是指从 Client_Verify 消息开始但未包括该消息的所有发送或接收的握手协议消息；master_secret 是计算密钥。如果用户的私钥是 RSA，就要用 MD5 和 SHA_1 散列的连接加密。该消息是为了验证客户机私钥的所有权，即使有人误用了客户机的证书，他也不能发送此消息。

(4) 阶段四：完成。该阶段完成安全连接的建立。客户机发送 Change_Cipher_Spec 消息，该消息并不是握手协议的一部分，而是用更改密码规格协议发送的。然后，客户机立即在新算法、密钥和密码下发送 Finished 消息。此消息验证了密钥交换和身份验证过程的成功。结束消息的内容如下：

MD5(master_secret || pad_2 || MD5(handshake_massages || Sender || master_secret || pad_1))

SHA(master_secret || pad_2 || SHA(handshake_massages || Sender || master_secret || pad_1))

其中，Sender 是客户机的代码，用来识别发送方的身份，而 handshake_massages 是除本消息外所有握手消息的数据。

服务器为了响应这两条消息，也将发送 Change_Cipher_Spec 消息，将当前密码规格传送到 CipherSpec(密码规格)，并发送其结束消息。此时，客户机和服务器完成了握手，可以开始交换应用层的数据了。

3) 恢复会话

恢复一个已存在的会话时，握手协议的简化流程如图 6-16 所示。

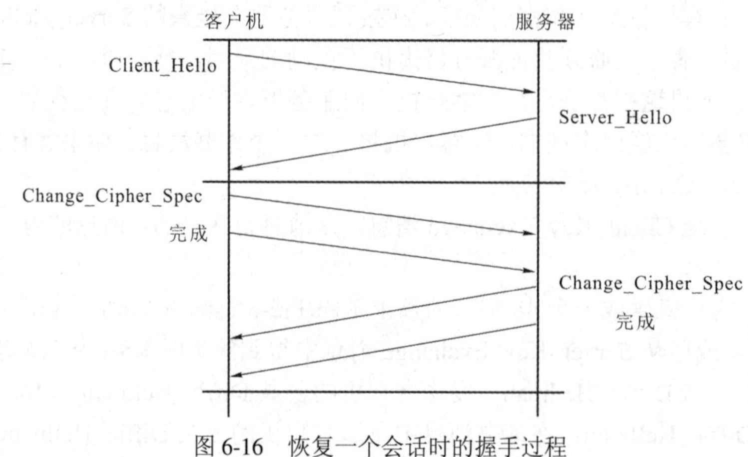

图 6-16　恢复一个会话时的握手过程

客户机发送 Client_Hello 消息，其中的 SessionID 是要恢复的会话的 ID。服务器检查当前状态中是否有符合该 ID 的会话，如果有，服务器将在相应的会话状态下建立一个新的连接，服务器发送一个含有相同 SessionID 的 Server_Hello 消息。若服务器未找到符合这个 SessionID 的会话，就需要生成一个新的 SessionID，建立一个新的会话，建立新会话执行的是图 6-15 中的完整的握手过程。接下来双方都发送 Change_Cipher_Spec 消息和 Finished 消息，一旦握手完成，双方开始交换应用层数据。

当通过恢复一个会话建立连接时，这一新的连接继承该会话状态下的压缩算法、CipherSpec 和 master_secret。但在这个新的连接中，客户机和服务器均会产生新的随机数，分别包含在 Client_Hello 和 Server_Hello 中，新产生的随机数将和当前会话中的主密钥一起用来生成此连接使用的密钥、MAC 密钥和初始向量等。

4. 更改密码规格协议

该协议由单个消息 Change_Cipher_Spec 组成，消息中只包含一个值为 1 的字节。该消息的唯一作用就是使未决的 CipherSpec 复制为当前的 CipherSpec，即将预生效的密码规范复制为现行密码规范，更新用于当前连接的密码组。

客户和服务器都有各自独立的读状态(Read State)和写状态(Write State)。读状态中包含解压缩、解密、验证 MAC 的算法和解密密钥等。写状态中包含压缩、加密、计算 MAC 的算法和加密密钥等。

在 SSL 中定义了以下两种状态：

(1) 未决状态(The Pending State)：包含了当前握手协议协商好的压缩、加密、计算 MAC 算法以及密钥等。

(2) 当前操作状态(The Current Operating State)：包含了记录层正在实施的压缩、加密、计算 MAC 算法以及密钥等。

客户/服务器接收 Change_cipher_Spec 消息后，立即把待定读状态中的内容复制至当前读状态。客户/服务器在发送了 Change_Cipher_Spec 消息后，立即把待定写状态的内容复制至当前写状态。

5. 警告协议

警告协议用来为对等实体传递 SSL 的相关警告。当其他应用程序使用 SSL 时，根据当前状态的确定，警告消息同时被压缩和加密。

该协议的每条消息有两个字节。第一个字节有两个值：1 和 2，分别为警告(Warning)和错误(Fatal)，来表示消息的严重性。如果是错误级，SSL 立即终止该连接。同一会话的其他连接也许还能继续，但在该会话中不会再产生新的连接。如果是警告级，接收方将判断按哪一个级别来处理这个消息。而错误级的消息只能按错误级来处理。消息的第二个字节包含了指示特定警告的代码。首先列出错误级警告：

(1) unexpected_message：接收到不恰当的消息。

(2) bad_record_mac：接收到错误 MAC。

(3) decompression_failure：解压缩函数的输入不合适(例如不能解压缩或超过最大允许长度)。

(4) handshake_failure：发送方不能产生可接受的安全参数组使选择可行。

(5) illegal_parameter：握手消息的某个超过值域或与其他的不相符。

其余警告如下：

(1) close_notify：通知接收方发送方在本连接中不会再发送任何消息。在关闭连接的写端前，每一方都需要发送一个 close_notify 警告。

(2) no_certificate：如果没有合适的证书可用，可以发出无证书警告以响应证书请求。

(3) bad_certificate：接收到的证书已经被破坏(例如包含未经验证的签名)。

(4) unsupported_certificate：不支持接收的证书类型。

(5) certificate_revoked：证书已经被其签署者撤销。

(6) certificate_expired：证书已经过期。

(7) certificate_unknown：在实现证书时产生一些不确定的问题，使证书无法接收。

6. SSL 记录协议

SSL 记录协议为 SSL 连接提供了以下两种服务：

(1) 机密性：握手协议定义了共享的、可用于对 SSL 有效载荷常规加密的密钥。

(2) 消息完整性：握手协议定义了共享的、可用来生成 MAC 的密钥。

SSL 记录协议从高层 SSL 子协议收到数据后，对它们进行数据分段、压缩、认证和加密。图 6-17 描述了 SSL 记录协议的操作过程。

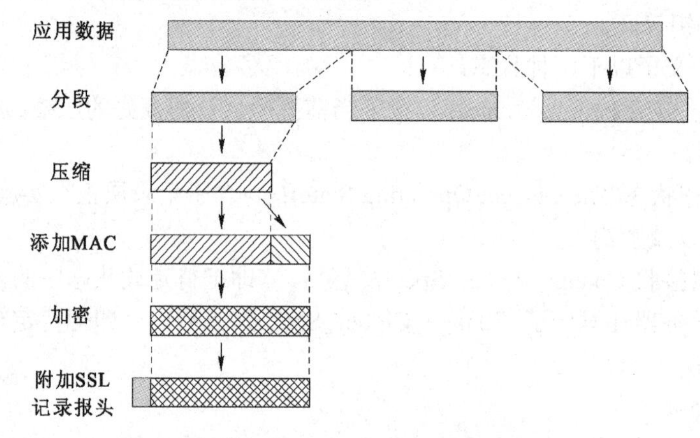

图 6-17　SSL 记录协议操作

SSL 记录协议分以下步骤进行：

(1) 分段：每一个来自上层的消息都要被分段成 2^{14} 字节或更小的块。

(2) 选择压缩：压缩必须是无损的，而且不会增加 1024 字节以上长度的内容。SSL 3.0 中没有指定压缩算法，所以没有默认的压缩算法。

(3) 给压缩数据计算消息认证码即 MAC。计算的定义如下(其中“||”为连接符)：

hash(MAC_write_secret || pad_2 || hash(MAC_write_secret || pad_1 || seq_num || SSLCompressed.type || SSLCompressed.1ength || SSLCompressed.fragment))

其中：

hash：加密散列算法(MD5 或 SHA-1)。

MAC_write_secret：共享的保密密钥。

pad_2：字节 0x5c(01011100)对 MD5 重复 48 次，对 SHA-1 重复 40 次。

pad_1：字节 0x36(00110110)对 MD5 重复 48 次，对 SHA-1 重复 40 次。

seq_num：消息的序列号。

SSLCompressed.type：用于处理分段的高级协议。

SSLCompressed.length：压缩分段的长度。

SSLCompressed.fragment：压缩分段，如果没有使用压缩，就是明文分段。

此处应注意到，SSL 记录协议采用了 RFC 2104 中指定的 HMAC 结构的轻微修正版本。与之不同的是，在采用散列算法之前，将一个序列号放入消息中，用来抵抗特定形式的重传攻击。

(4) 给加上 MAC 的压缩消息加密，加密采用对称密码。注意 MAC 总是在有效数据载荷加密之前被加入 SSL 记录之中的。加密的方式有两种：第一种是序列密码，第二种是分组密码。在分组密码中，为了使加密的数据大小是加密块长度的倍数，需要在 MAC 之后加入一些填充字节。填充块之前有一个字节指示填充字节的长度。填充块的总量就是使加密的数据总量(原数据+MAC+填充块)是密文块长度的整数倍的最小字节数。

(5) 生成一个 SSL 记录报头，如图 6-18 所示。

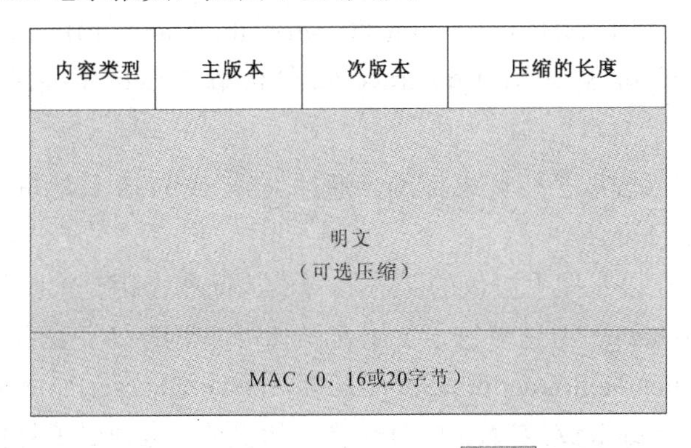

图 6-18　SSL 记录格式

报头中包含以下字段：

① 内容类型(8 位)：定义了实现封装分段的高层协议，内容类型定义为 change_cipher_spec、alert、handshake 和 application_data。注意，没有根据使用 SSL 的不同应用程序(如 HTTP)进行区分，因为这些应用程序产生的数据类型对于 SSL 来说是不透明的。

② 主版本(8 位)：定义了使用的 SSL 的主要版本号。

③ 次版本(8 位)：定义了使用的 SSL 的次要版本号。

④ 压缩的长度：定义了原文分段的字节长度，最大值是 $2^{14}+2048$。对于 SSL 3.0，主要版本为 3，次要版本为 0。

7. SSL 协议中采用的加密和认证算法

1) 加密算法和会话密钥

SSL 2.0 和 SSL 3.0 支持的加密算法包括 RC4、RC2、IDEA 和 DES，而加密算法所用的主密码由消息散列函数 MD5 产生。RC4、RC2 是由 RSA 定义的，其中 RC2 用于块加密，

RC4 用于流加密。

共享主密码是通过安全密钥交换生成的临时 48 位组值。其生成过程分为两步。第一步，交换 pre_master_secret。第二步，双方计算 master_secret。对于 pre_master_secret 交换，有以下两种可能性：

(1) RSA：客户机生成 48 字节的 pre_master_secret，用服务器的公共 RSA 密钥加密后，发送到服务器。服务器用私钥解密密码以恢复 pre_master_secret。

(2) Diffie_Hellman：客户机和服务器都生成 Diffie_Hellman 公钥。交换后，双方都用 Diffie_Hellman 算法生成共享的 pre_master_secret。

双方的 master_secret 计算如下：

Master_secret=MD5(pre_master_secret||SHA('A'||pre_master_secret||
ClientHello.random||ServerHello.random))||
MD5(pre_master_secret||SHA('BB'||pre_master_secret||
ClientHello.random || ServerHello.random))||
MD5(pre_master_secret||SHA('CCC'||pre_master_secret ||
ClientHello.random ||ServerHello．random))

其中，ClientHello.random 和 ServerHello.random 是初始化 Hello 消息中的两个临时交换值。

2) 认证算法

SSL 中认证采用 X.509 公钥证书标准，通过 RSA 或 DSS 算法进行数字签名来实现。对服务器和客户的认证介绍如下：

(1) 服务器的认证。在握手协议的服务器身份认证和密钥交换阶段，服务器发往客户机的 Server_Key_Exchange 消息中包含了用自己私钥加密的数字签名。其具体方法是：先计算散列值：hash(clientHello.random||ServerHello.random||ServerParams)。在此散列值中，不但有 Diffie_Hellman 或 RSA 参数，而且包含了随机数，这确保了对重放攻击和误传的防范。在 DSS 签名情况下，采用 SHA-1 散列算法。在 RSA 签名的情况下，可采用 MD5 或 SHA-1 散列算法。计算之后的散列值用服务器的私钥进行签名。

(2) 客户的认证。只有用正确的客户方私钥加密的内容才能被服务器方用相应的公钥正确地解开。当客户方收到服务器方发出的 Request_certificate 消息时，客户将回复 Certificate_Verify 消息，在该消息中，客户首先使用 MD5 散列函数计算消息的摘要，然后使用自己的私钥加密摘要，形成数字签名，从而使自己的身份被服务器认证。

3) 会话层的密钥分配协议

IETF 要求对任何 TCP/IP 都要支持密钥分配，目前已有的三个主要协议如下：

(1) SKEIP：由公钥认证书来实现两个通信实体间长期单钥交换。证书通过用户数据协议 UDP 得到。

(2) Photuris：SKEIP 的主要缺陷是缺乏完美向前保密性，假设某人能得到长期 SKEIP 密钥，他就可以解出所有以前用此密钥加密的信息，而 Photuris 就无此问题。但 Photuris 的效率没有 SKEIP 高。

(3) ISAKMP：只提供密钥管理的一般框架，而不限定密钥管理协议，也不限定密码算法或协议，因而在使用和策略上更为灵活。

6.3　安全应用协议

6.3.1　PGP

现代信息社会里，当电子邮件广受欢迎的同时，其安全性问题也很突出。实际上，电子邮件的传递过程是邮件在网络上反复复制的过程，其网络传输路径不确定，很容易遭到不明身份者的窃取、篡改、冒用甚至恶意破坏，给收发双方带来麻烦。进行信息加密，保障电子邮件的传输安全已经成为广大 E-mail 用户的迫切要求。PGP 的出现与应用很好地解决了电子邮件的安全传输问题。将传统的对称性加密与公开密钥方法结合起来，兼具了两者的优点。PGP 提供了一种机密性和鉴别的服务，支持 1024 位的公开密钥与 128 位的传统加密算法，可以用于军事目的，完全能够满足电子邮件对于安全性能的要求。

1．PGP 提供的安全服务

PGP 的实际操作由五种服务组成：鉴别、机密性、电子邮件的兼容性、压缩以及分段和重装。其中，压缩用于减少通信量，分段和重装用于当邮件较大时源端进行分段和接收端重组。下面重点对鉴别、机密性、机密性+鉴别、电子邮件的兼容性进行介绍。

1) 鉴别

如图 6-19 所示，鉴别的步骤如下：

(1) 发送者创建报文。

(2) 发送者使用 SHA-1 生成报文的 160 比特散列代码(邮件文摘)。

(3) 发送者使用自己的私有密钥，采用 RSA 算法对散列代码进行加密，串接在报文的前面。

(4) 接收者使用发送者的公开密钥，采用 RSA 解密和恢复散列代码。

(5) 接收者为报文生成新的散列代码，并与被解密的散列代码相比较。如果两者匹配，则报文作为已鉴别的报文被接收。

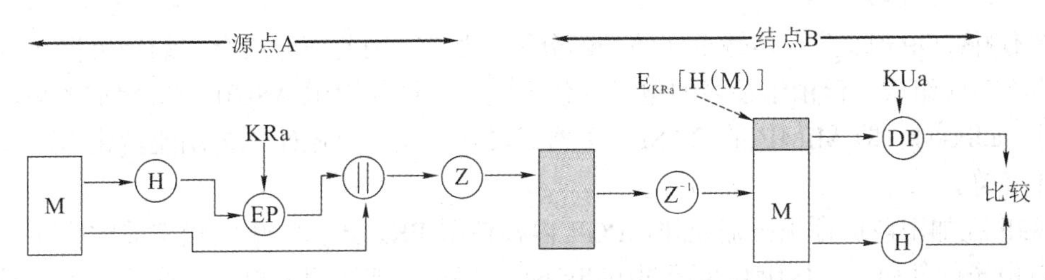

图 6-19　只进行鉴别

另外，签名是可以分离的。例如，法律合同需要多方签名，每个人的签名是独立的，因而可以仅应用到文档上。否则，签名将只能递归使用，第二个签名对文档的第一个签名进行签名，依此类推。

2) 机密性

在 PGP 中，每个常规密钥只使用一次，即对每个报文生成新的 128 比特的随机数。为

了保护密钥，使用接收者的公开密钥对它进行加密。图 6-20 显示了这一步骤。

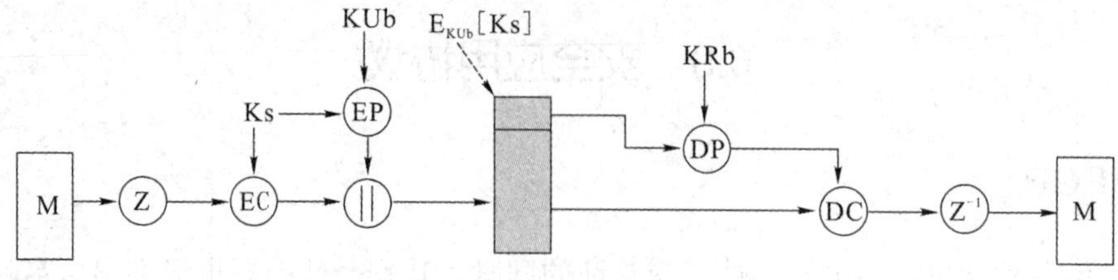

图 6-20　只保证机密性

步骤如下：

(1) 发送者生成报文和用作该报文会话密钥的 128 比特随机数。

(2) 发送者采用 CAST-128 加密算法，使用会话密钥对报文进行加密，也可使用 IDEA 或 3DES 对报文进行加密。

(3) 发送者采用 RSA 算法，使用接收者的公开密钥对会话密钥进行加密，并附加到报文前面。

(4) 接收者采用 RSA 算法，使用自己的私有密钥解密和恢复会话密钥。

(5) 接收者使用会话密钥解密报文。

除了使用 RSA 算法加密外，PGP 还提供了 Diffie_Hellman 的变体 ElGamal 算法。PGP 采用常规加密和公开密钥相结合，其突出的优势为：常规加密和公开密钥加密相结合使用比直接使用 RSA 或 E1Gamal 要快得多；使用公开密钥算法解决了会话密钥分配问题；由于电子邮件的存储转发特性，使用握手协议来保证双方具有相同会话密钥的方法是不现实的，而使用一次性的常规密钥加强了已经很强的常规加密方法。

3) 机密性+鉴别

对报文可以同时使用两个服务。首先为明文生成签名并附加到报文首部，然后使用 CAST-128(或 IDEA、3DES)对明文报文和签名进行加密，再使用 RSA 或 ElGamal 对会话密钥进行加密。在这里要注意次序，如果先加密再签名，别人可以将签名去掉后签上自己的签名，从而篡改签名。

4) 电子邮件的兼容性

当使用 PGP 时，至少传输报文的一部分需要加密，因此部分或全部的结果报文由任意 8 比特字节流组成。但由于很多的电子邮件系统只允许使用由 ASCII 正文组成的块，PGP 提供了 radix-64，即 MIME 的 BASE 64 格式转换方案，将原始二进制流转化为可打印的 ASCII 字符。

PGP 在加密前进行预压缩处理，PGP 内核使用 PKZIP 算法压缩加密前的明文。一方面，对电子邮件而言，压缩后再经过 radix-64 编码有可能比明文更短，这就节省了网络传输的时间和存储空间。另一方面，明文经过压缩，实际上相当于经过一次变换，对明文攻击的抵御能力更强。

2. PGP 的加密密钥和密钥环

1) 会话密钥的生成

PGP 的会话密钥是个随机数，它是基于 ANSI X.917 的算法由随机数生成器产生的。随机数生成器从用户敲键盘的时间间隔上取得随机数种子。磁盘上的 randseed.bin 文件采用和邮件同样强度的加密，这有效地防止了他人从 randseed.bin 文件中分析出实际加密密钥的规律。

2) 密钥标志符

允许用户拥有多个公开/私有密钥对，这样可以适时改变密钥对，也可以同一时刻用多个密钥对在不同的通信组交互，所以用户和他们的密钥对之间不存在一一对应关系。假设 A 给 B 发信，B 就不知道用哪个私钥和哪个公钥认证。因此，PGP 给每个用户公钥指定一个密钥 ID，这在用户 ID 中可能是唯一的。它由公钥的低 64 -bit 组成(KUa mod 2^{64})，这个长度足以使密钥 ID 重复概率非常小。

3) 密钥环

密钥需要以一种系统化的方法来存储和组织，以便有效和高效地使用。PGP 在每个节点提供一对数据结构，一个是存储该节点自己的公开/私有密钥对(私有密钥环)，另一个是存储该节点知道的其他所有用户的公开密钥。相应地，这些数据结构被称为私有密钥环和公开密钥环。

3. PGP 的公开密钥管理

一个成熟的加密体系必然要有一个成熟的密钥管理机制配套。公钥体制的提出就是为了解决传统加密体系的密钥分配过程不安全、不方便的缺点。例如，网络黑客们常用的手段之一就是“监听”，通过网络传送的密钥很容易被截获。对 PGP 来说，公钥如果公开，就没有防监听的问题。但公钥的发布仍然可能存在安全性问题，例如，公钥被篡改(Public Key Tampering)使得使用公钥与公钥持有人的公钥不一致。这在公钥密码体系中是很严重的安全问题，因此必须帮助用户确信使用的公钥是与他通信的对方的公钥。

以用户 A 和用户 B 通信为例，现假设用户 A 想给用户 B 发信。首先，用户 A 就必须获取用户 B 的公钥，用户 A 从 BBS 上下载或通过其他途径得到 B 的公钥，并用它加密信件发给 B。不幸的是，用户 A 和 B 都不知道，攻击者 C 潜入 BBS 或网络中，侦听或截取到用户 B 的公钥，然后在自己的 PGP 系统中以用户 B 的名字生成密钥对中的公钥，替换了用户 B 的公钥，并放在 BBS 上或直接以用户 B 的身份把更换后的用户 B 的“公钥”发给用户 A。那么 A 用来发信的公钥是已经更改过的，实际上是 C 伪装 B 生成的另一个公钥(A 得到的 B 的公钥实际上是 C 的公钥/密钥对，用户名为 B)。这样一来，B 收到 A 的来信后就不能用自己的私钥解密了。更可恶的是，用户 C 还可伪造用户 B 的签名给 A 或其他人发信，因为 A 手中的 B 的公钥是仿造的，用户 A 会以为真是用户 B 的来信。于是 C 就可以用他手中的私钥来解密 A 给 B 的信，还可以用 B 真正的公钥来转发 A 给 B 的信，甚至还可以改动 A 给 B 的信。

防止篡改公钥的方法可以有以下四种：

(1) 直接从 B 手中得到其公钥，这种方法有局限性。

(2) 通过电话认证密钥。在电话上以 radix-64 的形式口述密钥或密钥指纹(Keys Fingerprint)。密钥指纹就是 PGP 生成密钥的 160 比特的 SHA-1 摘要(16 个 8 位十六进制数)。

(3) 从双方信任的 D 那里获得 B 的公钥。如果 A 和 B 有一个共同的朋友 D，而 D 知道他手中的 B 的公钥是正确的。D 签名的 B 的公钥上载到 BBS 上让用户 A 去拿，A 想要获得 B 的公钥就必须先获取 D 的公钥来解密 BBS 或网上经过 D 签名的 B 的公钥，这样就

等于加了双重保险，即使是 BBS 管理员，一般也没有可能去篡改而不被用户发现。这就是从公共渠道传递公钥的安全手段。有可能 A 拿到的 D 或其他签名的朋友的公钥也是假的，但这就要求攻击者 C 必须对三人甚至很多人都很熟悉，这样的可能性不大，而且必须经过长时间的策划。

只通过一个签名认证的力度可能有些小，于是 PGP 把用不同私钥签名的公钥收集在一起，发送到公共场合，希望大部分用户至少认识其中一个，从而间接认证了用户 A 的公钥。同样，用户 D 签了朋友 A 的公钥后应该寄回给 A，这样可以让 A 通过用户 D 被用户 D 的其他朋友所认证。与现实中人的交往一样，PGP 会自动根据用户拿到的公钥分析出哪些是朋友介绍来的签名的公钥，把它们赋以不同的信任级别，供用户参考决定对它们的信任程度，也可指定某人有几层转介公钥的能力，这种能力是随着认证的传递而递减的。这种信任机制如图 6-21 所示。

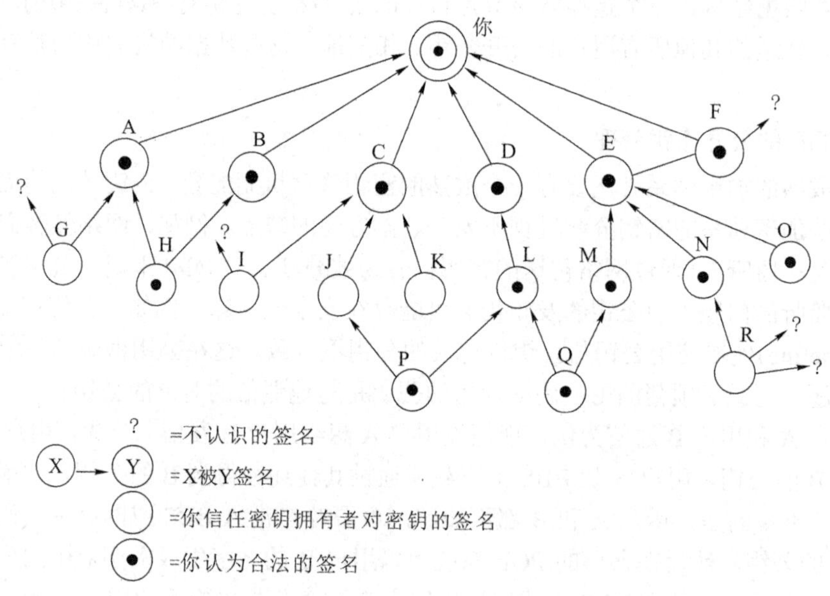

图 6-21　PGP 的信任关系示意图

(4) 由一个普通信任的机构担当第三方，即“认证机构”。这样的“认证机构”适合由非个人控制的组织或政府机构充当，来注册和管理用户的密钥对。现在已经有等级认证制定的机构存在，对于那些非常分散的用户，PGP 更赞成使用私人方式的密钥转介。

用户通过 PGP 的软件加密程序，可以在不安全的通信链路上创建安全的消息和通信。PGP 协议已经成为公钥加密技术和全球范围内消息安全性的事实标准，因为所有人都能看到它的源代码，从而查找出故障和安全性漏洞。

6.3.2　SSH

传统的网络传输(如 Telnet、FTP 等)采用的是明文传输数据和口令，这样很容易被黑客这样的中间人嗅探到传输过程中的数据，大大降低了网络通信的安全性。SSH 是一种协议标准，其目的是实现安全远程登录以及其他安全网络服务。SSH 的具体实现有很多，既有开源实现的 OpenSSH，也有商业实现方案。使用范围最广泛的是开源实现 OpenSSH。

1. SSH 的安全原理

同 PGP 一样，SSH 也是综合采用了对称密码体制和非对称密码体制，巧妙地利用了对称加密与非对称加密各自的特点，实现了一套安全保密的远程控制协议。在 SSH 中，非对称加密被用来在会话初始化阶段为通信双方进行会话密钥的协商。由于非对称加密的计算量开销比较大，因此一旦双方的会话密钥协商完成，后续的加密都将采用对称加密来进行。SSH 的安全原理如图 6-22 所示。

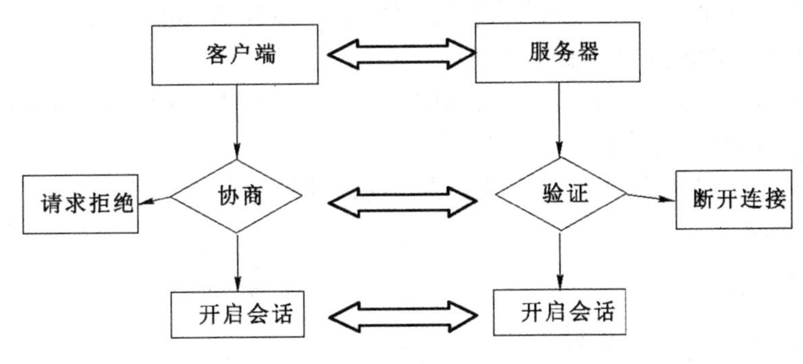

图 6-22　SSH 安全原理

2. SSH 工作流程

SSH 工作流程如下：

(1) 客户端发起一个 TCP 连接，默认端口号为 22。

(2) 服务端收到连接请求后，将自己的一些关键信息发给客户端。这些信息包括：

① 服务端的公钥。客户端在收到这个公钥后，会在自己的“known_hosts”文件中进行搜索。如果找到了相同的公钥，则说明此前连接过该服务器。如果没有找到，则会在终端上显示一段警告信息如下：

coderunner@geekyshacklebolt:~$ ssh geekyshacklebolt The authenticity of host 'geekyshacklebolt (192.168.42.222)' can't be established. ECDSA key fingerprint is SHA256:Ql/KnGlolY9eCGuYK3OX3opnSyJQzsbtM3DW/UZIxms. Are you sure you want to continue connecting (yes/no)?

由用户来决定是否继续连接。

② 服务器所支持的加密算法列表。客户端根据此列表来决定采用哪种加密算法。

(3) 生成会话密钥。此时，客户端已经拥有了服务端的公钥。接下来，客户端和服务端需要协商出一个双方都认可的密钥，并以此来对双方后续的通信内容进行加密。

密钥协商是通过 Diffie-Hellman 算法来实现的。其具体过程如下：

① 服务端和客户端共同选定一个大素数，叫作种子值。

② 服务端和客户端各自独立地选择另外一个只有自己才知道的素数。

③ 双方使用相同的加密算法(如 AES)，由种子值和各自的私有素数生成一个密钥值，并将这个值发送给对方。

④ 在收到密钥值后，服务端和客户端根据种子值和自己的私有素数，计算出一个最终的密钥。这一步由双方分别独立进行，但是得到的结果应该是相同的。

⑤ 双方使用上一步得到的结果作为密钥来加密和解密通信内容。

(4) 接下来，客户端将自己的公钥ID发送给服务端，服务端需要对客户端的合法性进行验证，详细步骤如下：

① 服务端在自己的“authorized_keys”文件中搜索与客户端匹配的公钥。

② 如果找到了，服务端用这个公钥加密一个随机数，并把加密后的结果发送给客户端。

③ 如果客户端持有正确的私钥，那么它就可以对消息进行解密，从而获得这个随机数。

④ 客户端用这个随机数和当前的会话密钥共同生成一个MD5值。

⑤ 客户端把MD5值发给服务端。

⑥ 服务端同样用会话密钥和原始的随机数计算MD5值，并与客户端发过来的值进行对比。如果相等，则验证通过。

至此，通信双方完成了加密信道的建立，可以开始正常的通信了。

3. SSH实践

1) 生成密钥操作

使用下面三行命令生成密钥：

```
$ ssh-keygen -t rsa -P '' -f ~/.ssh/id_rsa
$ cat ~/.ssh/id_rsa.pub >> ~/.ssh/authorized_keys
$ chmod 0600 ~/.ssh/authorized_keys
```

其中，ssh-keygen是用于生产密钥的工具，命令中各参数含义如下：

-t：指定生成密钥类型(rsa、dsa、ecdsa等)。

-P：指定passphrase，用于确保私钥的安全。

-f：指定存放密钥的文件(公钥文件默认和私钥在同一目录下，不同的是，存放公钥的文件名需要加上后缀.pub)。

生成之后会在用户的根目录生成一个~/.ssh文件夹，可以看到四个文件：

(1) id_rsa：保存私钥。

(2) id_rsa.pub：保存公钥。

(3) authorized_keys：保存已授权的客户端公钥。

(4) known_hosts：保存已认证的远程主机ID。

需要注意的是：一台主机可能既是Client，又是Server，所以会同时拥有authorized_keys和known_hosts。

2) 登录操作

使用以下命令进行登录操作：

```
# 以用户名user，登录远程主机host
$ ssh user@host
# 本地用户和远程用户相同，则用户名可省去
$ ssh host
# SSH默认端口22，可以用参数p修改端口
$ ssh -p 2017 user@host
```

习　题

1. 什么是安全协议？常见的安全协议有哪些？
2. 简要说明 Kerberos 的设计目标和设计思路。
3. Kerberos 认证的具体流程有哪些？Kerberos 认证架构是怎样的？
4. Kerberos 协议有哪些缺陷？
5. 详细说明 X.509 认证协议中的证书格式。
6. X.509 的认证鉴别过程有哪些？
7. 简要说明 IPSec 的设计目标及体系结构。
8. IPSec 有几种工作模式？简要说明每种工作模式。
9. 连接和会话在 SSL 中是如何建立和维护的？
10. 详细叙述 SSL 握手协议的步骤。

参考文献

[1] 王卫平. 计算机蠕虫病毒浅析[J]. 科技信息, 2012(13)：103-104.
[2] 杨军. 计算机蠕虫病毒的解析与防范[J]. 电脑知识与技术，2005(29)：32-34.
[3] 蒋天发. 网络信息安全[M]. 北京：电子工业出版社，2011.
[4] 李晖，牛少彰. 无线通信安全理论与技术[M]. 北京：北京邮电大学出版社，2011.
[5] 曾凡平. 网络信息安全[M]. 北京：机械工业出版社，2016.
[6] 周明全，吕林涛，李军怀. 网络信息安全技术[M]. 2 版. 西安：西安电子科技大学出版社，2010.
[7] 王国才，施荣华. 计算机通信网络安全[M]. 北京：中国铁道出版社，2016.
[8] 刘云，孟嗣仪. 通信网络安全[M]. 北京：科学出版社，2011.
[9] 方勇，刘嘉勇. 信息系统安全导论[M]. 北京：电子工业出版社，2003.
[10] 陈性元，杨艳，任志宇. 网络安全通信协议[M]. 北京：高等教育出版社，2008.
[11] 黄永峰，李松斌. 网络隐蔽通信及其检测技术[M]. 北京：清华大学出版社，2016.
[12] 陈波，于泠. 防火墙技术与应用[M]. 北京：机械工业出版社，2013.
[13] 亚历山大 • 科特，克利夫 • 王，罗伯特 • F. 厄巴彻. 网络空间安全防御与态势感知[M]. 黄晟，译. 北京：机械工业出版社，2019.
[14] 谢冬青，黄海. 信息安全等级保护攻略[M]. 北京：科学出版社，2016.
[15] 宋红，吴建军，岳俊梅. 计算机安全技术[M]. 北京：中国铁道出版社，2009.
[16] 孙继银，张宇翔，申巍巍. 网络窃密、监听及防泄密技术[M]. 西安: 西安电子科技大学出版社，2011.
[17] 黄月江. 信息安全与保密[M]. 2 版. 北京：国防工业出版社，2008.
[18] 孙玉. 电信网络安全总体防卫讨论[M]. 北京：人民邮电出版社，2018.
[19] 郭启全. 信息安全等级保护政策培训教程(2016 版)[M]. 北京：电子工业出版社，2016.
[20] 杨义先，钮心忻. 网络安全理论与技术[M]. 北京：人民邮电出版社，2003.
[21] 肖军模，周海刚. 网络信息对抗[M]. 北京：机械工业出版社，2005.